21世纪高等学校计算机教育实用规划教材

U0293170

程序设计基础 (C语言)

(第二版)

巫喜红 钟秀玉 主编

陈世基 肖振球 房宜汕 冯斯苑 蓝红苑 副主编

清华大学出版社

北京

内 容 简 介

本书以 C 语言为实例介绍程序设计的基础知识,是介绍 C 语言程序内容和学习 C 语言程序设计方法的教学用书。本书由浅入深地讲解了如何使用程序设计思想分析和理解问题,如何利用 C 语言程序设计方法处理和解决实际问题。本书将 C 语言的学习分为 12 章。第 1～2 章介绍了 C 语言的基本概念、基本常识和程序设计思想;第 3～6 章介绍了 C 语言的数据类型及三种结构;第 7～11 章介绍了 C 语言的数组、函数、指针、结构体、共用体、枚举类型和位运算;第 12 章为文件操作。

本书适合高等院校的计算机专业或相关专业的学生使用,也可以作为计算机爱好者的自学参考书。

图书在版编目(CIP)数据

程序设计基础:C语言/巫喜红,钟秀玉主编. —2 版. —北京:清华大学出版社,2017(2019.12重印)
(21 世纪高等学校计算机教育实用规划教材)
ISBN 978-7-302-47013-7

Ⅰ. ①程…　Ⅱ. ①巫…　②钟…　Ⅲ. ①C 语言－程序设计－高等学校－教材　Ⅳ. ①TP312.8

中国版本图书馆 CIP 数据核字(2017)第 102018 号

责任编辑:黄　芝　　张爱华
封面设计:常雪影
责任校对:李建庄
责任印制:杨　艳

出版发行:清华大学出版社
　　　　网　　　址:http://www.tup.com.cn,http://www.wqbook.com
　　　　地　　　址:北京清华大学学研大厦 A 座　　　　　　　邮　　编:100084
　　　　社 总 机:010-62770175　　　　　　　　　　　　　　邮　　购:010-62786544
　　　　投稿与读者服务:010-62776969,c-service@tup.tsinghua.edu.cn
　　　　质量反馈:010-62772015,zhiliang@tup.tsinghua.edu.cn
　　　　课件下载:http://www.tup.com.cn,010-62795954
印　刷　者:北京富博印刷有限公司
装　订　者:北京市密云县京文制本装订厂
经　　　销:全国新华书店
开　　　本:185mm×260mm　　　印　　张:20.5　　　　字　　数:500 千字
版　　　次:2014 年 5 月第 1 版　2017 年 8 月第 2 版　　　印　　次:2019 年 12 月第 5 次印刷
印　　　数:4401～5400
定　　　价:39.50 元

产品编号:074019-01

出 版 说 明

随着我国高等教育规模的扩大以及产业结构调整的进一步完善,社会对高层次应用型人才的需求将更加迫切。各地高校紧密结合地方经济建设发展需要,科学运用市场调节机制,合理调整和配置教育资源,在改革和改造传统学科专业的基础上,加强工程型和应用型学科专业建设,积极设置主要面向地方支柱产业、高新技术产业、服务业的工程型和应用型学科专业,积极为地方经济建设输送各类应用型人才。各高校加大了使用信息科学等现代科学技术提升、改造传统学科专业的力度,从而实现传统学科专业向工程型和应用型学科专业的发展与转变。在发挥传统学科专业师资力量强、办学经验丰富、教学资源充裕等优势的同时,不断更新教学内容、改革课程体系,使工程型和应用型学科专业教育与经济建设相适应。计算机课程教学在从传统学科向工程型和应用型学科转变中起着至关重要的作用,工程型和应用型学科专业中的计算机课程设置、内容体系和教学手段及方法等也具有不同于传统学科的鲜明特点。

为了配合高校工程型和应用型学科专业的建设和发展,急需出版一批内容新、体系新、方法新、手段新的高水平计算机课程教材。目前,工程型和应用型学科专业计算机课程教材的建设工作仍滞后于教学改革的实践,如现有的计算机教材中有不少内容陈旧(依然用传统专业计算机教材代替工程型和应用型学科专业教材)、重理论、轻实践,不能满足新的教学计划、课程设置的需要;一些课程的教材可供选择的品种太少;一些基础课的教材虽然品种较多,但低水平重复严重;有些教材内容庞杂,书越编越厚;专业课教材、教学辅助教材及教学参考书短缺,等等,都不利于学生能力的提高和素质的培养。为此,在教育部相关教学指导委员会专家的指导和建议下,清华大学出版社组织出版本系列教材,以满足工程型和应用型学科专业计算机课程教学的需要。本系列教材在规划过程中体现了如下一些基本原则和特点。

(1)面向工程型与应用型学科专业,强调计算机在各专业中的应用。教材内容坚持基本理论适度,反映基本理论和原理的综合应用,强调实践和应用环节。

(2)反映教学需要,促进教学发展。教材规划以新的工程型和应用型专业目录为依据。教材要适应多样化的教学需要,正确把握教学内容和课程体系的改革方向,在选择教材内容和编写体系时注意体现素质教育、创新能力与实践能力的培养,为学生知识、能力、素质协调发展创造条件。

(3)实施精品战略,突出重点,保证质量。规划教材建设仍然把重点放在公共基础课和专业基础课的教材建设上;特别注意选择并安排一部分原来基础比较好的优秀教材或讲义修订再版,逐步形成精品教材;提倡并鼓励编写体现工程型和应用型专业教学内容和课程体系改革成果的教材。

（4）主张一纲多本，合理配套。基础课和专业基础课教材要配套，同一门课程可以有多本具有不同内容特点的教材。处理好教材统一性与多样化，基本教材与辅助教材，教学参考书，文字教材与软件教材的关系，实现教材系列资源配套。

（5）依靠专家，择优选用。在制定教材规划时要依靠各课程专家在调查研究本课程教材建设现状的基础上提出规划选题。在落实主编人选时，要引入竞争机制，通过申报、评审确定主编。书稿完成后要认真实行审稿程序，确保出书质量。

繁荣教材出版事业，提高教材质量的关键是教师。建立一支高水平的以老带新的教材编写队伍才能保证教材的编写质量和建设力度，希望有志于教材建设的教师能够加入到我们的编写队伍中来。

21世纪高等学校计算机教育实用规划教材编委会
联系人：魏江江 weijj@tup.tsinghua.edu.cn

前　言

　　程序设计基础是一门理论与实践密切相关、以培养学生程序设计能力为目标的课程,它的任务是培养学生应用高级程序设计语言求解问题的基本能力,其难点在于帮助学生从现有的思维模式转向机器思维模式。通过学习本课程,学生可以了解高级程序设计语言的结构,掌握基本的应用计算机求解问题的思维方法以及基本的程序设计过程和方法;本课程从提出问题、选定数据表示方式、设计算法,到编写代码、调试和测试程序,以及分析结果的过程中,培养学生抽象问题、设计与选择解决方案的能力,以及用程序设计语言实现方案并进行测试和评价的能力。

　　C 语言由于具有卓越的优点,因此在计算机的各个领域得到了广泛应用,从系统软件的编写到应用程序的设计,特别是在图形处理和底层应用方面应用广泛。此外,C 语言是一门结构化程序设计语言,有利于学生掌握程序设计的思想,因此,C 语言已经成为目前高校学生学习程序设计必须掌握的一门基础性语言。本书选用 C 语言作为实例来介绍程序设计的基础。

　　本书是作者多年来在讲授 C 语言程序设计的基础上,总结教学经验编写的。本书以掌握程序设计思想为主线,由浅入深,先讲述基本知识及例题,再讲述应用方法,重点是训练学生的编程思维,提高学生应用 C 语言的能力。本书突出培养工程应用型人才的程序设计与综合应用能力,强调实用性,体现“通俗易懂、结构清晰、层次分明、示例丰富”的特色。本书所有例子均在 Visual C++ 6.0 环境下运行通过。为了方便学习和加强实验教学,同时编写了与该书配套的用书《程序设计基础(C 语言)(第二版)学习辅导》。

　　全书共分 12 章。第 1～2 章介绍了 C 语言的基本概念、基本常识、算法与程序设计思想,由冯斯苑老师编写;第 3 章介绍了 C 语言的基本数据类型与表达式,由房宜汕老师编写;第 4 章介绍了顺序结构程序设计,由钟秀玉老师编写;第 5～6 章介绍了选择结构程序设计和循环结构程序设计,由房宜汕老师编写;第 7 章介绍了数组,由钟秀玉老师编写;第 8 章介绍了函数,由蓝红苑老师编写;第 9 章介绍了指针,由肖振球老师编写;第 10～11 章介绍了结构体、共用体、枚举类型和位运算,由巫喜红老师编写;第 12 章介绍了文件的输入输出操作,由陈世基老师编写;此外,附录部分由陈世基老师编写。全书由巫喜红老师统稿,钟秀玉老师和巫喜红老师审定。

　　本书在写作过程中,参考了部分图书资料和网站资料,在此向其作者表示感谢。

　　本书的出版得到了 2015 年广东省“质量工程”项目“精品教材程序设计基础(C 语言)”

（粤教高函[2015]133 号）、2013 年教育部地方所属高校"本科教学工程"大学生校外实践教育基地建设项目"嘉应学院——梅州市职业技术学校教育学实践教育基地"（教高司函[2013]48 号）、2012 年度广东省高等学校教学质量与教学改革工程本科类项目"职业教育师资实践教学基地"（粤教高函[2012]123 号）、2016 年广东省高校教学质量与教学改革工程项目"精品资源共享课《数据结构》"（粤教高函[2016]233 号）的支持，在此表示衷心的感谢。此外，在 2015 年校级优秀教材评选活动中，本书的第一版荣获嘉应学院优秀教材一等奖。

　　由于作者水平和经验有限，书中难免有不足之处，恳请读者提出宝贵意见和建议，使本书日臻完善。为方便教师的教学工作和读者的学习，本书有配套的源程序代码、习题答案和电子教案，需要者可发 E-mail 到 jdwxh@jyu.edu.cn 与编者联系获取。

编　者

2017 年 5 月

目 录

第1章 概　述

本章重点：计算机程序和计算机语言的概念；C 语言程序设计的一般步骤；C 语言程序的结构特点；运行 C 程序的步骤与方法。

本章难点：C 语言程序的结构特点；运行 C 程序的步骤与方法。

C 语言是目前最流行的程序设计语言之一，具有概念简洁、语句紧凑、表达能力强、运算符多而灵活、控制流和数据结构新颖、程序结构性和可读性好、可移植性好等优点。它既可以用来编写应用程序，又可以用来编写系统软件。它既具有高级程序设计语言的特点，又具有低级语言的特性。本章将为读者介绍 C 语言的发展历程、C 语言的特点以及运行 C 程序的步骤与方法等内容。

1.1　计算机程序和计算机语言

俗话说：“知己知彼，百战不殆。”要想学好 C 语言，做好程序设计，自然首先应该了解什么是计算机程序，什么是计算机语言。

所谓计算机程序，就是能够被计算机识别和执行，从而实现特定功能的一组指令序列的集合。通俗地讲，程序就像一个“传令官”，将用户的指令传达给计算机，让计算机去执行任务。例如，如果想统计全班同学的综合测评成绩，就可以让 Excel. exe 这个程序指示计算机记录输入的基础数据，然后保存、统计，最后还可以打印出来；如果想通过计算机向他人传递信息或资料，可以利用 Outlook. exe 这个程序将信息或资料以邮件的形式借助计算机网络发送给对方。一个程序，可以接受用户下达的指令，然后让计算机去执行。这就是程序最本质的特征。

众所周知，计算机能够直接识别的指令和数据必须是二进制形式的，人类的自然语言是无法被计算机直接接受的。也就是说，人与计算机之间要想进行沟通和交流，必须使用一种双方都能够理解和识别的语言，这就是计算机语言。人与计算机沟通的过程，其实就是人们利用计算机语言编写计算机程序，并在其中表达自己的指令，然后运行程序，由其来调度各种计算机资源以实现指令的过程。

计算机语言的种类繁多，因而计算机程序中的指令可以是机器指令、汇编语言指令，也可以是高级语言的语句命令，甚至还可以是用自然语言描述的运算、操作命令等。总的来说，计算机语言可以分为低级语言和高级语言两大类。

1.1.1 低级语言

低级语言包括两种类型：机器语言和汇编语言。

1. 机器语言

机器语言直接面向计算机，其指令都是一串由 0、1 构成的二进制位串来表示的，可由 CPU 直接识别和执行。不同的机器能够识别的机器语言是不相同的。用机器语言编写的程序称为机器语言程序，或称为目标程序，这是计算机能够直接执行的程序。机器语言的缺点是难以阅读和理解，编写和修改都比较困难，而且通用性较差。

2. 汇编语言

汇编语言(Assembly Language)也称符号语言。相对于机器语言，汇编语言使用助记符代替操作码，用地址符号或标号代替地址码，即用字母、数字和符号代替机器语言的二进制码，就把机器语言变成了汇编语言。大多数情况下，一条汇编指令直接对应一条机器指令，少数对应几条机器指令。

使用汇编语言编写的程序，称为符号语言程序或汇编语言程序。计算机无法直接识别和执行汇编语言，因而需要一种能将汇编语言程序"翻译"成机器语言程序的特殊程序，这种程序称为汇编程序(通常也被称作汇编器——Assembler)，它是系统软件中的语言处理系统软件。汇编程序把汇编语言翻译成机器语言的过程称为汇编。

3. 低级语言的优缺点

低级语言的优点是：由于直接针对特定硬件编程，因此最终的可执行代码非常精炼，并且执行效率高。低级语言的缺点是：与特定的计算机硬件系统紧密相关，来自于特定的指令系统，并且由于其指令的功能比较单一，程序员编写出来的源程序非常烦琐且可移植性差；此外，对程序员专业知识要求较高，需要对计算机硬件的结构和工作原理非常熟悉。

1.1.2 高级语言

高级语言是一种由表达各种意义的"单词"和"公式"按照一定的"语法规则"来编写程序的语言。高级语言之所以"高级"，是因为它使程序员可以完全不用与计算机的硬件打交道，可以不必了解机器的指令系统。这一大优点不仅使高级语言更易为程序员所掌握，也解决了低级语言程序可移植性差的问题，即程序员使用高级语言编写的源程序可以从一台计算机很容易地转到另一台计算机上工作。自从 1954 年出现第一个高级语言 FORTRAN 以来，全世界先后出现了几千种高级语言，它们各自有各自的特点和适用领域，其中有 100 多种应用较为广泛，而产生过比较大影响的语言如下：

(1) FORTRAN 语言；

(2) Basic 语言；

(3) COBOL 语言；

(4) Pascal 语言；

(5) C 语言；

(6) C++和 C♯语言；

(7) 其他基于视窗类操作系统的高级语言，如 Visual Basic、Visual C++、Delphi、Power Builder、Java 等。

同样,计算机也无法直接识别和执行高级语言,因此使用高级语言编写的源程序也必须通过特定的方式翻译成为机器语言程序,翻译方式通常有两种:解释和编译,分别使用解释程序(解释器)和编译程序(编译器)这两种特殊程序来实现。解释方式类似于日常生活中的"同声翻译",应用程序源代码一边由相应语言的解释器翻译成目标代码(机器语言),一边执行,因此效率比较低,而且不能生成可独立执行的可执行文件,应用程序不能脱离其解释器,但这种方式比较灵活,可以动态地调整、修改应用程序。典型的解释型语言有 Basic。编译方式是指在应用程序执行之前就将全部程序源代码都翻译成为目标代码(机器语言),因此其目标程序可以脱离其语言环境而反复独立执行,使用比较方便,运行效率较高,但一旦应用程序需要修改时,必须先修改其源代码,再重新编译生成新的目标程序才能执行,很不方便。编译型高级语言有很多,例如 Visual C++、Visual FoxPro、Delphi 等。

高级语言的优点是:容易学习,使用方便,语句的功能强,程序员编写的源程序比较短,可移植性较好,便于推广和交流。高级语言的缺点是:编译程序比汇编程序复杂,而且编译出来的目标程序往往效率不高,长度和运行时间都较长。因此,在很多对时间要求比较高的系统,如某些实时控制系统或者大型计算机控制系统中,低级语言特别是汇编语言仍然得到了一定的应用。

计算机语言使得人与计算机之间真正实现了沟通,而高级语言的出现则是计算机发展史上最重要的成就之一,使用高级语言编写的计算机程序让人机交流变得更为流畅,从而为计算机的推广和普及打下了最坚实的基础。

1.2 C 语言程序设计的一般步骤

程序设计是指使用计算机语言对所要解决问题中的数据,以及解决问题的方法和步骤进行完整而准确的描述的过程。

C 语言支持结构化程序设计,其一般步骤如下:

(1) 确定要解决的问题。

(2) 分析问题。

(3) 确定数据结构。

(4) 设计算法并使用流程图或其他工具表示。

(5) 编写程序。

(6) 调试并测试程序。

(7) 整理各类文档资料,交付使用。

由于程序设计划分了多个阶段,将功能的实现与设计分开,便于分工协作,即采用结构化的分析与设计方法,将逻辑实现与物理实现分开。这几个阶段自上而下、相互衔接,理论上应该按照由前至后的固定顺序进行,然而在具体实践中,如果在某个阶段中发现了问题或有些重要信息未被覆盖,就需要"返回"到前面的阶段并进行适当的修改,由此循环往复直至问题消除。

总体而言,程序设计是一个完整的过程,编写程序只是整个程序设计过程中的一个环节而已,而不是很多人通常认为的"程序设计就是编写程序"。从实践来看,"编写程序"这个任务的工作量通常只占软件开发项目全部工作量的 10%～20%。在一个项目中,往往会将更多的时间用在前面的"分析问题"与"设计算法",以及后期的"测试程序""整理文档"等。因此,想要提高自己的程序设计能力,除了提高"编写程序"的能力之外,更应该培养自己分析问题、解决问题的能力,而不是只顾着去钻研各种高深的语法细节。正所谓"磨刀不误砍柴工",在前面各个阶段中打下良好的基础,往往能大大地提高编写程序阶段的效率。只有重视程序设计中的每一个步骤,才能编写出结构化程度高、效率高、可靠性高、易于阅读、便于维护的高质量程序。

1.3　C语言的发展历程

C语言是世界上使用最广泛的高级程序设计语言之一。它具有绘图能力强、可移植性好等优点,并具备很强的数据处理能力,所以既适用于编写系统软件,也适用于编写应用软件。特别是在需要对硬件进行操作的场合,用C语言明显优于其他高级语言,因而许多大型软件都是用C语言编写的。

C语言的发展历程颇为漫长,但与系统软件特别是操作系统(如UNIX)的发展是紧密关联、相互促进的。早期的操作系统软件基本上是用汇编语言编写的,由于其对计算机硬件的依赖性极高,因而编写出来的程序可读性和可移植性都比较差。为了改变这种状况,人们很希望有一种计算机语言能够兼备一般高级语言和低级语言的优点,即既能够像汇编语言一样对硬件进行操作,又便于阅读并且具有较好的可移植性,C语言由此应运而生。

C语言的最早原型是ALGOL 60语言,它出现于1960年,是一种面向问题的高级语言,不适宜编写系统程序。1963年,剑桥大学在ALGOL 60语言的基础上推出CPL(Combined Programming Language)语言,它更接近硬件,但规模很大,难以实现。直到1967年,英国剑桥大学的Matin Richards对CPL语言进行了简化,于是产生了BCPL(Basic Combined Programming Language)语言。1970年,美国贝尔实验室的Ken Thompson又对BCPL进行修改和简化,从而推出了一种非常简单但很接近硬件的语言,并取BCPL的第一个字母为它起了一个名字——B语言。他首先用B语言在PDP 7上实现了第一个UNIX操作系统,第二年又再次在PDP 11/20上用B语言实现了UNIX操作系统,由此最后导致了C语言的问世。由于B语言过于简单,功能有限,为了更好地描述和实现UNIX操作系统,美国贝尔实验室的D. M. Ritchie于1973年在B语言的基础上最终设计出了一种新的语言,他取了BCPL的第二个字母作为这种语言的名字,这就是C语言。C语言保持了B语言最大的优点——接近硬件,并在此基础上有所提升,如增加了数据类型等,功能更加强大。同年,Ken Thompson和D. M. Ritchie合作使用C语言改写了之前基于汇编语言编写的UNIX操作系统,即UNIX第5版。但直到1975年UNIX第6版发布后,C语言才引起了较多人的注意。

为了使UNIX操作系统得到推广,1977年D. M. Ritchie发表了不依赖于具体机器系统的C语言编译文本《可移植的C语言编译程序》。这一成果使得C语言的可移植性得到了很大的提高,促进了UNIX操作系统在各种机器上的广泛实现。相应地,C语言也因此得到了更进一步的推广,在20世纪80年代开始进入其他操作系统,先后移植到大、中、小型和微型计算机上,并最终成为世界上最广泛流行的几种高级程序设计语言之一。

1978年,Brian W. Kernighian和Dennis M. Ritchie(合称K & R)以UNIX第7版中的

C 语言编译程序为基础,出版了影响深远的名著 *The C Programming Language*,其中介绍的 C 语言版本被称为标准的 C。此后,随着微型计算机的日益普及,出现了许多 C 语言版本。由于没有统一的标准,使得这些 C 语言之间出现了一些不一致的地方。为了改变这种情况,美国国家标准化协会(ANSI)于 1983 年在综合研究了各种版本后为 C 语言制定了第一个 C 语言标准草案,称为 ANSI C。ANSI C 比原来的 C 有了很大的发展。1988 年,K & R 按照即将公布的 ANSI C 新标准修改了他们的经典著作 *The C Programming Language*。1989 年,ANSI 公布了一个完整的 C 语言标准——ANSI X3.159—1989,常称 ANSI C 或 C89。1990 年,国际标准化组织(International Standard Organization,ISO)接受 C89 作为国际标准 ISO/IEC 9899—1990,它和 ANSI 的 C89 基本上是相同的。1995 年,ISO 对 C90 做了一些修订,即"1995 基准增补 1(ISO/IEC 9899/AMD1—1995)"。1999 年,ISO 又对 C 语言标准进行修订,在基本保留原来的 C 语言特征的基础上,针对应用的需要,增加了一些功能,尤其是 C++ 中的一些功能,命名为 ISO/IEC 9899—1999。2001 年和 2004 年先后进行了两次技术修正,即 2001 年的 TC1 和 2004 年的 TC2。ISO/IEC 9899—1999 及其技术修正被称为 C99,C99 是 C89(及 1995 基准增补 1)的扩充。本书的叙述以 C99 标准为依据。

说明:目前由不同软件公司所提供的一些 C 语言编译系统并未完全实现 C99 建议的功能,它们多是以 C89 为基础开发的,但这些编译系统仍然能够满足对初学者的教学需要。因此,读者应了解自己所学习使用的 C 语言编译系统的特点,并在今后进行实际软件开发工作时注意使用能在更大程度上实现 C99 功能的编译系统。本书中所举的示例、练习都是在大多数 C 语言编译系统(如 Visual C++ 6.0)上能够进行编译和运行的。

1.4 初识 C 语言

1.4.1 C 语言的特点

由于 C 语言的功能强大、使用灵活,在出现几年后即得到了迅速的推广,一度成为学习和使用人数最多的一种计算机语言。然而在它面世后的几十年里,各种各样的高级语言如雨后春笋般涌现,其中不少语言也受到了广大程序员的肯定并在一些领域产生了深远的影响,那么 C 语言是否已经过时了? 还有必要学习这门有着 40 多年历史的程序设计语言吗? 要回答这个问题,先来了解一下 C 语言的特点。

1. 简洁紧凑,灵活方便

C 语言一共只有 32 个关键字,C99 中新增加 3 个关键字,共 35 个关键字(详见附录 B),9 种控制语句,程序书写形式自由,主要用小写字母表示,因此 C 语言的源程序相比其他许多高级语言程序更加简短,减少了录入源程序的工作量。

2. 运算符丰富

C 语言的运算符包含的范围很广泛,共有 34 个运算符(详见附录 C)。C 语言把括号、赋值、强制类型转换等都作为运算符处理,从而使 C 的运算类型极其丰富,表达式类型多样化,灵活使用各种运算符可以实现在其他高级语言中难以实现的运算。

3. 数据结构丰富

C 语言中的数据类型有整型、浮点型、字符型、数组类型、指针类型、结构体类型、共用体类型等,能用来实现各种复杂的数据结构的运算。其中引入的"指针"这一概念,最终成为 C 语言的精华部分,它的使用非常灵活有效,能使程序更加简洁、紧凑和高效。

4. C 语言是结构式语言

结构化程序设计强调程序结构的规范化,提倡清晰的结构。遵循这一原则编写的结构化程序层次清晰,便于阅读、调试以及维护,大大提高了可靠性和质量。C 语言是一种完全模块化和结构化的语言。它把函数作为程序的模块单位,将代码及数据分隔化,函数之间可以方便地进行调用,但除了必要的信息交流外尽量保持彼此独立,从而实现了程序的模块化。此外,C 语言包含多种结构化的控制语句(如 if…else 语句、while 语句、do…while 语句、switch 语句、for 语句)用于控制程序的流向,为构成一个完全结构化的程序提供了必要的保证。

5. 语法限制不太严格,程序设计自由度大

一般的高级语言语法检查比较严,能够检查出几乎所有的语法错误。而 C 语言允许程序编写者有较大的自由度,如对数组下标越界不做检查(不管是否越界),由程序员自己保证其正确;又如对变量的类型约束不严格,允许整型、字符型和逻辑型数据通用等。这一特点使得 C 语言的使用非常灵活,但同时也在一定程度上降低了程序的安全性,常常让一些初学者头痛不已,难以将其迅速掌握和应用。不过,保持语言的强大、简洁、灵活应该是要被优先考虑的,而不是对初学者的亲和度。因此,程序员只能在编写和录入时仔细地检查代码,以减少对编译系统的依赖性。当然,这对于一位熟练的 C 程序设计者来说并不是大问题。

6. 允许直接访问物理地址,对硬件进行操作

这是 C 语言在众多高级程序设计语言中脱颖而出并广受欢迎、长期流行的最重要原因之一。严格地说,C 语言是一种介于低级程序设计语言(例如汇编语言)和高级程序设计语言(例如 C++、Java)之间的中级程序设计语言。它把高级语言的基本结构和语句与低级语言的实用性结合起来,因此既具有高级语言的功能,又具有低级语言的许多功能,能够非常容易地利用其直接对计算机的硬件单元——位、字节和地址进行操作,而这三者正是计算机最基本的工作单元。这样的特点,决定了 C 语言在某些需要对硬件进行操作的应用场合,如一些系统软件中,成为程序员的首选。

7. C 程序生成代码质量高,执行效率高

除了汇编语言之外,C 语言的执行效率之高,在当今主流程序设计语言中是数一数二的。一般来讲,经过编译器优化后的 C 语言程序,其执行效率只比汇编程序生成的目标代码效率低 10%~20%。对于某些对性能要求极高的系统软件,如 Linux 内核、搜索引擎算法,以及大型的科学计算程序等,C 语言都能够胜任。这也是 C 语言在这些领域具有长久生命力的另一个重要原因。

8. 适用范围大,可移植性好

相比汇编语言,C 语言有一个突出的优点就是适合于多种操作系统,也适用于多种机型,基本上不做修改就能进行移植。

另外,C 语言还具有强大的图形功能,支持多种显示器和驱动器,且计算功能、逻辑判断功能强大。

以上介绍了 C 语言的一些最基本的特点,从中可以看出 C 语言相对于低级语言和许多高级语言的优势。正是因为这些鲜明的特点,使 C 语言从最初的只是为了描述和实现

UNIX 的需要而设计的一种工作语言,到最后发展成为一种生命力旺盛的程序设计语言。C 语言已经流行了几十年,并且还在继续流行,它仍然是一门应用广泛、值得学习和掌握的程序设计语言。

1.4.2 C 和 C++

说到 C 语言,就不得不说它的继承者——C++ 语言。众所周知,C++ 语言是在 C 语言的基础上,添加了面向对象、模板等现代程序设计语言的特性而发展起来的。两者无论是从语法规则上,还是从运算符的数量和使用上,都非常相似,所以人们常常将这两门语言合称为"C/C++"。毫无疑问,C++ 是一门优秀的程序设计语言,以至于有些人提出了"C++ 完全可以代替 C 语言"的观点。C++ 吸收了 C 语言的诸多优点,同时又添加了面向对象程序设计的新理念,非常适用于开发复杂的大型软件,这也是它成为主流程序设计语言的主要原因。但是,在某些方面,C 语言仍然有着比 C++ 语言更大的优势,可以轻松完成一些 C++ 无法完成的任务,如很多嵌入式开发系统都只提供了 C 语言的开发环境而并没有提供 C++ 的开发环境;一些对性能要求极高的大型系统,诸如搜索引擎算法、银行金融系统等,C 语言都能够出色地胜任,而 C++ 则因为过于复杂而稍逊一筹。正是因为 C 语言兼顾了接近底层和高性能这两个显著特性,同时又比 C++ 语言更加简洁,随着当今世界嵌入式开发技术的发展、大型算法的应用,特别是搜索引擎、云计算的兴起,C 语言的用武之地不但没有萎缩,反而有逐渐扩展的趋势。

而从教学的角度来看,由于 C 语言是很好的结构化语言,且描述能力强,应用领域广泛,它虽然比 Basic、FORTRAN 和 Pascal 等语言难掌握,但却比 C++ 容易得多,因而还是比较适用于教学的。国内外许多高校都仍然在使用 C 语言作为计算机专业中高级语言程序设计的入门语言,并在介绍如数据结构、操作系统等课程时将其作为背景语言,而使用 C++ 介绍面向对象程序设计。因此,学好 C 语言,可以为将来进一步学习 C++ 以及其他语言打好基础,做到事半功倍。

当然,从前面的描述中可以看出 C 语言相对于 C++ 的缺点,如数据封装性不强导致其安全性降低、抽象层次较低导致无法支持复杂大型系统的开发等。但是,世界上本来就没有完美无瑕的事物,当然也不可能有万能的语言,读者只有对 C 语言的优点和缺点都有一个全面而清晰的认识,才能真正理解 C 语言,把握 C 语言的个性,充分利用好它的优点,尽量避免它的缺点,让 C 语言在合适的应用场合中发挥最大的作用。

1.4.3 C 语言的字符集

与自然语言一样,C 语言也具有相应的语法结构和构成规则,具有字符、单词、语句、文章(程序)的基本成分和结构,由字符可以构成单词,由单词可以构成语句,由语句可以构成函数模块,由函数模块可以构成程序。字符是组成语言的最基本的元素。C 语言字符集由字母、数字、空格、标点和特殊字符组成,在字符常量、字符串常量和注释中还可以使用汉字或其他可表示的图形符号。

1. 字母
小写字母 a~z 共 26 个。大写字母 A~Z 共 26 个。

2. 数字

阿拉伯数字 0~9 共 10 个。

3. 空白符

空格符、制表符、换行符等统称为空白符。空白符只在字符常量和字符串常量中有实际意义,在其他地方出现时只起间隔作用,编译程序对它们忽略不计,因此在程序中使用空白符与否,对程序的编译不产生影响。但在程序中适当的地方使用空白符可使程序结构更加清晰,提高程序的可读性。

4. 标点和特殊字符

标点和特殊字符包括各种标点符号如逗号(,)、分号(;)、单引号(')、双引号(")等,以及各种运算符,还有一些特殊用途的符号如井字符(♯)、反斜线(\)、下画线(_)等。

1.4.4 C 语言的词汇

在 C 语言中使用的词汇分为 6 类:标识符、关键字、运算符、分隔符、常量、注释符等。读者可以在后续章节中结合例题程序进一步理解和掌握。

1. 标识符

在程序中使用的变量名、函数名、标号等统称为标识符。除库函数的函数名由系统定义外,其余都由用户自定义。C 规定,标识符只能是由字母(A~Z,a~z)、数字(0~9)和下画线(_)组成的字符串,并且其第一个字符必须是字母或下画线。

以下标识符是合法的:a,_x,x3,BOOK_1,sum5。

以下标识符是非法的:

- 3s,以数字开头;
- s * T,出现非法字符"*";
- −3x,以减号开头;
- bowy−1,出现非法字符−(减号)。

在使用标识符时还必须注意以下几点:

(1)标准 C 语言不限制标识符的长度,但标识符长度受各种版本的 C 语言编译系统限制,同时也受到具体机器的限制。例如,在某版本 C 语言中规定标识符前 8 位有效,当两个标识符的前 8 位相同时,将被认为是同一个标识符。为了提高程序的可读性和可移植性,建议标识符的长度最好不要超过 8 个字符。

(2)在标识符中,大小写是有区别的。例如 BOOK 和 book 是两个不同的标识符。

(3)标识符虽然可由程序员随意定义,但标识符是用于标识某个量的符号,因此,命名应尽量有相应的意义,以便于阅读理解,达到"见名知意"的效果。

2. 关键字

关键字是由 C 语言规定的具有特定意义的字符串,通常也称为保留字(详见附录 B)。用户定义的标识符不得与关键字相同。C 语言的关键字分为以下几类:

(1)数据类型关键字:用于定义、说明变量、函数或其他数据结构的类型,如表示整型的 int、表示字符型的 char 等。

(2)控制语句关键字:用于表示某种控制结构的语句,如 if、else 用于表示条件语句,而 do、while 用于表示循环语句等。

（3）存储类别关键字：用于表示变量的存储类别，如 register 表示寄存器类别，static 表示静态类别等。

（4）其他关键字：用于计算数据类型长度等，如 sizeof 表示计算数据类型长度，typedef 表示用以给数据类型取别名等。

3. 运算符

C 语言中含有相当丰富的运算符。运算符与变量、函数一起组成表达式，表示各种运算功能。运算符可分为单字符运算符，如加（＋）、减（－）、乘（＊）、除（/）等，以及多字符运算符，如大于等于（＞＝）、逻辑与（＆＆）等。

4. 分隔符

C 语言中的分隔符有逗号和空格两种。逗号主要用在类型说明和函数参数表中，用于分隔各个变量。空格则多出现在语句中的各个单词之间，以示间隔。因为在关键字、标识符之间必须要有至少一个以上的空格符做间隔，否则将会出现语法错误，例如把"int a;"写成"inta;"时，C 编译器会把 inta 当成一个标识符来处理，其结果必然出错。

5. 常量

C 语言中使用的常量可分为数字常量、字符常量、字符串常量、符号常量、转义字符等多种。在后面章节中将专门给予介绍。

6. 注释符

任何一种程序设计语言都强调注释的重要性。源程序所包含的代码往往比较冗长，添加必要的注释不仅有助于阅读程序，更重要的是，在需要对程序功能进行修改或扩充时，注释可以极大地帮助程序员理解原始程序。C 语言的注释方式有两种：一种是以"/＊"开头并以"＊/"结尾的块式注释，在"/＊"和"＊/"之间的内容即为注释；另一种是以"//"开始的单行注释。注释不是命令也不是语句，不会被编译和执行，可以使用中文和英文字符。注释可以出现在程序中的任何一行，根据注释所处的位置通常可分为序言性注释和功能性注释两类。

（1）序言性注释，位于模块的起始部分，用于说明模块的功能、接口、数据描述和开发历史等。

（2）功能性注释，嵌入在模块内部，通常放在一行的右端用于对该行代码作说明，也可单独成为一行用于对一个代码段作说明。

此外，在调试程序中对暂不使用的语句也可用注释符括起来，使编译跳过其不做处理，待调试结束后再去掉注释符。

1.5 最简单的 C 语言程序

1.5.1 C 程序举例

为了说明 C 语言程序的结构特点，先来看看以下几个程序。这几个程序由简到难，体现了 C 语言程序在组成结构上的一些特点，可以从这些例子中了解到一个 C 程序的基本组成部分和书写格式。

【例 1.1】 在屏幕上输出一行信息。

编写程序：

```
# include < stdio. h >                    /* 文件包含 */
int main()                               /* 主函数 */
{                                        /* 函数体开始 */
  printf("欢迎进入 C 语言的世界!\n");      /* 输出语句 */
  return 0;
}                                        /* 函数体结束 */
```

这个程序的运行结果是输出以下一行信息：

欢迎进入 C 语言的世界!

这是一个非常简单的 C 语言程序，它的作用就是将指定的一句话，或者说一个字符串输出到屏幕上。其中第 2 行里的 main 是一个函数的函数名，表示这是个"主函数"。main 前面的 int 表示这个函数返回的数据类型是 int 类型(整型)。在执行 main 函数后会得到一个值，其数据类型为整型。程序第 5 行的"return 0;"的作用是：当 main 函数执行结束前将整数 0 作为函数值(该值将被返回到主调函数，所以也称为返回值)，返回到调用函数处[①]。每一个 C 语言程序可以由一个或者多个函数组成，其中必须有且仅有一个 main 函数。main 函数后面的一对圆括号( )是必须的，其中为空表示这个函数没有参数。第 3 行和第 6 行的一对花括号{ }标识了函数主体部分的起始和结束位置，这一部分称为函数体。以上程序中的函数体包含两行语句，其中第 1 行调用了 printf 函数进行输出。printf 函数是 C 编译系统提供的标准函数库中的输出函数(详见第 4 章)，它的功能是把要输出的内容显示到屏幕上。该函数使用非常灵活，但此例中它只有一个参数，就是双撇号""及其内的字符串，其中"\n"称为换行符。执行这行语句，字符串将原样输出，也就是输出"欢迎进入 C 语言的世界!"，然后回车换行，光标跳到下一行起始处。需要强调的一点是，这两行语句末尾的分号一定不能省略，它表示一条语句的结束。

标准函数库中的函数通常被称为库函数，一些常用的库函数详见附录 E，它是由编译系统提供的，用户可以直接调用以完成特定的功能。但是，在使用这些库函数时，需要在程序的最前面加上一个预处理命令，用于通知编译系统该函数的来源，程序才能正常进行编译，例 1.1 中第 1 行的"# include < stdio. h >"就起到这个作用。这里的"# include"称为文件包含命令，其意义是把尖括号<>(也可使用""代替)内指定的文件包含到本程序中来，成为本程序的一部分。被包含的文件通常是由 C 编译系统提供的，其扩展名为. h，称为头文件或首部文件。各个标准库函数的函数原型都包括在某个头文件中，因此，凡是在程序中调用一个库函数时，都必须包含该函数原型所在的头文件。如例 1.1 中的 stdio. h，stdio 是

---

① C 99 建议把 main 函数指定为 int 型(整型)，要求函数带回一个整数值，也就是表达成 int main()。在 main 函数的最后设置一条"return 0;"语句，当 main 函数正常结束时，得到的函数值是 0，当 main 函数出现异常或错误时，得到的函数值是非 0。这个函数值是返回给调用 main 函数的操作系统。程序员可以利用操作指令检查 main 函数的返回值，从而判断 main 函数是否已正常执行，并据此决定后面的操作。如果不写"return 0;"语句，有的 C 编译系统会在目标程序中自动加上这一语句，因此，主函数结束时，也能得到函数值 0。为了使编写的程序规范并达到可移植，建议读者编写的程序将 main 函数指定为 int 型，并在 main 函数的最后加一条"return 0;"语句。

"standard input & output"的缩写,关于标准输入输出的函数都被定义在这个头文件中,要想在程序中调用标准函数库中的输入输出函数(例如 printf 函数)时,需要在程序的开头使用♯include 命令将这个头文件 stdio.h 包含进来。应该说明的是,不同的 C 语言编译系统提供的库函数的数量和功能会有一些不同,使用前应先行了解。

为了便于初学者理解,程序中每一行右端均添加了注释,可提高程序的可读性和可维护性,但实际编写过程中不需要对每行代码都添加注释。关于注释,已在 1.4.4 节做了介绍,此处不再重复。

【例 1.2】 求一个整数的绝对值并输出。

编写程序:

```
# include < math. h >
# include < stdio. h >
int main()
{
    int x,s;                        /* 定义两个变量 */
    printf("请输入一个整数: ");        /* 显示提示信息 */
    scanf(" % d",&x);               /* 从键盘获得一个数并存入变量 x */
    s = abs(x);                     /* 求 x 的绝对值,并把它赋给变量 s */
    printf(" % d 的绝对值是 %d\n",x,s);  /* 输出结果 */
    return 0;
}
```

例 1.2 程序的功能是从键盘输入一个整数 x,求 x 的绝对值,然后输出结果。在例 1.2 中使用了 3 个库函数:输入函数 scanf、求绝对值函数 abs 和输出函数 printf。abs 函数是数学函数,其原型所在的头文件为 math. h 文件,因此,在程序的开头用 include 命令包含了 math. h。需要说明的是,C 语言规定,对 scanf 和 printf 这两个函数可以省去对其头文件的包含命令,所以在一些教程的例子中读者可能会发现没有使用♯include < stdio. h >,但是这种做法一般不提倡。

C 语言规定,源程序中所有用到的变量都必须先声明后使用,否则编译时将会报错,这是编译型高级程序设计语言的一个特点。因此,函数体一般包含两部分:一部分为声明部分,通常用于定义变量;另一部分为执行部分,用以完成程序的功能。例 1.1 中未使用任何变量,因此无声明部分,而例 1.2 中使用了两个变量 x 和 s,分别用来表示从键盘上输入的自变量和它对应的绝对值,在第 8 行语句中,x 将作为 abs 函数的参数,而 s 将接受 abs 函数的返回值,由于 abs 函数的原型定义中参数和返回值都是整型,因此需要在第 5 行使用类型符 int 来定义两个整型变量。声明部分之后的 4 行为执行部分,其中第 6 行是输出语句,调用 printf 函数在屏幕上输出提示字符串,提示操作人员输入自变量 x 的值;第 7 行为输入语句,调用 scanf 函数输入数据给变量 x;第 8 行是调用 abs 函数并把返回值(即 x 的绝对值)赋给变量 s;第 9 行是调用 printf 函数,输出变量 s 的值。

运行例 1.2 的程序时,首先会在显示器屏幕上给出提示字符串,这时用户可从键盘上输入一个数,如−5,再按下回车键(即 Enter 键),程序将接收数据并处理,最后在屏幕上输出结果。运行结果如下:

请输入一个整数: −5↙
−5 的绝对值是 5

　　说明：为了在分析运行结果时便于区分输入和输出信息,此处对键盘输入的信息加了下划线,其中"✓"对应回车键。本章的例题采用同样的形式,不再赘述。

　　例 1.2 中用到了输入函数 scanf 和输出函数 printf,由于在大多数程序里面都会使用这两个函数实现输入和输出,因此这里先简单介绍一下它们的格式,以便下面使用(第 4 章中会对它们进行详细的介绍)。scanf 和 printf 分别称为格式输入函数和格式输出函数,其功能是按指定的格式对数据进行输入、输出。这两个函数的参数一般形式如下：

格式控制,参数表列

其中,格式控制是一个字符串,必须用双引号""括起来,它的主要内容是格式说明,用于指明要输入输出的数据的格式,如例 1.2 中的"%d"表示以"十进制整数"类型和格式进行输入输出。不同的数据对应不同的格式说明,各种类型的格式说明可参阅第 4 章。在 printf 函数中,格式控制中还可以包含格式说明符之外的字符,这些字符将在显示屏幕上原样输出,如例 1.2 中的"的绝对值是"。参数表列在 scanf 函数中是一个地址表列,它至少应包含一个地址,如例 1.2 中的"&x"("&"为取地址运算符);而在 printf 函数中是一个输出表列,可以为空,也可以包含多个输出量。当参数表列中有多个量时,应该使用逗号分隔。例 1.2 中第 6 行的 printf 函数中参数表列为空,所以只输出格式控制中的普通字符;第 7 行的 scanf 函数接收键盘上输入的整数并保存到变量 x 的地址所标识的内存单元中;第 9 行的 printf 函数中参数表列中有两个输出量 x、s,分别对应格式控制中的两个"%d",输出时按照在参数表列中的先后顺序,分别使用 x 和 s 的值来代替"%d"。

　　【例 1.3】　求两个整数的和并输出。

　　编写程序：

```
#include <stdio.h>
int main()                              /* 主函数 */
{
  int a,b,sum;                          /* 变量声明 */
  int add(int x,int y);                 /* 函数声明 */
  printf("please input two numbers:");
  scanf("%d%d",&a,&b);                  /* 输入 a,b */
  sum = add(a,b);                       /* 调用 add 函数 */
  printf("sum is %d\n",sum);            /* 输出 */
  return 0;
}
int add(int x,int y)                    /* 定义 add 函数 */
{
  int s;
  s = x + y;
  return (s);                           /* 把结果返回主调函数 */
}
```

　　例 1.3 程序的功能是由用户输入两个整数,计算出两个数的和并输出。例 1.2 的程序由两个函数组成,主函数和被调用函数 add,主函数中调用 add 函数以完成两数相加的功能。C 语言规定,被调用函数必须是库函数或者用户自定义的函数,这里的 add 函数就是一个用户自定义函数。由于该函数定义的位置在调用它的函数(也称主调函数)之后,因此,在主函数中第 5 行给出了对 add 函数的声明,目的是把函数名、函数参数的个数和类型等信息通知编译系统,以便在第 8 行遇到函数调用时,编译系统能正确识别 add 函数并检查调用是否合法。函数声明可以放在主调函数的声明部分,也可以放在文件的开头(所有函数之前)。需要说明的是,如果被调用函数定义在主调函数之前,则可以不加声明直接使用。有关函数声明的内容详见第 8 章。

main 函数中先调用 printf 函数用于输出提示字符串,然后调用 scanf 函数输入变量 a 和 b 的值,其中"&"和"%d%d"的含义如前所述,表示接收两个以十进制整数形式输入的数据并存入 a、b 所在的内存单元中。接着,main 函数调用 add 函数求得 a、b 的和。最后,再次调用 printf 函数输出,其中,格式控制中的"sum is"将原样输出,而"%d"则由 sum 变量的值取代,"\n"表现为回车换行。

程序中第 8 行调用 add 函数时,由 main 函数将实际参数 a 和 b 的值分别传递给 add 函数的形式参数 x 和 y,然后进入 add 函数中运行。add 函数在声明部分定义了一个变量 s,执行部分先计算出 x+y 的值并存入 s 中,然后使用 return 语句将 s 的值返回给主调函数,至此函数调用结束。这个返回值会通过函数名 add 带回到 main 函数中调用 add 函数的位置,即第 8 行中"="的右侧,并利用这个赋值运算符将其赋给变量 sum。

程序的运行情况如下:

```
please input two numbers:67 12 ↙
sum is 79
```

在输入时应注意,两个数据之间要使用空格作间隔,否则会被认为是一个数据。如果将程序中第 7 行 scanf 函数中的"%d%d"改为"%d,%d",则输入时必须使用","作为分隔符,即非格式说明符应原样输入。如:

```
please input two numbers:67,12 ↙
```

运行后,结果不变。

以上几个例子中用到了文件包含和库函数调用、标准输入输出函数、自定义函数及其调用等知识点,在此只做了简单的解释。初学者对这些内容可能不容易理解,但也不必操之过急,后面的章节会陆续对它们展开更加详细的介绍。这里只需要通过例子了解 C 程序的基本形式即可。

1.5.2　C 程序的结构特点

结合前面的介绍,本节对 C 程序的基本构成作一个简单的说明:

(1) 一个 C 语言程序可以由一个或多个文件组成。

(2) 每个程序文件可以由一个或多个函数组成。

(3) 一个程序不论由多少个文件组成,都有且只有一个 main 函数,即主函数。

(4) 一个 C 语言程序总是从 main 函数开始执行的,而且 main 函数可以放在文件中任意一个函数的前面或者后面。

(5) 每个函数都由函数首部和函数体构成,函数首部一般包括函数返回类型、函数名、函数参数,函数体一般包括声明部分和执行部分。

（6）C语言程序中的输入输出是通过库函数中的 scanf 函数和 printf 函数来实现的。

（7）C语言程序中可以有预处理命令（include 命令仅为其中的一种），预处理命令通常应放在源程序的最前面。

（8）每一个声明，每一个语句都必须以分号结尾。但预处理命令、函数头和右花括号"}"之后不能加分号。

（9）标识符、关键字之间必须至少加一个空格以示间隔。若已有明显的间隔符，也可不再加空格来间隔。

1.5.3　养成良好的程序设计风格

有些程序员在进行程序设计时，因为片面追求效率，编写出来的程序旁人难以阅读，更谈不上维护。应当清晰地强调，追求效率要在不损害程序可读性和可靠性的基础上进行。俗话说，磨刀不误砍柴工。编写程序时按照规范化的方法来进行，培养良好的程序设计风格，才能有助于提高程序的正确性、可读性、可维护性和可用性。

（1）标识符应按意取名，并使用统一的缩写规则。意义明确的标识符能让阅读者快速了解它所代表的变量、函数等数据对象的功能。

本书的例子中有些变量的名字使用简单的 a、b、c 等单字母符号，纯粹是为了方便起见，希望读者不要在自己的程序中随便效仿。

（2）同时声明多个变量时，各变量名按特定顺序排列。

（3）一个声明或一个语句占一行。

（4）表达式中可使用括号以提高运算次序的清晰度。

（5）程序中许多语法成分可以嵌套，为了使程序的层次结构更加清晰，书写时应使用统一的缩进格式，同一嵌套层次的语句要对齐，低一层次的语句可比高一层次的语句缩进若干个空格。要强调的是，应该尽量避免多重嵌套。

（6）用"{}"括起来的部分，通常表示程序的某一层次结构。"{"和"}"一般与该结构语句的第一个字母对齐，并单独占一行。

（7）输入操作步骤和输入格式尽量简单。

（8）应检查输入数据的合法性、有效性，同时要报告必要的输入状态信息和错误信息。

（9）尽量使用标准库函数和公共函数。如果必须自定义函数，则函数功能应该相对独立，语句应该精简易懂，不要超过 100 行。

（10）在程序的适当位置（如程序和函数的开头、主要的数据声明处、复杂的语句处等）应该添加必要的注释，并且在修改代码时更新注释。

以上给出的只是一些最基本的规则，初学者在编写程序时应力求遵循这些规则，以养成良好的编程习惯。

1.6　运行 C 程序的步骤与方法

在 1.5 节中已经介绍了几个简单的 C 语言源程序，而程序必须在计算机上运行才能实现它们的功能，那么，要怎样上机运行程序呢？

如前所述，计算机只能识别和执行由 0 和 1 组成的二进制指令，而无法识别和直接运行高级语言源程序。因此首先需要使用编译程序将 C 语言源程序翻译成为二进制形式的目标程序；其次，因为程序中调用了库函数或者其他程序中的函数，所以还要将目标程序与系统库函数以及其他相关的目标程序进行连接，形成可执行的目标程序；最后，运行可执行的目标程序文件。图 1.1 给出了 C 语言程序运行的基本步骤。

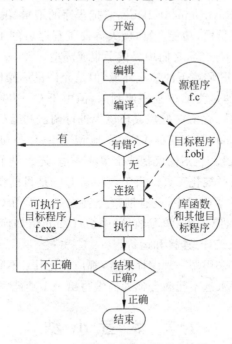

图 1.1　C 语言程序运行的基本步骤

图 1.1 中的实线箭头表示操作流程，虚线箭头表示文件的输入输出。从图 1.1 中可以看出，运行 C 程序的 4 个最基本的步骤是：

（1）使用文本编辑工具，或者直接进入 C 语言编译系统集成环境，逐条编写语句，然后保存为源程序文件，文件扩展名为.c。

（2）编译源程序文件，生成目标程序文件，文件扩展名为.obj。

（3）连接目标程序文件，生成可执行的目标程序文件，文件扩展名为.exe。

（4）执行可执行的目标程序文件，得到结果，实现程序功能。

这 4 个步骤是对 C 语言程序的实现过程的一个高度总结。实际上，这一过程通常是一个循环反复的过程，程序设计者往往需要不断地编写代码、对代码进行调试、再编写代码、再进行调试，直到最终得到所需的结果为止。

从图 1.1 中可以看到，整个 C 语言程序的实现过程中包含了两个循环：第一个循环出现在编译阶段，表示如果编译时出现错误，就需要返回上一个步骤检查并再次编辑程序；第二个循环出现在执行阶段，表示如果编译连接都顺利通过，但运行结果仍不正确的情况下，也需要返回到第一个步骤重新检查。在发现错误之后对错误进行消除的过程被称为"调试"。实质上，每当程序遇到一个错误需要调试时，程序员的工作也会进入一个小循环，这个循环负责查找错误出现的原因和位置，并且将其消除，最终使程序得以顺利执行，实现正确的功能。在这个世界上，完全没有缺陷的程序是不存在的，一个程序员功力的高深，不仅仅是看他能否正确地实现程序功能,也要看他在程序运行遇到问题时,能否及时准确地找到错误并将其改正。所以,调试能力同样是初学者应该重点培养的。

C源程序的编辑、录入可以在一般的文本编辑工具中完成,但是编译、连接和运行程序则必须要有相应的C编译系统。现在的C编译系统大多数都提供了集成开发环境(Integrated Development Environment,IDE),它把程序的编辑、编译、连接和运行等操作全部集中在一个界面上,直观易用,功能丰富,极大方便了程序员的工作。常用的C编译系统有 Turbo C++ 3.0、Visual C++ 等,它们均提供了集成环境。

Turbo C++ 3.0 是 DOS 环境下的集成环境,但是允许鼠标操作,因此在 Windows 环境下使用也十分方便。它虽然是为 C++ 程序研制的,但由于 C++ 从 C 语言发展而来,对 C 程序是兼容的,因此 C 程序可以在 C++ 的集成环境中进行调试和运行。

此外,还可以使用 Visual C++(简称 VC),它是 Microsoft 公司开发的在 Windows 环境下进行 C/C++ 编程的编译器。它不仅仅是一个集成环境,还提供了 MSDN 给开发者参考和联机求助,以及功能强大的可视化工具。由于 Visual C++ 是目前使用最为广泛的 C++ 集成开发环境,因此使用它来编写 C 程序,也有助于今后进一步学习 C++ 语言。在与本书配套的《程序设计基础(C语言)(第二版)学习辅导》中会详细介绍如何使用 Visual C++ 6.0 集成环境对 C 程序进行编辑、编译、连接和运行。

对于初学者来说,不管采用哪一种编译系统,都应该记住:不断地上机练习是学好 C 语言的不二法门,"纸上谈兵"永远不能教会你如何编写出一个功能完善、方便实用的程序。

1.7 本 章 小 结

本章主要介绍了 C 语言的发展史和学习 C 语言的一些必备的基础知识。学习过程中要了解 C 语言的一些特点,并掌握 C 语言的结构特点、C 程序的基本构成和运行 C 程序的步骤及方法。

习 题 1

1. 什么是计算机程序?

2. 什么是计算机语言? 一般分为哪几类?

3. C 语言程序设计的一般步骤有哪些?

4. C 语言有哪些主要特点?

5. 写出 C 程序的基本构成。

6. 上机运行本章 3 个例题,熟悉 C 语言的运行步骤与方法。

7. 编写一个 C 程序并上机调试运行,其功能是输出以下信息:

```
**********************************
This is a C program!
**********************************
```

8. 编写一个 C 程序并上机调试运行,其功能是从随意输入的两个数中找出较大的数并输出。

第 2 章 | 算法与程序

本章重点：什么是算法；算法的特性；描述算法的几种工具。

本章难点：使用流程图和 N-S 图表示算法。

学习程序设计的目的不仅仅是学习一种特定的语言，而是学习进行程序设计的一般方法。其中，算法设计是一个关键步骤。本章将为读者介绍有关算法的初步知识，为以后各章的学习建立一定的基础。

2.1 算法基础知识

人们使用计算机，就是要利用它来处理各种不同的问题，而要做到这一点，必须事先对各类问题进行分析，确定解决问题的具体方法和步骤，再编制好一系列指令让计算机执行，使其按人们指定的步骤有效地工作。这些具体的方法和步骤，其实就是解决一个问题的算法。根据算法，再参照某种规则编写计算机可以执行的指令序列，就是编写程序，而编写时所参照的规则，即为某种语言的语法。所以在高级语言的学习中，一方面应熟练掌握该语言的语法，因为它是算法实现的基础，另一方面必须认识到算法的重要性，加强思维训练，才能够写出高质量的程序。

著名的计算机科学家尼古拉斯·沃思(Nikiklaus Wirth)曾经提出过一个公式：

数据结构＋算法＝程序

其中的数据结构(data structure)，指的是程序中数据的类型和数据的组织形式，即对数据的描述；而算法(algorithm)，则是对操作步骤的描述。数据结构是算法的基础，通常数据结构不同，采用的算法也会不同，合理的数据结构能够在一定程度上简化算法。数据结构是程序的加工对象，而算法则是程序的灵魂，它解决了程序"做什么"和"怎么做"的问题。由此可见，程序设计的一大关键，是解题的方法与步骤，即算法。不了解算法，程序设计也就无从谈起。学习高级语言程序设计的重点之一，就是不断地提高分析问题、解决问题并最终归纳整理出算法的能力。

归纳而言，算法是一组明确的、可执行的步骤的有序集合，能够在有限的时间内终止并产生预期的结果。算法中精确定义了一组规则，明确规定先做什么，后做什么，并能判断在某种特定情况下应该做出怎样的反应，根据它编写出来的程序在运行时能从一个初始状态和初始输入(可能为空的)开始，经过一系列有限的状态，最终产生输出并停止于一个终态。

事实上，并不只是需要计算机解决的问题才有算法，在现实生活中为解决任何一个问题而采取的方法和步骤都可以称为算法。例如，学生要参加英语四六级考试，首先必须确认自己有报考资格，再登录报名系统填写资料完成网上报名，网上报名成功后应打印好报名凭证,然后凭报名凭证在指定的时间内到所报考点缴费并领取准考证,最后按照准考证上注明的时间、地点参加考试。这几个步骤缺一不可,前后次序也不得调换,否则都将导致无法参加考试。生活中的大多数算法对于人们来说都已成为再自然不过的习惯,以至于意识不到"算法"的存在。

通常,不同的问题需要用不同的算法来解决,同一个问题也可能有多种不同的算法。算法有优劣之分,人们在解决问题时一般会根据自身的实际情况对所知的算法进行比较,希望选出简单易行、操作步骤较少或成本较低的一种,如自驾游出发之前要选好最合适的行车路线,可能考虑最近路线、最经济路线或最快到达路线等。也就是说,为了有效地解决问题,不仅需要保证算法正确,还要考虑算法的质量和效率,选择合适的算法。

因为本书介绍的是程序设计,所以这里所讨论的主要是计算机中的算法。计算机算法包括数值运算算法,如求方程的根、求正弦值等,以及非数值运算算法,如图书检索、电梯运行调度等。其中数值运算的算法比较成熟,很多已经被实现为程序,可方便地调用。而非数值运算种类繁多,相应地,算法也难以模板化,往往只能参考已有的类似算法来重新设计特定算法以解决当前的问题。本章旨在使大家知道怎样设计一个简单的算法,并根据它编写一个 C 语言程序,进行编程的初步训练。

2.2　算法的特征

一个算法应该具有以下 5 个重要的特征。

1. 有穷性

算法的有穷性(finiteness)也称可终止性,是指算法必须能在执行有限个步骤之后,在合理的时间内终止。例如,求解数学中的无穷级数,在实际计算时必须根据具体的精度要求确定有限项的累加求和,才可能是有穷的算法。在日常应用中,一般把"有穷性"理解为"在时间和空间上有穷且合理",否则如果设计出一个需要计算机执行 500 年才能得到结果的算法,尽管它是有穷的,但也没有什么实际意义,自然不会被采用。至于如何才算达到了"合理"的范围,并没有确切的标准,通常根据常识和实际需要来确定。

2. 确定性

算法的每一个操作步骤都必须有确切的定义,不允许存在二义性,此为算法的确定性(definiteness)。例如,如果一份菜谱中有一个操作步骤是:"放入锅中用文火熬煮一定时间",这就是一个不确定的、含糊其辞的说法,因为"一定时间"让操作者无法确定到底是多久,是 20min,0.5h,还是更长时间? 不同的人会有不同的理解,自然做出来的菜跟菜谱上介绍的就不一定相同,也就是说达不到预期的目的。又如,一个计算机算法中描述道:"将一个大于 0 的数赋值给变量 a",这也是不确定的,因为大于 0 的数有无穷多个,所以无法确切地执行。因此,算法的含义应当是唯一的、明确的,每一个步骤都不应该模棱两可从而导致被解释为多种含义。

3. 输入

所谓输入(Input)是指在执行算法时需要从外界取得的必要的信息。一个算法应该有 0 个或多个输入数据,以描述运算对象的初始情况,其中"0 个输入"是指由算法本身定出了初始条件,因而不需要从外界获取初始数据。例如,前面提到的菜谱中,除了制作菜肴的步骤之外,还会介绍菜肴的原料,这些原料就相当于输入数据。又如,一个加法算法,需要知道被加数和加数的值,然后才能对其进行相加运算。

4. 输出

执行算法的目的是为了求解,而在计算机系统内,"解"的形式就是输出(output)。一个算法应该有一个或多个输出,以反映对输入数据加工后的结果,没有输出的算法是毫无意义的。需要说明的是,这里的"输出"指的是执行算法所得到的结果,而不是特指计算机的打印输出。例如,严格按照菜谱中的说明来选料并且操作,就能够烹制出特定的菜肴,这就相当于输出数据。而在加法算法中,对两数执行相加运算之后,必然能够得到两数之和,相当于输出。

可以把算法看成是一个特殊的黑盒子,即使在不了解其内部结构的情况下,只要根据算法的要求给予必要的输入,也能得到输出的结果。例如要根据三角形的 3 条边长来求它的面积,只要输入 3 条边长 a、b、c,执行算法后就能得到这个三角形的面积 S,如图 2.1 所示。

图 2.1　算法的输入输出

5. 有效性

有效性(effectiveness)也称可行性,指算法中描述的步骤都应当是可执行的,并能最终得到确定的结果。它包括以下两个方面:

(1) 算法中每一个步骤必须能够实现。例如,算法中出现分母为 0 的情况,则该算法便是无效的。

(2) 算法执行的结果要能够达到预期的目的,实现预定的功能。

在程序设计的过程中,算法就如同是程序的蓝图,而程序则是算法的具体实现,一个好的算法是程序设计的关键。对于程序设计人员来说,必须学会设计算法,并且根据算法编写程序。

2.3　几种常用的算法

实际应用中的算法有很多,本节介绍几种常用的算法及其基本思路,希望读者借此对算法有进一步的了解。

1. 穷举法

穷举法也称枚举法或暴力破解法,其基本思路是:首先根据问题的部分条件确定问题解的大致范围,然后在此范围内对所有可能的情况逐一进行验证。若某个情况使验证结果符合题目的条件,则为本题的一个答案;若全部情况验证完毕后均不符合题目的条件,则判定该问题无解。

利用穷举法的思想能够解决很多问题。例如,判断一个整数 n 是否是素数,最直接的穷举是从 $2 \sim n-1$ 逐一对 n 进行整除,观察余数是否为 0,也可以将穷举的范围优化为从 2 到 n 的平方根。穷举法也常用于破译密码。例如,已知一个密码由四位阿拉伯数字组成,而四位数字共有 10 000 种组合,因此最多尝试 10 000 次就能找到正确的密码。理论上利用这种方法可以破解任何一种密码,问题只在于如何优化缩短试误时间。

2. 递归法

递归法的基本思路是：把一个大型复杂的问题层层分解为一个与原问题相似但规模较小的问题来求解，分解过程应持续到问题规模为 1 或者不可再细分时为止，此时最小的问题应该能够直接求解，接着将小问题的解返回上一层，构造出上层问题的解，然后层层返回，最终求出原问题的解。

递归在程序中的表现形式是：一个过程或函数在其定义或说明中直接或间接地调用自身。利用递归策略，程序员只需编写少量的代码就可以描述出解题过程所需要的多次重复计算，大大地减少了程序的代码量。递归过程必须要有一个明确的递归结束条件，也称"递归出口"。一般来说，当递归结束条件不满足时，递归前进；当递归结束条件满足时，递归返回。例如，求阶乘的运算，可以用递归算法函数 f(n) 表示，具体如下：

$$f(n) = n! = \begin{cases} 1 & n = 0 \\ n(n-1) & n > 0 \end{cases}$$

n=0 就是"递归出口"，此时给出了函数非递归定义的初始值，即最小问题的解；n>0 时，给出了递归定义，等式两边都有阶乘运算，体现了递归的特征。

3. 递推法

递推是序列计算机中的一种常用算法。它的基本思路是：从已知的初始条件出发，按照一定的规律(即问题本身所具有的递推关系)来计算序列中的每个项，一般是通过计算序列中前面的若干项来得出指定项的值。

例如，要求解的问题规模为 n，且 n=0 或 n=1 时的解已知(或者能够很方便地求解)，则当得到问题规模为 i-1 的解后，根据问题的递推性质，能从已求得的规模为 1,2,…,i-1 的一系列解中构造出问题规模为 i 的解。重复地利用已知的解进行递推，直至得到规模为 n 的解。

4. 分治法

分治法也是一种广泛使用的算法。其基本思路是：把一个复杂的问题分成两个或更多的相同或相似的子问题，再把子问题分成更小的子问题，直到最后子问题可以简单地直接求解，将子问题的解进行合并即可构造出原问题的解。

分治法所能解决的问题一般具有以下几个特征：

(1) 该问题的规模缩小到一定的程度就可以容易地解决。

(2) 该问题可以分解为若干个规模较小的相同问题。

(3) 利用该问题分解出的子问题的解可以合并为该问题的解。

(4) 该问题所分解出的各个子问题是相互独立的，即子问题之间不包含公共的子问题。

5. 贪婪法

贪婪法也称贪心算法，它的基本思路是：通过一系列的选择，最终得到问题的解，其中每一个选择都是以当前情况为基础，并根据某个优化策略做出的最优选择，而不是考虑各种可能的整体情况。贪婪法一般可以快速得到满意的解，从而省去了为找最优解要穷尽所有可能而必须耗费的大量时间。

贪婪法所解决的问题通常具有贪婪选择性和最优子结构性。贪婪选择性指的是所求解问题的整体最优解可以通过一系列局部最优的选择来获得。最优子结构性是指一个问题的最优解往往包含着它的子问题的最优解。贪婪法采用自顶向下的方法，以迭代的方法做出相继的贪婪选择,每做一次贪婪选择都将所求问题简化为一个规模更小的子问题。通过一系列的贪婪选择,有可能得到问题的一个最优解。

例如,人们在日常生活中购物找补零钱时,总是希望使找补的零钱数量最少。在已知要找补的金额总和以及各种纸币面额的情况下,使用贪婪法解决这个问题时,并不用穷举找零钱的所有方案,只需要从最大面值的纸币开始,按递减的顺序考虑各种纸币。假设需要找补的零钱为16元,而纸币面额分别是1元、5元和10元,那么应该首先选择一张面额为10元的纸币,然后依次选择一张面额为5元和一张面额为1元的纸币,纸币总数为3。这是该问题的最优解。

虽然贪婪法的每一步都可以保证获得局部最优解,但由此而产生的全局解却不一定是最优的。假设将前面的例子中的纸币面额改为1元、5元和12元,则按照贪婪法,应该依次选择一张面额为12元和4张面额为1元的纸币,纸币总数为5。而实际上最优解应该是先选择3张面额为5元的纸币,然后选择一张面额为1元的纸币,总数为4。由此看出,贪婪法的结果不一定是最优解,但它肯定比穷举法更省时。

6. 迭代法

迭代法也称辗转法,是一种不断用变量的旧值推算新值的过程。迭代法是用计算机解决问题的一种基本方法。它利用计算机运算速度快、适合做重复性操作的特点,让计算机对一组指令(或一定步骤)进行重复执行,在每次执行这组指令(或这些步骤)时,都利用原来的解推出一个新解,而且新的解比原来的解更加接近真实解。这个过程不断重复,直到最后计算得到的解与真实解相同或者两者之间的误差满足实际要求为止。

迭代法又分为精确迭代和近似迭代。如"二分法"和"牛顿迭代法"就属于近似迭代法。迭代法常常用于处理科学计算领域中某些无法直接求解的数值问题。例如求解一个高阶方程或微积分方程,由于无法在数学上直接求出准确的解,只能用数值方法求出近似解。若近似解的误差和迭代的次数都在可以接受的范围以内,则采用迭代法就可以将复杂的求解过程转化为相对简单的迭代法的重复执行过程。

此外,还有回溯法、动态规划法、分枝界限法等,由于较为复杂,此处不再叙述,读者如果感兴趣可以自行查阅相关书籍。

2.4 简单算法示例

下面通过几个简单常见的实例,介绍如何分析和设计一个算法。

【例2.1】 求1+2+3+4+5的结果。

先采用最原始的方法进行设计。

步骤1:先求1+2,得到结果3。

步骤2:将前一步的结果与3相加,得到结果6。

步骤3:将前一步的结果与4相加,得到结果10。

步骤4:将前一步的结果与5相加,得到结果15,这是最终结果。

这样的算法是最简单最容易理解的,而且能够得到正确的结果,但是可以看出它非常烦琐。本题的表达式中只有5个相加项,算法就已经如此烦琐,如果相加项更多,如1+2+3+…+99+100,则需要写99个步骤,很显然不适合再用这种算法了。那么,有没有更简便、通用而又容易理解的算法来解决这类重复累加的问题呢?

结合上面算法中描述的步骤,重新观察这个表达式,可以得出一个规律:除了第一次的相加操作外,其余每一次的相加操作总是将之前的运算结果作为被加数,而将当前项作为加数,并且每一次相加操作中的加数总比前一次相加操作中的加数多1。据此,可以采用递推法,利用循环来实现。

首先设定两个变量 s 和 i,一个用来存放被加数,一个用来存放加数,不另设专门的变量用于存放相加所得的和。每一次相加操作的结果都会被直接放到被加数变量 s 中,而加数变量 i 则在每一次相加操作完毕之后增加 1,以便进行下一次相加操作。下面是改进的算法:

S1:使 s＝1。

S2:使 i＝2。

S3:执行 s＋i,并将相加所得的和仍旧放在变量 s 中,可表示为 s＋i→s。

S4:使 i 的值增加 1,可表示为 i＋1→i。

S5:如果 i≤5,返回重新执行 S3 及其后的 S4 和 S5;否则,算法结束。

算法结束后,s 里面的值就是表达式 1＋2＋3＋4＋5 的结果。其中 S5 也可以写成以下形式,效果相同。

S5:如果 i＞5,算法结束;否则返回 S3。

以上 S1,S2,…代表步骤 1,步骤 2,…,S 是 Step(步)的缩写。这是书写算法的习惯做法。

这个算法显然比前面列出的算法要精练得多,即使要计算 1＋2＋3＋…＋99＋100,也只需要将第 5 步中的"i≤5"改成"i≤100"即可,完全不用增加步骤的个数。

也可以从另一角度考虑来解决本例中的问题,将表达式 1＋2＋3＋4＋5 看作与表达式 5＋4＋3＋2＋1 等价,则可以将算法修改并简化书写如下:

S1:5→s。

S2:4→i。

S3:s＋i→s。

S4:i－1→i。

S5:若 i≥1,返回 S3;否则,算法结束。

这个算法与前一个算法的原理是一样的,只是两个变量的初始值不同,以及加数变量 i 的变化趋势由"增加 1"改为"减少 1",同时循环的结束条件由"i≤5"改为"i≥1",但是结果仍然是相同的,步骤数也没有变化。请读者自行分析理解。由此可以看到,同一个问题可以使用多种算法来解决,关键是要设计出一个较为简练、效率高、执行成本低的一个算法。

请读者思考一下,如果将这个算法中的循环结束条件"i≥1"改为"i＞1",会得到什么结果? 如果改为"i＞0"呢?

如果要解决的问题变为"求 1＋3＋5＋7＋9 的结果",算法也只需做很少的改动,主要掌握好"相邻两项之间相差 2"这一规律,再修改变量初始值和循环结束条件即可。算法如下所示:

S1:1→s。

S2:3→i。

S3：s＋i→s。

S4：i＋2→i。

S5：若 i≤9，返回 S3；否则，算法结束。

除了解决累加问题，这个算法也可以用来解决形如"$1×2×3×4×5$"的累乘问题，只需将"＋"改为"×"即可。这说明以上方法表示的算法具有较好的通用性、灵活性，并且执行效率也比较高。其中，步骤 S3～S5 形成一个循环，在执行算法时，需要反复多次执行 S3、S4、S5 这 3 个步骤，直到某一次执行 S5 时，经过判断发现加数 i 的值已经不再符合条件，则循环将会结束，算法也随之结束，此时 s 中存放的值就是所求的结果。

因为计算机是高速运算的自动机器，实现循环对其而言轻而易举，并且所有计算机高级语言中都有实现循环的语句，所以该算法不仅正确，而且是计算机能够实现的较好的算法。

【例 2.2】 随意输入 3 个整数，求其中最大的数并输出。

根据常识，解决这个问题可以采用两两比较的方法：首先比较第一个数和第二个数的大小，将两者中较大的数取出来再与第 3 个数进行比较，此时得出的大者即是 3 个数中最大的数。这是经过分析得出的基本解题思路。

在算法中，首先得定义 3 个变量 a、b、c，将 3 个数依次输入并存放到 a、b、c 中，另外，再准备一个变量 max 用于存放最大数，但不另设变量存放第一个数和第二个数的比较结果，而是直接放到 max 中，因此，第二次比较只需要在 max 和第 3 个数之间进行即可，两者中的大者就是最终结果。具体操作是：先将 a 与 b 进行比较，把较大的数放入 max 中；再将 max 与 c 进行比较，仍旧把较大的数放入 max 中，此时 max 中的值就是 a、b、c 3 个数中最大的数。算法可表示如下：

S1：输入 a、b、c 的值。

S2：把 a 与 b 中较大的一个数放入 max 中。

S3：把 max 与 c 中较大的一个数放入 max 中。

S4：max 中的值即为最大数，输出 max，算法结束。

其中的 S2、S3 两个步骤不够明确，无法简便地转化为程序语句，可以进一步细化为如下算法：

S1：输入 a、b、c 的值。

S2：若 a＞b，则 a→max；否则 b→max。

S3：若 c＞max，则 c→max。

S4：输出 max，算法结束。

这样的算法可以很方便地转化为相应的程序语句。

如果把问题变得复杂一些，例如求十个数（a_1，a_2，…，a_9，a_{10}）中最大的数，那么按以上形式写出来的算法就会步骤繁多，难以理解。要解决这个问题，可以参照例 2.1，将算法中重复执行的操作使用循环来实现。这个算法中被重复执行的操作就是比较两个数的大小。以上算法中为了找出 3 个数中的最大者，进行了两次比较，若要求十个数中的最大者，则需要比较 9 次。另外，需要增加定义一个变量 i，用于统计循环的次数。具体算法如下：

S1：输入 a_1，a_2，…，a_9，a_{10} 的值。

S2：若 a_1＞a_2，则 a_1→max；否则 a_2→max。

S3：3→i。

S4：若 $a_i > \max$，则 $a_i \rightarrow \max$。

S5：$i+1 \rightarrow i$。

S6：若 $i \leqslant 10$，返回 S4。

S7：输出 max，算法结束。

可以看出，9 次比较操作虽然都是在两个数之间进行，但第一次比较的是 a_1 和 a_2，并由此得出第一个 max 值，剩下的 8 次则都是将变量 max 与 a_3，…，a_{10} 依次进行比较，因此确切地来说，在循环中重复执行的操作是比较 max 与某个数的大小，循环的次数是 8 次。可修改算法如下：

S1：输入 a_1，a_2，…，a_9，a_{10} 的值。

S2：$a_1 \rightarrow \max$。

S3：$2 \rightarrow i$。

S4：若 $a_i > \max$，则 $a_i \rightarrow \max$。

S5：$i+1 \rightarrow i$。

S6：若 $i \leqslant 10$，返回 S4。

S7：输出 max，算法结束。

它的思路是：首先假设第一个数就是所有数中的最大者，并将其存入 max 中，然后在接下来的循环中依次将 max 和 a_2，a_3，…，a_9，a_{10} 这 9 个数进行比较，如图 2.2 所示。重复执行的操作仍然是比较 max 与某个数的大小，但总的循环次数变为 9 次。这比前一个算法更加简洁和易于理解。

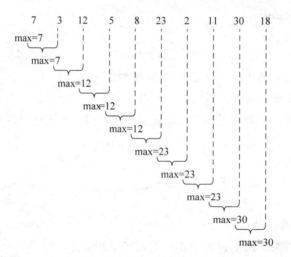

图 2.2　求 10 个数中的最大者

在将该算法转化为程序时，通常定义数组来存放这 10 个数（关于数组的内容请参阅本书第 7 章），因此输入也可以利用循环来实现，使程序更加简洁，通用性也更好。例如，若参与比较的数的个数有变化，只需要修改数组的大小，以及循环结束的条件（即循环次数）即可，非常方便。因为计算机的一个优势在于能够快速重复执行特定的操作，所以在大多数算法中都会使用循环结构，构造循环时一定要注意设置好各个变量的初始值，并控制好循环次数。

【例 2.3】 有一个分数序列：$2/1,3/2,5/3,8/5,13/8,21/13,\cdots$，求这个数列的前 20 项之和。

设计算法之前，首要的事情是对问题进行分析，发现其中的规律，找出解决问题的突破口。观察题目中的这个序列，可以看到其中各项的分子与分母的变化规律：从第二项开始，每一项的分母都是前一项的分子，而且每一项的分子都是前一项的分子与分母之和。找出这个规律，算法就容易写出来了。跟前面的例题相似，这个算法中也要使用循环。循环中的操作有两部分功能：一个是实现累加，另一个是递推出下一项的分子与分母的值。

首先需要定义两个变量 a、b，分别用于存放分子和分母；此外，与例 2.1 的情况不同，这里需要另设一个变量 sum 用于存放每次相加所得的和；还需要一个变量 i 用于控制循环次数；最后定义一个变量 t 在递推时作为中间变量。算法可表示如下：

S1：$2 \rightarrow a$。

S2：$1 \rightarrow b$。

S3：$0 \rightarrow sum$。

S4：$1 \rightarrow i$。

S5：$sum + a/b \rightarrow sum$。

S6：$a \rightarrow t$。

S7：$a + b \rightarrow a$。

S8：$t \rightarrow b$。

S9：$i + 1 \rightarrow i$。

S10：若 $i \leqslant 20$，返回 S5。

S11：输出 sum，算法结束。

循环部分包括步骤 S5～S10，其中步骤 S6～S8 是关键，它利用前面所分析得到的规律递推出数列中下一项的分子分母值。S6 中使用变量 t 临时存储当前项的分子值；然后在 S7 中将当前项的分子 a 和分母 b 相加并将结果放到 a 中，成为下一项的分子值；最后在 S8 中将 t 里面的值放到 b 中，成为下一项的分母值。如果没有使用变量 t 作为中间变量进行临时存储，则当前项的分子 a 的值就会在步骤 S7 中被覆盖掉，导致无法推出下一项的分母值，所以变量 t 的意义非同寻常，请读者仔细分析理解。

【例 2.4】 找出 2000—2100 年中的闰年年份并输出。

众所周知，公历闰年判定遵循的规律为四年一闰，百年不闰，四百年再闰。而从数学的角度来判断一个公历年份是否闰年的条件如下：

(1) 能被 4 整除而不能被 100 整除，如 1992 年、2012 年为闰年。

(2) 能被 400 整除，如 1600 年、2000 年为闰年。

不能满足以上两个条件中任一个的年份一定不是闰年。

先对这两个条件进行分解细化，如图 2.3 所示。

算法中需要定义一个变量 year 用于存放年份值，然后根据以上判断条件，利用循环对 2000—2100 年的年份值逐个进行判断。算法表示如下：

S1：$2000 \rightarrow year$。

S2：若 $year/400$ 的余数为 0，输出 year "是闰年"，然后转至 S5；否则执行 S3。

S3：若 $year/4$ 的余数为 0，执行 S4；否则转至 S5。

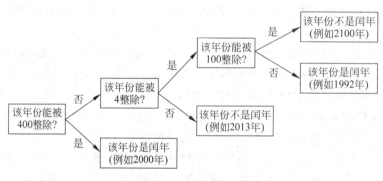

图 2.3　闰年的判断条件

S4：若 year/100 的余数为 0，执行 S5；否则输出 year"是闰年"，然后执行 S5。

S5：year＋1→year。

S6：若 year≤2100，返回 S2；否则，算法结束。

在这个算法中，对年份值进行了多次判断。在 S2 中如果发现 year 能够被 400 整除，那么它就是闰年，应该输出该年份值。在不能被 400 整除的情况下，在 S3 中如果发现它能够被 4 整除，并且进一步在 S4 中发现它不能被 100 整除，那么也应该判定为闰年，并输出；相反地，在 S3 中如果发现 year 不能够被 4 整除，或者在 S3 和 S4 中相继发现它能被 4 和 100 整除，则均应判定为非闰年，不输出，可以直接转入下一个年份值的判断。

如图 2.4 所示，假定"2000—2100 年"构成一个年份值区域，这些判断可以将其层层划分为若干个较小的区域（例如"能够被 400 整除"和"不能够被 400 整除"两个区域），随着判断的逐个执行，所划分出的区域也慢慢缩小，最终总可以将当前年份值归入某个最小区域中，即闰年（区域①或③）或者非闰年（区域②或④）。

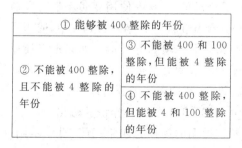

图 2.4　闰年和非闰年的划分

在设计算法时，如果遇到需要多次进行判断的情况，应当仔细分析所需判断的条件，想办法尽量缩小被判断的范围，就可以将复杂问题一步步简单化。对于有些情况，多个判断的先后次序是可以调换的，而对于另外一些情况则是不能随意颠倒的，否则可能降低算法效率，甚至导致逻辑错误，一定要加以注意。

【例 2.5】　猴子吃桃问题：有一堆不知数目的桃子，猴子第一天吃掉其中的一半，觉得不过瘾，又多吃了一个，第二天照此办理，吃掉剩下桃子的一半另加一个，天天如此，到第 10 天早上，猴子发现只剩下一个桃子。请问这堆桃子原来有多少个？

这道题乍看起来有些无从下手，那么应该如何开始呢？仍然是要分析问题中存在的特定规律,才能找到解决问题的突破口。

　　假设第一天开始时有 a_1 个桃子,第二天剩下 a_2 个,……,第 9 天剩下 a_9 个,第 10 天剩下 a_{10} 个,在 a_1、a_2、$\cdots$、a_9、a_{10} 中,只知道 a_{10} 的值是 1,现要求出 a_1 的值。从题目中可以看出,a_1、a_2、$\cdots$、a_9、a_{10} 之间存在一个简单的关系,可表示如下:

$a_9 = 2 \times (a_{10}+1)$

$a_8 = 2 \times (a_9+1)$

$\cdots$

$a_2 = 2 \times (a_3+1)$

$a_1 = 2 \times (a_2+1)$

　　将 a_{10} 用 1 代替,然后由上至下依次执行这 9 个表达式,即可在最后得到 a_1 的值。可以将这 9 个表达式用一个通用的公式表示为:

$$a_i = 2 \times (a_{i+1}+1), \quad i = 9, 8, 7, 6, \cdots, 1$$

　　这就是此题的数学模型。

　　仔细观察上面从 a_9、a_8 直至 a_1 的计算过程,会发现这其实又是一个递推过程,这种递推的方法在前面已多次用到,并且在实际应用中也经常出现。这 9 步运算从形式上看完全一样,不同的只是 a_i 的下标值而已。因此,同样可使用循环的处理方法来解决,并定义变量 a 用于存放当天的桃子个数,变量 a_0 用于存放后一天的桃子个数,变量 i 用于控制循环次数。将 a_0 的初始值设置为 1,每次循环只需利用 a_0 推出 a,循环 9 次后 a 中存放的就是最初的桃子个数。可将算法表示如下:

　　S1:$1 \rightarrow a_0$。

　　S2:$9 \rightarrow i$。

　　S3:$2 \times (a_0+1) \rightarrow a$。

　　S4:$a \rightarrow a_0$。

　　S5:$i-1 \rightarrow i$。

　　S6:若 $i \geqslant 1$,返回 S3。

　　S7:输出 a,算法结束。

　　其中,S3~S6 为循环部分。i 的初值为 9,终值为 1,表示从第 9 天开始往第 1 天递推,便于理解。步骤 S4 的作用是将本次循环中推算出的当天的桃子个数放入 a_0 中,以便在下一次循环中利用它来继续推算前一天的桃子个数。仔细观察能够发现,步骤 S3、S4 可以进行合并,将推算出的当天的桃子个数直接存入 a_0 中即可,因此变量 a 和 a_0 也可以合二为一。修改算法如下:

　　S1:$1 \rightarrow a$。

　　S2:$9 \rightarrow i$。

　　S3:$2 \times (a+1) \rightarrow a$。

　　S4:$i-1 \rightarrow i$。

　　S5:若 $i \geqslant 1$,返回 S3。

　　S6:输出 a,算法结束。

　　相比上一个算法,这个算法既节省了空间(少定义了一个变量),又节省了时间(减少了一个步骤),是一次成功的改进。

这个例题中的算法设计过程反映了一个典型的过程：从具体到抽象。通过以上几个例子可以初步了解到,利用计算机解决问题的过程,实质上也就是从具体到抽象,再从抽象回到具体的过程。通常采用的方法如下：

(1) 分析当前问题如果用人工实现,应该采取哪些步骤。

(2) 对这些步骤进行归纳整理,抽象出数学模型。

(3) 将数学模型转化为计算机算法。对其中的重复步骤,通过使用相同变量等方式求得形式的统一,然后用循环简练地解决。

(4) 将算法实现为程序。

2.5　如何评价一个算法

通过 2.4 节的几个例题可以看到,求解同一个问题往往存在多种可用的算法,但不同的算法在实现、运行和维护时所消耗的资源是不同的,也就是说具有不同的效率。而在实际应用中,如果条件允许的话,当然应该选择最好的算法。那么,如何评价一个算法的好坏呢?一般来说,会从正确性、可读性、可修改性、健壮性、时间复杂度和空间复杂度等多个方面加以衡量。

1. 正确性

正确性是评价一个算法优劣的最重要的标准,这是毋庸置疑的。一个不正确的算法无论有什么样的"优点",永远不会为人们所采用。一个算法是"正确的"指的是：在给定有效的输入数据后,经过有穷时间的计算能给出正确的答案。算法的正确性是可以证明的,但复杂算法的正确性证明则是一件极为耗时的工作。数学归纳法常被用来证明算法的正确性。

2. 可读性

可读性是指一个算法可供人们阅读的容易程度。如果一个算法易于理解,便于分析,则更容易被转化为程序,也可以大大减少实现过程中的调试工作量。

3. 可修改性

假设问题 P 的一个算法是 A,为了解决一个与 P 相似的问题 P1,希望对 A 稍作改动就可以正确运行,如果算法 A 满足这一点,则说 A 的可修改性好;反之,如果必须对 A 作多处重大改动才能正确运行,那还不如重新设计一个算法。同样地,有时希望扩大算法 A 所解决的问题的范围,即给 A 增加一些功能,如果只要对 A 稍作改动即可实现,则称 A 的扩展性好。

4. 健壮性

健壮性也称容错性,是指一个算法在执行中出现错误时的反应能力和处理能力。考虑到在实际执行过程中总会有一些未知因素导致诸如"不合理的数据输入"等错误,好的算法应该能够以某种预定的方式做出适当的处理,使得程序得以恢复正常并继续执行下去。

5. 时间复杂度

算法的时间复杂度是指执行算法所要耗费的时间多少。这是算法的时间效率的指标。

一个算法执行所耗费的时间从理论上是算不出来的,需要通过基于该算法编写的程序在计算机上运行所消耗的时间来度量。但不可能也没有必要对每个算法都上机测试,只需要知道哪个算法花费的时间多,哪个花费的时间少就可以了。而执行一个算法花费的时间与算法中基本操作的执行次数成正比,也就是说,哪个算法中的基本操作执行次数多,它花费的时间就多。一般把算法中的基本操作执行次数称为时间复杂度,记为 T(n),其中 n 是问题规模。

通常情况下,算法的基本操作执行的次数是 n 的某一个函数 f(n)。在实际的时间复杂度分析中经常考虑的是当问题规模 n 趋于无穷大时的情形,并引入符号 O,用渐近表示法进行分析,得到算法的渐近时间复杂度,记为 T(n)=O(f(n))。随着 n 的增大,算法执行时间的增长率和 f(n) 的增长率成正比,所以 f(n) 越小,算法的时间复杂度越低,算法的效率越高。

6. 空间复杂度

算法的空间复杂度是指执行这个算法所需要的内存空间大小。这是算法的空间效率的指标。

算法在运行过程中临时占用的存储空间一般包括程序中的指令、常数、各种变量等所占用的存储空间,以及系统为了实现递归所使用的堆栈两部分。它与输入规模相关,换而言之,空间复杂度也是与求解问题规模和算法输入数据相关的函数,记为 S(n),其中 n 为问题的规模。

类似于算法的时间复杂度,以空间复杂度作为算法所需存储空间的量度,主要也是考虑当问题趋于无穷大时的情形,一般以数量级的形式给出,记作 S(n)=O(f(n))。例如,如果 S(n)=O(n²),表示算法的空间复杂度与 n² 成正比。

在分析算法时,总是希望找到 T(n) 和 S(n) 都较小的算法,但这常常是矛盾的。因而通常在设计算法时采取一个重要原则:牺牲空间资源以减少时间的代价。另一个原则是:磁盘存储开销越少,程序运行越快。

此外,在算法的"高效"与"易理解易实现"这两个衡量标准之间也存在着矛盾。一个易于理解、编程、调试的算法往往效率较低;相反,一个高效率算法的思路往往不易于理解、编程和调试。具体选择算法时应两方面兼顾,综合考虑。如果需要一个反复多次执行的程序,则要将算法的高效性放在首位,虽然在理解、实现时会多花一些时间,但可以得到高效的算法,且因其反复多次运行,从长远来看将节省大量时间。反之,如果需要一个仅运行一两次的程序,则不必很讲究算法的高效率,选择一个易理解易实现的算法即可。

2.6 算法的描述工具

算法应该使用恰当的工具进行无歧义的描述,其中应指明控制流程、处理功能、数据组织以及其他方面的实现细节,从而在编码阶段能把对设计的描述直接翻译成为程序代码。算法的描述工具有自然语言、程序流程图、N-S 结构化流程图、过程设计语言、PAD 图、判定表和判定树等,下面介绍其中常见的几种。

2.6.1 自然语言

自然语言就是人们日常交流所使用的语言,理论上可以是任何一个国家或民族的语言,也可以混合使用。2.4 节中就是使用自然语言对算法进行描述。其优点是通俗易懂,只要会使用这种语言的人就能够看明白。

但是任何一种自然语言都有歧义性,因此使用自然语言描述的算法经常会出现语义不明确的现象,必须借助上下文才能判断其确切的含义。例如有这样一段话"张华告诉李刚他的英语考了 92 分,李刚高兴地谢谢了他。"如果只看前半句,完全弄不清到底是张华还是李刚的英语考了 92 分。为了使算法没有二义性,就必须增加描述的篇幅,从而使算法烦琐冗长。

此外,从例 2.4 可以看出,如果算法中包括比较多的判断或者循环部分时,使用自然语言进行描述也非常不方便,且晦涩难懂。因此,除了一些很简单的问题之外,一般不使用自然语言来描述算法。

2.6.2　程序流程图

1. 传统的程序流程图

程序流程图又称程序框图,是使用图框和箭头等元素来表示各种操作的一种算法描述工具。它是历史最悠久、使用最广泛的描述过程设计的方法,在 20 世纪 40 年代末到 20 世纪 70 年代中期一直占据着主流地位。其主要优点是使用图形来表示算法,能够直观地描绘程序的控制流程,易于理解,也便于初学者掌握。

美国国家标准化协会(American National Standard Institute,ANSI)规定了一些常用的程序流程图符号,为程序工作者普遍采用,如图 2.5 所示。

图 2.5 中各个符号的含义如下:

(1) 起止框:用于表示算法的开始或结束。

(2) 判断框:用一个菱形表示对一个给定的条件进行判断,根据给定的条件是否成立来决定如何执行其后的操作。它有一条流程线流入,而且有两条流程线流出,通常表示为如图 2.6 所示的形式。判断框两侧的"Y"和"N"分别代表"是"(yes)和"否"(no),即条件"成立"或者"不成立"。

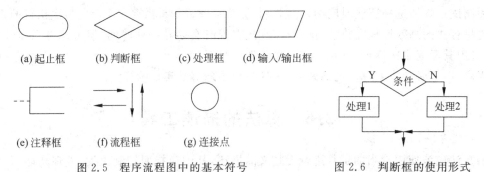

(a) 起止框　　(b) 判断框　　(c) 处理框　　(d) 输入/输出框

(e) 注释框　　(f) 流程框　　(g) 连接点

图 2.5　程序流程图中的基本符号　　　　图 2.6　判断框的使用形式

(3) 处理框:表示某个处理操作。

(4) 输入/输出框:表示算法的输入或输出。

(5) 注释框:用于对流程图中某些框的操作进行必要的补充说明,以帮助阅读流程图的人更好地理解算法,它不反映流程和操作,所以不是流程图中的必要成分。

(6) 流程线:用箭头标明算法的控制流向。

(7) 连接点:用于将画在不同位置的流程线连接起来。如图 2.7 所示,其中有两个连接点的编号均为 1(在小圆圈中标上 1),表示这两个点在逻辑上是互相连接在一起的,或者说它们实质上是同一个点,只是因为篇幅有限,需要将流程图划分为若干个较小的部分才画得下,所以需要这个连接点来标示各部分之间的连接位置。将图 2.7(a)、图 2.7(b)整合起来即成为图 2.7(c)。使用连接点可以避免流程线过长或出现交叉,使整个图的结构更加清晰。

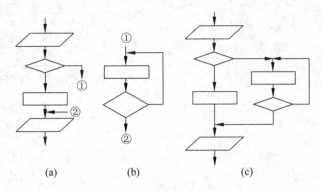

图 2.7　连接点的使用形式

下面将 2.4 节中的几个算法例子改用程序流程图来描述。

【例 2.6】　求 $1+2+3+4+5$ 的结果,将例 2.1 的算法改用程序流程图实现。

程序流程图如图 2.8 所示。其中,判断框内的条件也可以改为"$i>5$",同时要将两个出口处标示的 Y、N 对换位置。如果需要将最后结果输出,可以在判断框的下方再加上一个输出框,修改后的流程图如图 2.9 所示。

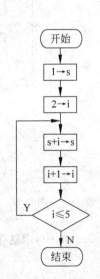

图 2.8　例 2.6 的程序流程图

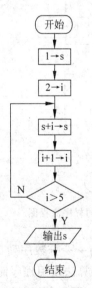

图 2.9　对图 2.8 的改进

【例 2.7】　随意输入 3 个整数,求其中最大的数并输出,将例 2.2 的算法改用程序流程图实现。

程序流程图如图 2.10 所示。其中先后使用了两个判断框,表明对两个条件进行判断。

如果要在输入的 10 个数中找出最大的数,则需要使用循环来实现,流程图如图 2.11 所

算法与程序

示。该图中第二个判断框内的是循环条件,它的其中一个出口的流程线向上返回到第一个判断框之前,由此构成一个循环结构。此图中的输入部分仅使用一个简单的输入框表示,但是在实际应用中一般使用数组来存放输入的 10 个数,使得输入可以利用循环来实现。最终改进后的流程图如图 2.12 所示。

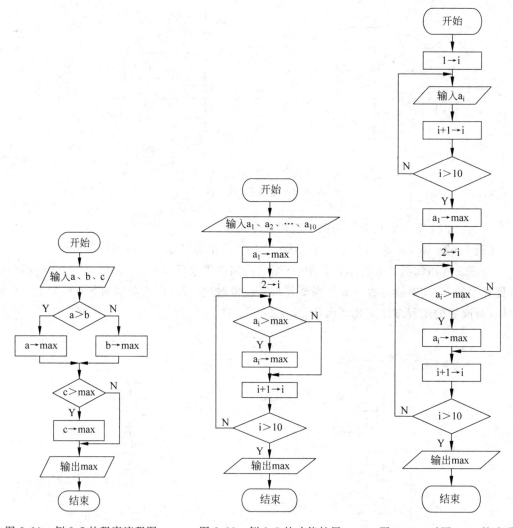

图 2.10 例 2.7 的程序流程图　　图 2.11 例 2.7 的功能扩展　　图 2.12 对图 2.11 的改进

【例 2.8】 有一个分数序列:$2/1,3/2,5/3,8/5,13/8,21/13,\cdots$,求这个数列的前 20 项之和,将例 2.3 的算法改用程序流程图实现。

程序流程图如图 2.13 所示。

【例 2.9】 找出 2000—2100 年中的闰年年份并输出,将例 2.4 的算法改用程序流程图实现。

程序流程图如图 2.14 所示。与例 2.4 中完全用自然语言表示相比较,流程图显然更能清晰简洁地描述算法的逻辑结构。特别是对于本例这种包含多级判断的算法,使用流程图描述会更容易理解,也便于在算法设计的过程中发现一些难于察觉的逻辑错误。

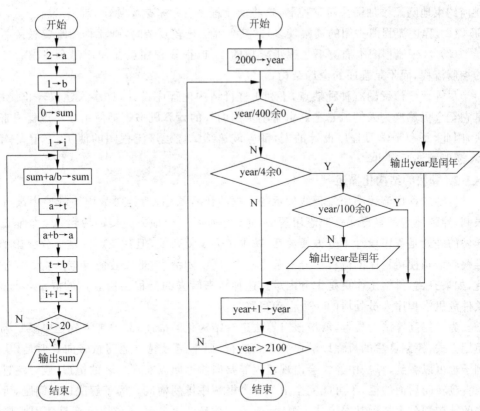

图 2.13 例 2.8 的程序流程图　　　　图 2.14 例 2.9 的程序流程图

例如,若不慎将第一个判断框的 Y 出口输出框之后的流程线画为指向"year+1→year"处理框和最后一个判断框之间,意味着年份值未做增加便进入新一轮循环,此后每一次循环都是对同一个年份进行判断,即陷入"死循环"(无终止的循环)。这种错误在图上是很容易发现的。

【例 2.10】　猴子吃桃问题,将例 2.5 的算法改用程序流程图实现。

程序流程图如图 2.15 所示。

通过以上几个例子可以看出,程序流程图不失为一种描述算法的好工具。它直观形象,比较清楚地显示了图中各个框之间的逻辑关系。需要强调的是:判断框两侧的 Y 和 N一定不要漏写,否则无法标明算法的执行方向;流程线的箭头也不要忘记画上,否则无法反映各个框的执行次序。一般来说,一个程序流程图会包括以下几个部分:

(1) 表示相应操作的框。

(2) 带箭头的流程线。

(3) 框内外必要的文字说明。

当然,程序流程图也有一些明显的缺点:

(1) 程序流程图中用箭头代表控制流,绘制者可以不受

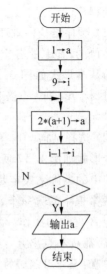

图 2.15　例 2.10 的程序流程图

任何约束地随意添加箭头转移控制,这将使流程图看起来毫无规律,难以理解。

(2) 程序流程图占用的篇幅较多,尤其当算法比较复杂时,画流程图既费时又不方便。

(3) 程序流程图本质上不是逐步求精的工具,很多程序员在使用时会只顾着考虑程序的控制流程,而不是程序的全局结构。

尽管程序流程图有种种缺点,不利于进行结构化程序设计,许多人建议停止使用它,但是它至今仍然广为人们所熟悉。由于不少国内外的计算机书籍都使用程序流程图来表示算法,因此,每一个学习程序设计的人,都应该熟练掌握程序流程图的使用,不但要能够看得懂,还要能够画得出。

2. 算法的结构化描述

传统的程序流程图用流程线标示各个框的执行顺序,而且对流程线的使用没有严格的限制,导致使用者有意无意地滥用箭头,允许程序从一个地方直接跳转到另一个地方去。这样做的好处是程序设计十分方便灵活,减少了人工复杂度,但其缺点也是十分突出的:一大堆跳转语句使得程序的流程十分复杂杂乱,如同一团乱麻,难以看懂也难以验证程序的正确性,如果有错,排错工作更是十分困难。这种转来转去的流程图所表达的混乱与复杂,正是软件危机中程序人员处境的一个生动写照。

为了提高算法的质量,就应该对算法进行结构化的描述,简单来说就是要限制流程线的使用方式,控制算法的流程以顺序的方式进行,而不能无规律地随意转向。但是,从前面的例子也可以看到,算法中经常会出现流程需要向前返回以实现循环的情形,或者跳过一些框而直接转向后面的框,不可能完全由一个个框顺序排列构成。为了解决以上问题,可以将算法的结构划分为 3 种基本形式:顺序、选择和循环。这些基本结构内部只使用必要的框和流程线,构建出不可再分割的独立单元,它们之间可以并列,可以相互包含,但不允许交叉,不允许从一个结构直接转到另一个结构的内部去。只要规定好 3 种基本结构的流程图的画法,并且将它们按照一定的规律串联起来,就可以像搭积木一样构建出任何算法的流程图。

Bohra 和 Jacopini 于 1966 年最早提出了 3 种基本控制结构,并提倡只使用这 3 种结构来编制程序。

(1) 顺序结构。顺序结构是一个线性结构,也是 3 种基本结构中最简单的,其中的各个框按顺序逐个执行,没有任何跳转。其流程图的基本形式如图 2.16 所示,语句的执行方式为:从 a 点进入后,先执行 A 框中的操作,然后执行 B 框中的操作,最后从 b 点离开。

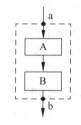

图 2.16　顺序结构

(2) 选择结构。选择结构又称分支结构或选取结构,其流程图的基本形式如图 2.17 所示。选择结构必定包含一个菱形判断框,根据其中的条件来决定是从两个出口中的哪一个流出,也就是执行 A、B 两个框中的哪一个,二者选其一。语句的执行方式为:从 a 点进入后,如果条件成立,则执行 A 框中的操作;否则执行 B 框中的操作。不管执行 A 框中的操作还是 B 框中的操作,最后都从 b 点离开,结束选择结构。

注意:图 2.17(a)的形式称为双分支选择结构。而在实际应用中,经常会出现条件成立(或不成立)的时候不执行任何操作的情形,例如有一句话,"如果明天天气好,我们就去公园玩",意味着如果明天天气不好的话,就不做什么,所以 A 或 B 两个框中应该允许有一个为空,这种形式称为单分支选择结构,如图 2.17(b)、图 2.17(c)所示。

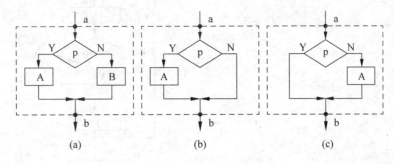

图 2.17 选择结构

(3) 循环结构。循环结构又称重复结构,即反复执行某一部分操作。循环结构有以下两种形式:

① 当型循环结构,又称 do⋯while 结构,其流程图的基本形式如图 2.18(a)所示。语句的执行方式为:从 a 点进入后,先判断菱形框中的条件 p 是否成立,如果成立则执行 A 框中的操作,执行完毕后再次判断条件 p,如果其仍然成立,再次执行 A,如此反复,直到某一次判断 p 不成立时,将不再执行 A,而从 b 点离开,结束循环结构。

② 直到型循环结构,又称 do⋯until 结构,其流程图的基本形式如图 2.18(b)所示。语句的执行方式为:从 a 点进入后,先执行 A 框中的操作,然后判断菱形框中的条件 p 是否成立,如果不成立则再次执行 A,执行完毕后再次判断条件 p,如果其仍然不成立,继续执行 A,如此反复,直到某一次判断 p 成立时,将不再执行 A,而从 b 点离开,结束循环结构。

从图 2.18 中可以清晰地看出,两种循环结构的区别主要有两点:第一,初始进入循环时,当型循环是先判断 p 再执行 A 框中的操作,而直到型循环则是先执行 A 框中的操作再判断 p;第二,当型循环的结束条件是"p 不成立",而直到型循环的结束条件是"p 成立"。

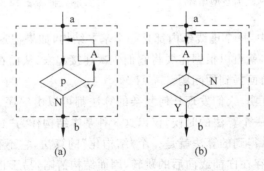

图 2.18 循环结构

虽然形式上有区别,但很多时候,对于同一个问题既可以用当型循环来处理,也可以用直到型循环来处理,选择的关键在于哪一种描述形式与问题本身的规律更接近,能够使算法更易于理解。例如,可以将例 2.6 的流程图中使用的直到型循环修改为当型循环,如图 2.19 所示,它对应图 2.9;也可以将例 2.7 中的图 2.12 修改为图 2.20。读者可自行比较。

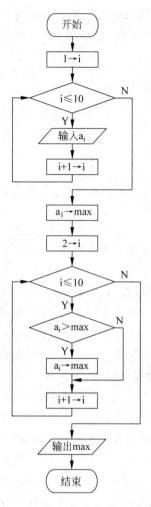

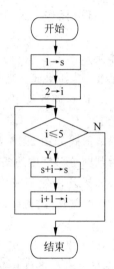

图 2.19 将图 2.9 改为当型循环　　　　图 2.20 将图 2.12 改为当型循环

图 2.16～图 2.18 中,每个虚线框内都是一个基本结构,如果把这些虚线框看成是一个个具有独立功能的盒子,就可以根据需要将它们依次连接起来,从而在总体上构成顺序执行的流程,这样就解决了前面提到的问题。

事实上,经过研究证明,人们发现任何复杂的算法都可以由顺序、选择和循环这 3 种基本结构组成。如果构造一个算法的时候,仅以这 3 种基本结构作为"建筑单元",遵守 3 种基本结构的使用规范,那么得到的算法就是一个"结构化"的算法,它不存在无规律的转向,只在基本结构内部才允许存在向前或向后的跳转,因而结构清晰,易于正确性验证,易于纠错。遵循这种方法进行的程序设计,就是结构化程序设计。

以上 3 种基本结构,有以下共同的特点:

(1) 单入口单出口。图 2.16～图 2.18 中,每个结构的 a 点均为入口点,b 点均为出口点。请注意,不要将菱形判断框的出口和选择结构的出口混淆,判断框有两个出口,但选择结构却有且仅有一个出口。

(2) 每个结构内的每一部分都应该有机会被执行到。也即,对于每一个框,都有一条从入口到出口的通路经过它。图 2.21 就不是一个基本结构的流程图,因为没有哪条通路从 A 框流出。

(3) 每个结构内都不存在如图 2.22 所示的"死循环"。

图 2.21 不流通的路径   图 2.22 死循环

虽然从理论上说只用上述 3 种基本结构就可以描述任何单入口单出口的算法,但是为了实际使用方便起见,常常还允许使用其他一些控制结构,只要满足以上 3 个特点,也可以看成是基本结构。例如图 2.23 和图 2.24 这两种,就是常见的派生基本结构。其中图 2.24 的形式称为多分支选择结构,它的功能是根据给定的表达式的值来决定执行 A~N 之中的哪一个框。由这些派生出来的基本结构描述的算法也是结构化的算法。

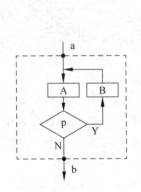

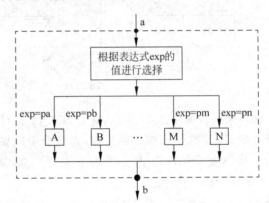

图 2.23 派生的循环结构   图 2.24 多分支选择结构

综上所述,对结构化算法可概括如下:

(1) 一个结构化的算法应该只由基本结构顺序组成,也就是说如果一个算法不能分解为若干个基本结构,则它必然不是结构化的算法。

(2) 在基本结构之间不允许出现向前或向后的跳转,但在基本结构范围以内可以存在,如单分支选择结构、循环结构中都有可能出现流程的跳转。

(3) 一个非结构化的算法可以用一个等价的结构化算法代替,其功能不变。

2.6.3 N-S 结构化流程图

2.6.2 节中介绍的 3 种基本结构诚然可以在很大程度上解决流程线随意转向导致算法逻辑混乱的问题。但是,要想杜绝这种错误,最好的方法应该是取消流程线的使用。事实上,使用基本结构的顺序组合已经可以表示任何复杂的算法,流程线本来就已经显得多余。因此,美国学者 I. Nassi 和 B. Shneiderman 于 1973 年提出了一种新的流程图形式——N-S

结构化流程图（N 和 S 是两位学者的英文姓氏首字母），又称为 N-S 图或者盒图（Box Diagram），其中完全去除了带箭头的流程线，从而强制使用者要遵循结构化程序设计的精神，所以 N-S 图也是算法的一种结构化描述方法。

在 N-S 图中，一个算法就是一个大矩形框，框内又可以包含若干个从属于它的框，每一个框都代表着某种基本控制结构。也就是说，与程序流程图类似，N-S 图也是以 3 种基本结构的符号并列连接或相互包含的方式来构建算法。N-S 图中对顺序、选择和循环结构的描述如下。

（1）顺序结构。如图 2.25 所示，它与图 2.16 相对应。图中 A、B 两个矩形框层叠在一起构成一个顺序结构，先执行 A 框中的操作，然后必定执行 B 框中的操作。

图 2.25　顺序结构

（2）选择结构。如图 2.26 所示，它与图 2.17 相对应。图 2.26(a)表示双分支选择结构。当条件 p 成立时执行 A 框中的操作，p 不成立时执行 B 框中的操作。A、B 之中允许有一个为空，此时表示单分支选择结构，如图 2.26(b)、图 2.26(c)所示。三者均为不可分割的整体。

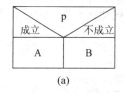
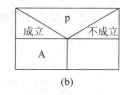
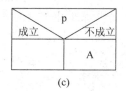

（a）　　　　　　　　　（b）　　　　　　　　　（c）

图 2.26　选择结构

（3）循环结构。如图 2.27 所示，它与图 2.18 相对应。图 2.27(a)表示当型循环，即当条件 p 成立时，反复执行 A 框中的操作，直到 p 不成立为止；图 2.27(b)表示直到型循环，即先执行一次 A 框中的操作，然后判断 p 是否成立，如果不成立，则反复执行 A 框中的操作，直到 p 成立为止。

注意：初学者应该参照图 2.27 中的形式，在循环条件部分写明"当 p 成立"或"直到 p 成立"，在熟练掌握之后，可以简写为"p"，一般专业人员都能够根据图的形状来快速区分两种循环结构。此外，这几幅图中的 A 框和 B 框，既可以是一个简单的操作，如输入或输出数据、赋值等，也可以是某一个基本结构，即顺序、选择、循环 3 种基本结构，可以相互嵌套。

下面将 2.4 节中的几个算法例子改用 N-S 图来描述。

【例 2.11】　将例 2.1 的算法改用 N-S 图实现。求 1+2+3+4+5 的结果。

N-S 图如图 2.28 所示，它和图 2.9 相对应。

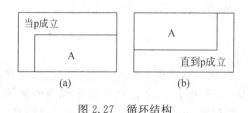

（a）　　　　　　　　　（b）

图 2.27　循环结构

图 2.28　例 2.11 的 N-S 图

【**例 2.12**】 将例 2.2 的算法改用 N-S 图实现。随意输入 3 个整数,求其中最大的数并输出。

N-S 图如图 2.29、图 2.30 和图 2.31 所示,它们分别对应图 2.10、图 2.11 和图 2.12。对图 2.30 进行观察:它相当于由 A、B、C、D、E 5 个框层叠起来形成一个顺序结构;其中 D 框本身是一个循环结构,它里面的循环体部分又是由 D1、D2 两个框层叠而成的顺序结构;而 D1 本身则是一个选择结构。可以看出,通过层叠或嵌套各种基本结构,N-S 图可以轻松地表示任何算法。

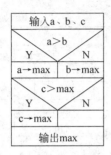

图 2.29 例 2.12 的 N-S 图

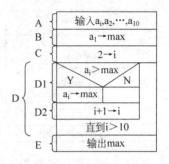

图 2.30 例 2.12 的功能扩展

【**例 2.13**】 将例 2.3 的算法改用 N-S 图实现。有一个分数序列:2/1,3/2,5/3,8/5,13/8,21/13,…,求这个数列的前 20 项之和。

N-S 图如图 2.32 所示,它和图 2.13 相对应。

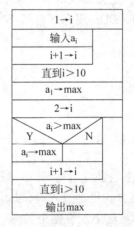

图 2.31 对图 2.30 的改进

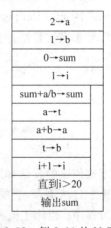

图 2.32 例 2.13 的 N-S 图

【**例 2.14**】 将例 2.4 的算法改用 N-S 图实现。找出 2000—2100 年中的闰年年份并输出。

N-S 图如图 2.33 所示,它和图 2.14 相对应。

【**例 2.15**】 将例 2.5 猴子吃桃问题的算法改用 N-S 图实现。

N-S 图如图 2.34 所示。它和图 2.15 相对应。

由这些例子可以看到,N-S 图和程序流程图一样,都比文字描述直观、形象、易于理解,但是比程序流程图更加紧凑易画,节省篇幅的同时并未降低可理解性,最重要的是它废除了

算法与程序

程序流程图中的流程线,整个算法的结构都由各个基本结构按顺序组成,结构化程序很高。这样的算法不可能出现流程的无规律跳转,而只能按照 N-S 图中的顺序由上到下逐个执行若干个基本结构,也就是说图中位置在上的先执行,位置在下的后执行。这样一来,写算法和读算法都只需要从上到下进行就可以了,非常方便,还能够在很大程度上减少逻辑错误的出现,为算法转化为程序打下良好的基础。

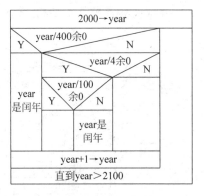

图 2.33　例 2.14 的 N-S 图

图 2.34　例 2.15 的 N-S 图

2.6.4　过程设计语言

由于前面介绍的两种流程图绘制起来比较麻烦,特别是在设计过程中需要经常修改算法时更是如此,因此很多软件专业人员通常会使用一种正文形式的工具来描述算法,即过程设计语言(Process Design Language,PDL),也称伪码。PDL 用介于自然语言和计算机语言之间的文字和符号来描述算法。例如:

```
if 8 点到 10 点
    完成私人事务
if 10 点到 18 点
    工作
else
    休闲
```

使用这种方式描述的算法如同一篇文章,自上而下地进行书写,其中一行(或几行)代表一个操作。相比于自然语言,它的结构更加清晰,表达方式更加直观,可以达到文档的效果,因而便于转化为程序;相比于流程图,用 PDL 表示的算法中没有图形符号,因而书写方便,格式紧凑,可以大大节约修改算法所花的时间。

用 PDL 书写算法并无固定的、严格的语法规则,一般根据程序员个人的习惯或者软件开发的要求来选择一种计算机语言,将其语法作为 PDL 的语法,而词汇则是自然语言的词汇(其中也包括计算机语言的关键字)。书写时可以使用中文、英文或者中英文混用,在出现结构嵌套的地方可采取统一的缩进格式,使之清晰易懂。总之,要以便于书写和阅读算法为基本原则。

下面将 2.4 节中的几个算法例子改用 PDL 来描述。

【例 2.16】 求 $1+2+3+4+5$ 的结果并输出。

用 PDL 表示的算法如下:

```
begin
    1→s
    2→i
    while i≤5
    {
        s+i→s
        i+1→i
    }
    输出 s
end
```

其中,begin 和 end 分别表示"算法开始"和"算法结束"。本算法中采用了当型循环结构(第 4~8 行),由英文单词 while 引导,意思是"当";循环体则由一对花括号"{"和"}"括住,表示当 i≤5 的时候执行循环体中的操作。这种形式很接近 C 语言的语法规则,所以要转换为 C 程序是很方便的。对比例 2.1 中用自然语言描述的算法,这种使用 PDL 描述的算法显然结构更加清晰。

【例 2.17】 随意输入 3 个整数,求其中最大的数并输出。

用 PDL 表示的算法如下:

```
begin
    输入 a,b,c
    if a>b
        a→max
    else
        b→max
    endif
    if c>max
        c→max
    endif
    输出 max
end
```

其中的选择结构由英文单词 if 引导,意思是"如果",else 的意思是"否则",endif 则表示选择结构的结束。

如果要从输入的 10 个数中找出最大者,则算法可描述如下:

```
begin
    1→i
    while i≤10
    {
        输入 a_i
        i+1→i
    }
    a_1→max
    2→i
    while i≤10
```

```
        {
            if a_i > max
                a_i → max
            i + 1 → i
        }
        输出 max
    end
```

其中使用了两个当型循环结构,第一个用于输入 10 个数,第二个用于找出 10 个数中的最大者。第二个循环结构中还嵌套了一个单分支的选择结构。以上两个算法的选择结构中,各个分支内都只有一行语句,比较简单,如果分支内有多行语句,应该使用花括号来标明分支的开始和结束。此外,由于 PDL 没有严格的语法规则,所以第二个算法中未使用 endif 来标明选择结构的结束,这也是允许的。

【例 2.18】 有一个分数序列:2/1,3/2,5/3,8/5,13/8,21/13,…,求这个数列的前 20 项之和。

用 PDL 表示的算法如下:

```
begin
    2 → a
    1 → b
    0 → sum
    1 → i
    while i ≤ 20
    {
        sum + a/b → sum
        a → t
        a + b → a
        t → b
        i + 1 → i
    }
    输出 sum
end
```

【例 2.19】 找出 2000—2100 年中的闰年年份并输出。

用 PDL 表示的算法如下:

```
begin
    2000 → year
    while year ≤ 2100
    {
        if year/400 的余数为 0
            输出 year"是闰年"
        else
            if year/4 的余数为 0
                if year/100 的余数不为 0
                    输出 year"是闰年"
                endif
            endif
        endif
```

```
        year + 1→year
    }
end
```

可以看出,循环体中嵌套了三层选择结构,如果没有采用统一的缩进格式,算法结构将显得比较混乱,难以读懂。

【例 2.20】 猴子吃桃问题。

用 PDL 表示的算法如下:

```
begin
    1→a
    9→i
    while i≥1
    {
        2 * (a + 1)→a
        i - 1→i
    }
    输出 a
end
```

从上面几个例子可以看出,PDL 书写格式比较自由,而且对编辑工具没有什么要求,使用普通的正文编辑程序或文字处理系统便可方便地进行书写,修改起来也非常容易。此外,使用 PDL 也可以很容易写出结构化的算法。目前已经有多种自动处理程序,可以将书写比较规范(严格遵循某种计算机语言语法)的 PDL 算法生成相应计算机语言的程序代码,大大节省了时间。

PDL 的缺点是不如图形工具形象直观,描述复杂循环或选择结构时可能会出现逻辑上的错误。建议初学者在使用 PDL 写出算法后,可以将其中复杂的部分再用流程图表示出来,便于理解和纠错。

2.6.5 PAD 图

PAD 是问题分析图(Problem Analysis Diagram)的简称,它使用二维树结构的图来表示程序的控制流。图 2.35 给出了 PAD 图的一些基本符号。其中,图 2.35(a)表示顺序结构;图 2.35(b)表示选择结构;图 2.35(c)、图 2.35(d)分别表示当型循环和直到型循环结构;图 2.35(e)表示定义。

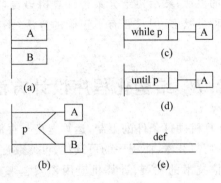

图 2.35 PAD 图的基本符号

算法与程序

PAD 图所描述的算法结构十分清晰。图中最左面的竖线是算法的主线,即第一层结构。随着程序层次的增加,PAD 图逐渐向右延伸,每增加一个层次,图形向右扩展一条竖线,图中竖线的总条数就是算法结构的层次数。算法总是从最左边竖线最上端的节点开始,自上而下、从左到右顺序执行,遍历所有节点。用 PAD 图描述出来的算法必定是结构化算法,因而易读、易懂、易记。

图 2.36 给出了使用 PAD 图来描述算法的简单示例,其中,图 2.36(a)是初始的 PAD图,图 2.36(b)则使用定义符号来进一步细化图 2.36(a)中的处理框 B。

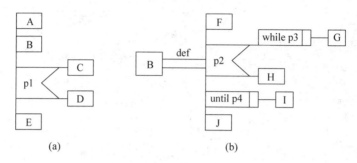

图 2.36　PAD 图示例

2.6.6　判定表和判定树

当算法中包含多重嵌套的条件选择时,用程序流程图、N-S 图、过程设计语言或者 PAD图都难以清楚地描述,这时可以选择使用判定表或判定树,它们都能够清晰地表示复杂的条件组合与应执行的操作之间的对应关系。不过,由于难以清晰地表示顺序和循环结构,这两者都不适于作为一种通用的设计工具,通常只在遇到复杂的选择结构时用于辅助设计,配合其他算法描述工具使用。因而本书不对其做详细介绍,读者如有兴趣可自行查阅相关书籍。

以上介绍了常用的几种算法描述工具,它们都有各自的优点和缺点,在程序设计过程中可根据需要和习惯任意选用。不管使用哪种工具表示算法,最终都是要将其转化为使用某种计算机语言编写的程序,所以从另一个角度来看,计算机语言实质上也只是一种算法描述工具,它与前面介绍的几种工具最大的区别就是:计算机语言描述的算法能够被计算机识别和执行。

通过本章的学习应该明白:要学会程序设计,首先要学会分析和设计算法,掌握了算法就相当于掌握了程序设计的灵魂,然后再学会某种计算机语言,就能够顺利地编写出程序。虽然世界上的计算机语言种类繁多,但只要有了正确的算法,不管用哪一种语言进行编码,都是"万变不离其宗"。

2.7　结构化程序设计方法

程序设计初期,由于计算机硬件条件的限制,运算速度与存储空间都迫使程序员追求高效率,编写程序成为一种技巧与艺术,而程序的可读性、可修改性等要素则次之。

随着计算机硬件与通信技术的发展,计算机应用领域越来越广泛,应用规模也越来越大,程序设计不再是一两个程序员就可以完成的任务。在这种情况下,编写程序不应再片面追求高效率,而是要综合考虑程序的正确性、可修改性、健壮性和可读性等要素。

本节将讨论与结构化程序设计方法有关的内容。

1. 自顶向下与自下而上

面对问题,研究的思路有自顶向下(Top-Down)和自下而上(Bottom-Up)两种。自顶向下是先研究总体,然后研究每一个局部的细节;自下而上则先研究每一个局部的细节,再研究总体。相应地,解决问题的办法有两种:一种是先有计划,然后一点点完成计划,等到所有的小计划完成,问题就解决了;另一种是直接行动,不考虑整体,直接解决问题的各个方面,最后就解决了问题。也就是说,自顶向下强调的是逐步细化;自下而上强调的是逐步积累。

计算机程序不但能够解决简单的小问题,而且能够解决复杂的大问题。通常的方法是分析问题时采用自顶向下的方法,实现时采用自下而上的方法,逐一编写解决各个子问题的程序。设计程序时采用自顶向下的方法比采用自下而上的方法效率要高得多。

采用自顶向下方法解决问题的思路如图 2.37 所示。

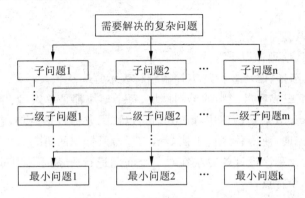

图 2.37 自顶向下的结构示意图

2. 结构化方法

结构化方法有助于在正式编写程序之前充分理解问题的实质和实现方法,并且可以在具体编码过程中提供指导。在程序设计领域,已经存在大量的结构化方法,它包括用于系统分析阶段的结构化分析(Structured Analysis,SA)、用于系统设计阶段的结构化设计(Structured Design,SD)、用于系统实施阶段的结构化程序设计(Structured Programming,SP)方法等。结构化技术能够缩短程序的开发时间,提高程序的开发效率,简化测试与调试过程,便于程序的维护。

结构化方法通常遵循以下原则:

(1) 用户参与的原则。由于整个软件开发工作的复杂性,用户的需求分析至关重要,但是,用户的需求不是一次就能够明确的,而是随着系统开发工作的深入,用户的需求表达和程序员对用户需求的理解才能逐步明确、深化和细化。因此要求软件的开发要有用户的积极参与;否则,往往导致开发进度的缓慢、开发工作的不断反复,甚至有可能失败。

(2) 先分析、再分析、后实现的原则。结构化方法强调在进行系统设计和系统实施之前,要先进行充分的需求调查与分析,进行可行性的认证,也就是要解决"做什么",再解决"如何做"。

（3）自顶向下的原则。在系统分析、设计、实施等各阶段，结构化方法都强调"自顶向下"的原则。遵循这个原则，可以将一个复杂的问题分解成若干个比较简单的问题再分别加以解决，从而降低了解决问题的难度。

（4）阶段成果文档化。结构化方法强调要将每一工作阶段的成果，用明确的文字和标准化的图形、表格等文档工具进行完整而又准确的描述。这些文档既是本阶段开发工作结束的标志，又是下一阶段工作开展的主要依据。

3. 结构化程序设计方法

结构化程序设计的概念最早由迪克斯特拉(E. W. Dijikstra)在 1965 年提出，它的产生和发展形成了现代软件工程的基础，是软件发展的一个重要里程碑。它的基本思想是采用自顶向下、逐步求精的设计方法和单入口单出口的控制结构。

具体地说，可采取以下方法来保证得到结构化的程序：

（1）自顶向下。

（2）逐步细化。

（3）模块化设计。

（4）结构化编码。

结构化程序设计应遵循以下 3 个原则：

（1）使用顺序、选择、循环 3 种基本控制结构表示程序逻辑。

（2）程序语句组织成容易识别的语句模块，每个模块都是单入口、单出口。

（3）严格控制 go to 语句的使用，go to 语句也称无条件转移语句，它通常与条件语句配合使用来改变程序流向，使得程序转去执行语句标号所标识的语句。

因此，采用结构化程序设计的方法在对一个问题进行分解时必须遵循结构化分解的原则，一般具有以下几个特点：

（1）子问题的结构必须与顺序、选择和循环 3 种基本程序结构之一相对应。

（2）问题的划分决定了程序的结构。一方面，每个子问题决定了所对应的基本控制结构；另一方面，一个问题分解成多个子问题的方法是多种多样的，分解方法的好坏决定了程序设计的质量，也决定了程序的不同结构。

（3）问题的边界应该清晰明确。每个精确定义的子问题应该容易理解和实现，不能有二义性；否则实现时会模棱两可，无从下手。

4. 模块化方法

在自顶向下、逐步细化的过程中，把复杂问题分解成一个个简单问题的最基本方法就是模块化。它是一种传统的软件开发方法，其思想实际上是一种"分而治之"的思想。模块化便于问题的分析，模块体现了信息隐藏的概念。

分解的各模块在 C 语言中通常用函数来实现。

5. 结构化编码

在设计好一个结构化的算法之后，还要善于进行结构化编码。所谓编码就是将已设计好的算法用计算机语言（如结构化语言 Pascal、C、Visual Basic 等）来表示，即根据已经细化的算法正确地写出计算机程序。

结构化程序设计方法的基本步骤为：

（1）精确描述所面临的问题。

（2）分析目的和现有条件。

（3）设计算法，自顶向下，逐步求精。

（4）把算法转化为程序语言。

（5）检测程序。

结构化程序设计方法的基本要求为：

（1）自顶向下，模块化设计。

（2）使用 3 种基本结构设计程序。

（3）程序书写规范，切勿随心所欲。

（4）把算法转化为程序语言。

（5）思路清晰，书写无误，如变量名命名要做到见名知义、对复杂语句要加上注释等。

2.8　本　章　小　结

本章主要介绍算法的基本概念、算法描述和结构化程序设计方法等方面内容。算法的基本概念包括算法的特征和如何评价一个算法的优劣；算法的特征包括有穷性、确定性、输入、输出、有效性 5 方面内容；评价一个算法的优劣可从正确性、可读性、可修改性、健壮性及时间复杂度和空间复杂度这 6 个方面来考虑。算法描述介绍了几种方式：自然语言、程序流程图、N-S 流程图、过程设计语言、PAD 图及判定表和判定树。最后详细介绍了结构化程序设计方法的思想、步骤和要求。其中应重点掌握 3 种基本结构（顺序结构、选择结构、循环结构）的描述方法，为今后程序的编写、调试和测试打下基础。

习　题　2

1. 什么是算法？试从日常生活中找 3 个例子并描述出来。

2. 算法有哪些基本特征？

3. 通常从哪些方面对算法进行评价？

4. 什么叫结构化的算法？

5. 顺序、选择和循环这 3 种结构有什么共同特点？

6. 用程序流程图和 N-S 图表示以下算法。

（1）求 5!。

（2）输入 50 个学生的学号和成绩，要求将其中成绩大于等于 80 分者的信息打印出来。

（3）求 $1-(1/2)+(1/3)-(1/4)+\cdots+(1/99)-(1/100)$ 的结果。

（4）对一个大于或等于 3 的正整数，判断它是不是一个素数。

（5）求方程 $ax^2+bx+c=0$ 的根，要求输入 a、b、c，根据它们的值分别进行以下 4 种处理：①$a=0$，输出提示"不是一元二次方程！"；②$b^2-4ac=0$，求解并输出两个相等实根；③$b^2-4ac>0$，求解并输出两个不等实根；④$b^2-4ac<0$，输出提示"该方程无实根"。

第3章 基本数据类型与表达式

本章重点：C 语言的各种数据类型；C 语言的各种运算符号。

本章难点：各种数据类型的存储方式；各种运算符的优先级。

计算机程序处理的数据不仅仅是简单的数字，而是计算机处理的信息，包括数字、字符、声音、图像和视频。这些数据以一定的数据形式进行存储。数据在内存中存放的形式和可以进行的操作由数据类型决定。对数据的不同操作可以构成各种各样的表达式。

3.1 数据类型分类

数据是程序的操作对象，不同类型的数据有不同的存储方式和操作。在 C 语言中，数据类型非常丰富，如图 3.1 所示。

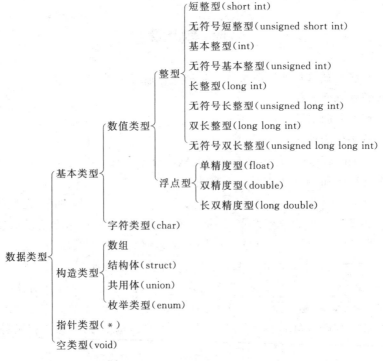

图 3.1 C 语言的数据类型

3.2 整型数据

1. 整型数据的存储方式

整型数据是没有小数部分的数值,在 C 语言中可以用 3 种形式表示:

(1) 十进制整数,如 123、−456、89。

(2) 八进制整数,如 0123 表示八进制整数 123,开头的 0 表示八进制数。$(123)_8 = 1 \times 8^2 + 2 \times 8^1 + 3 \times 8^0 = (83)_{10}$。

(3) 十六进制整数,如 0x2F 表示十六进制整数 2F,开头的 0x 表示十六进制数。$(2F)_{16} = 2 \times 16^1 + 15 \times 16^0 = (47)_{10}$。

数据在内存中是以二进制形式存储的,C 语言对不同的数据类型分配不同长度规格的存储空间,不同长度规格的存储空间对应的数据取值范围又是不同的。即使同样长度规格的存储空间表示的数据范围还与是否有符号、是定点表示还是浮点表示有关。最后,不同数据类型分配的存储长度还与编译系统有关。Visual C++ 6.0 对整型数据分配 4B 的存储空间。

实际上,整型数据是以补码的形式进行存储的。一个正整数的补码跟该整数的原码(即该数的二进制形式)相同。而一个负整数的补码则将该数的绝对值的二进制形式进行按位取反,末尾加 1。如果是有符号整数,则最左边的一位表示符号位,符号位用 0 表示正,用 1 表示负。

2. 整型数据的分类

int 是 C 语言的基本整数类型,此外,C 语言还提供了 4 个可以修饰 int 的关键字:short、long、signed 以及 unsigned,其中 signed 可以省略,所有没有标明 unsigned 的整数类型默认都是有符号整数。利用这 4 个关键字,C 语言标准定义了以下整数类型:

(1) 短整型:以 short int 表示;

(2) 基本型:以 int 表示;

(3) 长整型:以 long int 表示;

(4) 无符号型:分为无符号整型、无符号短整型和无符号长整型,分别以 unsigned int、unsigned short、unsigned long 表示。无符号型分配的存储空间都用来存储数据本身,不含符号位。

不同位数的 CPU,数据的存储空间和取值范围不同。表 3.1 是 32 位 CPU 的各类整型数据的存储空间和取值范围。

表 3.1　CPU 的各类整型数据的存储空间和取值范围

名　　称	全称类型说明符	缩写类型说明符	字节数	取 值 范 围
短整型	short int	short	2	$-32\,768 \sim 32\,767$,即 $-2^{15} \sim (2^{15}-1)$
无符号短整型	unsigned short int	unsigned short	2	$0 \sim 65\,535$,即 $0 \sim (2^{16}-1)$
基本整型	int	int	4	$-2\,147\,483\,648 \sim 2\,147\,483\,647$,即 $-2^{31} \sim (2^{31}-1)$
无符号基本整型	unsigned int	unsigned	4	$0 \sim 4\,294\,967\,295$,即 $0 \sim (2^{32}-1)$

基本数据类型与表达式

名　　称	全称类型说明符	缩写类型说明符	字节数	取 值 范 围
长整型	long int	long	4	$-2\,147\,483\,648\sim2\,147\,483\,647$,即$-2^{31}\sim(2^{31}-1)$
无符号长整型	unsigned long int	unsignedlong	4	$0\sim4\,294\,967\,295$,即$0\sim(2^{32}-1)$
双长整型	long long int	long long	8	$-9\,223\,372\,036\,854\,775\,808\sim9\,223\,372\,036\,854\,775\,807$,即$-2^{63}\sim(2^{63}-1)$
无符号双长整型	unsignedlong long int	unsigned long long	8	$0\sim18\,446\,744\,073\,709\,551\,615$,即$0\sim(2^{64}-1)$

说明：如果编译器不支持 C99 标准,则不能使用 long long 和 unsigned long long 类型。

3.3 浮点型数据

1. 浮点型数据的表示形式

C 语言中的浮点型数据实际上就是实数类型的数据,有时也称为实型数据,其有两种表示形式。

(1) 十进制小数形式。它由数字和小数点组成,如 5.462、0.234、23.0 等都是十进制的浮点型数据。

(2) 指数形式。例如 345e3、345E3 或 345E＋3 都表示 345×10^3,字母 e(或 E)之前必须有数字,而字母 e(或 E)之后的指数必须为一个整数。一个实型数据可以有多种指数表示形式。例如 345.67 可以表示为 345.67e0、34.567e1、3.4567e2、0.34567e3 等。其中 3.4567e2 称为"规范化的指数形式"。字母 e(或 E)之前的小数部分中,小数点左边有且只有一位非零的数字。

2. 浮点型数据的分类

浮点型数据分为单精度型(float)、双精度型(double)和长双精度型(long double)。其存储空间和取值范围如表 3.2 所示。

表 3.2 浮点型数据的存储空间和取值范围

名　　称	类型说明符	字 节 数	有 效 数 字	取 值 范 围
单精度型	float	4	6～7	$-3.4\times10^{-38}\sim3.4\times10^{38}$
双精度型	double	8	15～16	$-1.7\times10^{-308}\sim1.7\times10^{308}$
长双精度型	long double	16	18～19	$-1.2\times10^{-4932}\sim1.2\times10^{4932}$

说明：signed、unsigned 不能用于修饰浮点类型。浮点类型可以处理正数,也能处理负数。没有无符号浮点型。

3.4 字符型数据

字符类型的数据即字符型数据,它分为字符和字符串两种。C 语言中的字符表示是用单引号括起来的一个字符。如'a'、'A'、'＋'等。

字符型数据的存储空间和取值范围如表 3.3 所示。

表 3.3　字符型数据的存储空间和取值范围

名　　称	类型说明符	字　节　数	取值范围
有符号字符型	signed char 或 char	1	$-128\sim127$，即 $-2^{-7}\sim(2^{7}-1)$
无符号字符型	unsigned char	1	$0\sim255$，即 $0\sim(2^{8}-1)$

用反斜杠(\)开头引导的字符称为转义字符,其意思是将反斜杠(\)后面的字符转变成另外的意义。如\n 中的 n 并不是代表字母 n,而是表示换行符。常用的转义字符如表 3.4 所示。

表 3.4　常用转义字符

字　符　形　式	功　　能
\n	换行
\t	横向跳格(跳到下一个输出区)
\v	竖向跳格
\b	退格
\r	回车
\f	走纸换页
\\	反斜杠字符
\'	单引号字符
\ddd	1~3 位八进制所代表的字符
\xhh	1~2 位十六进制所代表的字符

3.5　常量与变量

在 C 语言中,数据可以用常量和变量进行存储。

3.5.1　常量

常量是指在程序运行过程其值不会发生改变的量。

在基本数据类型中,常量可分为整型常量、实型常量、字符型常量(包括字符常量和字符串常量)和符号常量,现分别介绍如下。

1. 整型常量

C 语言中合法的整型常量,例如:

255,0,−8,76(十进制整型常量);

0233,0111,0107(以数字 0 开头表示八进制整型常量);

0xAF,0x82,0xF4(以 0x 开头表示十六进制整型常量);

486L,8350l(用 L 或 l 表示长整型常量)。

C 语言中非法的整型常量,例如:

086(8 不是八进制的数码);

4F(F 是十六进制的数码,4F 前面缺少 0x);

0xK5(K 不是十六进制的数码)。

2. 实型常量

C语言中的实型常量只能用十进制形式表示。例如 58.75,589.03,1.56E+2,5.6E−2, 0.12e2 都是合法的实型常量,而 3.5E+4.8,E5,e−8 都是不合法的实型常量。

3. 字符常量

字符常量是用单撇号括起来的一个字符,例如'a','x','\n'都是合法的字符常量。字符常量存储在计算机的存储单元中时,是以其代码(一般采用 ASCII 代码)存储的。例如字符'a'的 ASCII 码为 97,字符'b'的 ASCII 码为 98,各个字符的 ASCII 码值可在本书附录 A 中查看。附录 A 中列出的 ASCII 码值是十进制的,而在实际存储中是以二进制存储的。既然在存储中字符型数据是以 ASCII 码存储,它的存储形式与整数的存储形式相类似,所以在C语言中字符型数据和整型数据在一定条件下可以通用。

4. 字符串常量

"Jiaying","ab","++"都是合法的字符串常量。

5. 符号常量

在C语言程序可以用标识符定义一个常量,称为符号常量。其定义格式为:

♯define 标识符常量

例如:

♯define pi 3.14159
♯define max 1000
♯define min 10

在程序中,某个标识符一旦被定义为符号常量,那么,在程序运行中都会将该标识符替换成对应的常量。

3.5.2 变量

1. 变量的定义

变量是以某个标识符为名字、其值可以被修改的量。标识符的定义必须符合如下规则:

(1)标识符是由大小写字母、数字和下画线所组成的序列,不能以数字开头。例如,a, A,a1,_a,abc 都是合法的标识符,而 4a,a-3 则是非法的标识符。

(2)标识符区分大小写,abc 和 ABC 是两个不同的标识符。

(3)标识符的长度有一定的限制。C89 标准下,C语言的标识符,(包括变量名)最多只能有 8 个字符,一般都推荐遵守这个限制,防止在不同编译环境下产生不兼容问题。

(4)普通标识符的定义不能使用C语言中具有特殊含义的关键字。

变量的使用必须遵循"先定义,后使用"的原则,变量的定义格式为:

类型标识符 变量名 1,变量名 2,…;

其中的类型标识符表示定义的变量保存的数据的数据类型,可以在一条语句定义同一数据类型的多个变量。例如:

```
int i,j,k;
float x,y;
```

```
char c1,c2。
```

2. 变量的赋值

变量定义完成后可以使用赋值运算符"="进行赋值。变量赋值可以在定义时赋初值或者在定义完成后赋值。例如：

```
int i = 1,j = 2,k = 3;
```

或者

```
int i,j,k;
i = 1;
j = 2;
k = 3;
```

赋值过程中一定要保证"="右边的常量跟"="左边的变量类型相一致。变量赋值类型不一致程序将会出现错误。另外，对变量进行赋值时不能连续赋值。例如：

```
int i = j = k = 1;                    / * 非法赋值 * /
```

【例 3.1】 整型变量和字符变量的定义和赋值。

编写程序：

```
# include < stdio. h >
int main()
{ int x = 10,y;
 char c1 = 'a',c2;
 y = x + 10;
 c2 = c1 - 32
printf(" % d, % c",y,c2);
return 0;
}
```

运行结果：

```
20,A
```

3.6 运算符和表达式

3.6.1 C 语言运算符简介

运算符是一种特定的数学或逻辑运算的符号。C 语言的运算符非常丰富，主要有如下几类：

（1）算术运算符：＋、－、* 、/、％。

（2）关系运算符：＞、＜、＝＝、＞＝、＜＝、!＝。

（3）逻辑运算符：!、&&、||。

（4）位运算符：＜＜、＞＞、～、|、^、&。

（5）赋值运算符：＝。

（6）条件运算符：?:。

（7）逗号运算符：,。

（8）指针运算符：*、&。

（9）求字节数运算符：sizeof。

（10）强制类型转换运算符：(类型)。

（11）分量运算符：.、—>。

（12）下标运算符：[ ]。

（13）其他运算符。

本章介绍算术运算符、关系运算符、逻辑运算符、条件运算符和逗号运算符，其他运算符将在以后的章节中陆续介绍。

3.6.2 算术运算符和算术表达式

1. C 语言的基本算术运算符

算术运算是我们最熟悉的运算，C 语言中的算术运算通过算术运算符来实现。表 3.5 为 C 语言中的基本算术运算符及其说明。

表 3.5　C 语言中的基本算术运算符及其说明

运算符	名称	运算对象	功能	示例	示例值
＋	加	两个实数或整数	和	4＋2	6
－	减	两个实数或整数	差	4－2	2
*	乘	两个实数或整数	积	4 * 2	8
/	除	两个实数或整数(右操作数不能为 0)	商	4/2	2
%	模	两个整数(右操作数不能为 0)	相除后的余数	4％2	0

关于基本算术运算符的几点说明：

（1）算术运算符的操作数有两个，又称双目算术运算符。

（2）在 C 语言中，两个整数相除的结果为整数。

（3）＋、－、*、/运算中，如果两个操作数中一个操作数为 float 类型，另一个操作数为 double 类型，则都按 double 类型进行运算。

2. 算术运算表达式及算术运算符的优先级

通过算术运算符把各个运算对象(操作数)连接起来的式子称为算术表达式。这里的运算对象可以是常量、变量和函数等。例如：

```
5＋(b/a－2.8)＋'A'
```

表达式往往涉及多种运算，有多个运算符，所以存在优先级的问题，即先做哪种运算，后做哪种运算。C 语言规定了算术运算符的优先级别为：*、/、％要高于＋、－，并且它们都比赋值运算符的优先级要高。当一个表达式既有赋值运算符又有算术运算符时，按照 C 语言规定的优先级，应该先做算术运算，然后再做赋值运算。

3. 自增、自减运算符

自增、自减运算符的作用是使变量的值加 1 或减 1。例如：＋＋i,i＋＋,－－i,i－－。

＋＋i,i＋＋的作用相当于 i=i+1；－－i,i－－的作用相当于 i=i－1。现在的问题是

＋＋i和i＋＋有何区别? －－i和i－－又有何区别?

例如:假设i＝3,则"j＝＋＋i;"与"j＝i＋＋;"有何区别?

执行j＝＋＋i后,i＝4,j＝4;而执行j＝i＋＋后,i＝4,j＝3。由此可见,j＝＋＋i是在使用i进行赋值前使i加1,而j＝i＋＋是在使用i进行赋值后再使i加1。虽然最后i的值都加了1,但j的结果却不一样。类似地,－－i和i－－也是同样的情况。

另外,自增运算符(＋＋)和自减运算符(－－)只能用于变量,不能用于常量或表达式,并且只能用于整型常量。例如,6＋＋或 x－－都是错误的。

3.6.3 关系运算符和关系表达式

1. 关系运算符

关系运算是 C 语言中一种比较简单的运算,也可以认为是一种比较运算。关系运算将两个数进行比较,判断这两个数是否满足给定的关系。例如:a＞b,"＞"是一种关系,表示"大于"。如果 a 赋值为 4,b 赋值为 3,那么 a＞b 成立,结果为"真";如果 a 赋值为 3,b 赋值为 4,那么 a＞b 不成立,结果为"假"。

在 C 语言中有 6 种关系运算符,分别为小于"＜"、小于或等于"＜＝"、大于"＞"、大于或等于"＞＝"、等于"＝＝"、不等于"!＝"。

C 语言中的关系运算符都是双元运算符号(需要两个操作数),操作数可以是数值型数据和字符型数据。如果关系成立,则关系运算的值为 1(表示逻辑真);如果关系不成立,则关系运算的值为 0(表示逻辑假)。例如:4＞3,关系运算的值为 1;4＜3,关系运算的值为 0。

6 种关系运算符中,＜、＜＝、＞、＞＝ 的优先级相同,＝＝、!＝的优先级也相同,但＜、＜＝、＞、＞＝的优先级要高于＝＝、!＝。另外,关系运算符的优先级要低于算术运算符,高于赋值运算符。具体关系如图 3.2 所示。

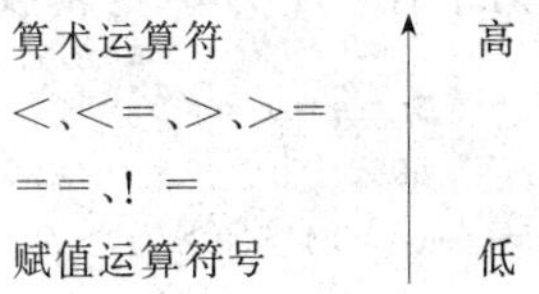

算术运算符 　　　　　高

＜、＜＝、＞、＞＝

＝＝、! ＝

赋值运算符号 　　　　低

图 3.2 关系运算符的优先级

在用关系运算符"＝＝"时,如果操作数是两个浮点数,由于浮点数是用近似值表示,存在存储误差,因此有时可能会得出错误的结果。

例如,表达式 1/3.0＝＝0。一般人都会认为这个关系运算的值是 1(为真),但实际上 1/3.0 的值约为 0.333 333。因为 1/3.0 是一个用浮点数表示的近似值。另外,在 C 语言中"＝＝"是关系运算符,而"＝"是赋值运算符。因此,整个表达式的结果是 0,即为假。

2. 关系表达式

用关系运算符把两个表达式连接起来的式子称为关系表达式。

例如:a＜b,a＋2＞b＋2,a＋b＞c＋d,'A'＞'B',c＝5＞d＝3,(a＞b)＞(c＜d)。

关系表达式的值也是一个逻辑值,即"真"和"假"。由于在 C 语言中没有逻辑型数据,因此用 1 代表真,用 0 代表假。如果 a＝1,b＝2,c＝3,那么 a＜b 关系表达式的值为 1。

对于 a＋2＞b＋2,由于表达式中既有算术运算符,又有关系运算符,根据运算符的优先级,算术运算符的优先级要高于关系运算符,所以应该先做算术运算,再做关系运算。因此关系表达式 a＋2＞b＋2 的值为 0。

3.6.4 逻辑运算符和逻辑表达式

1. 逻辑运算符

在现实生活进行条件判断时往往需要判断的不止一个条件,如果有多个条件,那么怎么表示条件之间的关系呢?例如,判断一个年份是否闰年的条件有两个:这个年份能被 4 整除,但不能被 100 整除,或者这个年份能被 4 整除,又能被 400 整除,这时就需要用到逻辑运算符。

在 C 语言中有 3 个逻辑运算符:!、&&、||,分别表示逻辑非运算、逻辑与运算、逻辑或运算。

(1) 逻辑非。

逻辑非是一元运算,其运算符为!。运算规则:若逻辑非运算符后面的操作数的值为 0(逻辑假),则逻辑非的运算结果为 1(逻辑真);若逻辑非运算符后面的操作数的值为 1(逻辑真),则逻辑非的运算结果为 0(逻辑假)。在 C 语言中进行逻辑判断时,数据的值为非 0,则认为是逻辑真;数据的值为 0,则认为是逻辑假。例如:

```
int a = 1,b = 5;
!b              //运算结果为0,因为b是非0值表示逻辑真,再进行逻辑非运算后结果为0
!(a>b)          //运算结果为1,因为a>b的运算结果是逻辑假,再进行逻辑非运算后结果为真
```

(2) 逻辑与。

逻辑与是二元运算,其运算符为 &&。运算规则:若参与逻辑与运算的两个操作数的值均为 1(逻辑真),则逻辑与的运算结果为 1(逻辑真);若参与逻辑与运算的两个操作数的值中有一个为 0(逻辑假),则逻辑与的运算结果为 0(逻辑假)。例如:

```
int a = 1,b = 5;
a&&b            //运算结果为1,因为a和b的值均为逻辑真
(a>b)&&(a>0)    //运算结果为0,因为a>b的运算结果是逻辑假
```

(3) 逻辑或。

逻辑或是二元运算,其运算符为||。运算规则:若参与逻辑或运算的两个操作数的值均为 0(逻辑假),则逻辑或的运算结果为 0(逻辑假);若参与逻辑或运算的两个操作数的值中有一个为 1(逻辑真),则逻辑或的运算结果为 1(逻辑真)。例如:

```
int a = 1,b = 5;
a||b            //运算结果为1,因为a的值为逻辑真
(a>b)||(a>0)    //运算结果为1,因为a>0的运算结果是逻辑真
```

逻辑运算的运算规则也可以用表 3.6 表示。

表 3.6　逻辑运算的运算规则

a	b	!a	!b	a&&b	a||b
真	真	假	假	真	真
真	假	假	真	假	真
假	假	真	真	假	假
假	真	真	假	假	真

根据逻辑运算符的运算规律,假设用内存变量 year 存储年份的值,那么,要判断一个年份是否是闰年的条件可以表示为:

(year % 4 == 0&&year % 100!= 0)||(year % 4 == 0&&year % 400 == 0)

2. 逻辑表达式

用逻辑运算符把两个表达式连接起来的式子称为逻辑表达式。例如,!(a<b)&&c,(a<b)||(a>c),(a<b)&&(a>c)||(b>c),!(a>b)&&b。

逻辑表达式的值也是一个逻辑值,即"真"和"假"。C 语言中逻辑运算符的优先级为逻辑非(!)→逻辑与(&&)→逻辑或(||)。如果 a=1,b=2,c=3,那么!(a<b)&&c 的逻辑表达式的值为 0,因为!(a<b)的运算结果为 0;(a<b)||(a>c)的逻辑表达式的值为 1,因为 a<b 的运算结果为 1。

在表达式运算中,逻辑非(!)运算的优先级要高于算术运算,而逻辑与(&&)运算和逻辑或(||)运算的优先级要低于关系运算,如图 3.3 所示。

!	高
算术运算	
关系运算	
&& 和 ||	
赋值运算	低

图 3.3 运算符的优先级

在逻辑表达式的运算过程中,并不是所有的逻辑运算都要被执行。

(1) a&&b&&c:只有 a 为真时,才需要判断 b 的值;只有 a 和 b 都为真时,才需要判断 c 的值。

(2) a||b||c:只要 a 为真,就不必判断 b 和 c 的值;只有 a 为假,才判断 b 的值;只有 a 和 b 都为假,才需要判断 c 的值。

例如,当 a=1,b=2,c=3,d=4,m 和 n 的原值为 1 时,执行表达式(m=a>b)&&(n=c>d)后,由于"a>b"的值为 0,因此 m=0,而"n=c>d"不被执行,因此 n 的值不是 0 而是仍然保持原值 1。

3.6.5 条件运算符和条件运算表达式

条件运算符有 3 个操作对象,称为三目运算符。它由两个符号"?"和":"组成,由条件运算符连接起来的式子成为条件运算表达式。其一般形式为:

<表达式 1>?<表达式 2>:<表达式 3>

条件运算表达式的求解过程是:先求解表达式 1 的值,如果它的值为真(非 0 值),则求解表达式 2 的值并把它作为整个表达式的值;如果表达式 1 的值为假(0 值),则求解表达式 3 的值并把它作为整个表达式的值。例如:

b = a>100?200:300

其中,a>100?200:300 为条件运算表达式,其求解过程为:

(1) 如果 a>100 成立,则条件运算表达式的值为 200,即 b=200;

(2) 如果 a>100 不成立,则条件运算表达式的值为 300,即 b=300。

C 语言中条件运算符的优先级要高于赋值运算符。

3.6.6 逗号运算符和逗号表达式

逗号运算符是 C 语言提供的一种特殊运算符,用逗号运算符把若干个表达式连接起来的式子称为逗号表达式。逗号表达式的一般形式为:

表达式 1,表达式 2

逗号表达式的求解过程是:先求解表达式 1,再求解表达式 2。整个表达式的值是表达式 2 的值。例如,a=(x=5,x+1)的求解过程为:先执行 x=5,然后执行 x+1=6,最后再执行赋值 a=6。

逗号表达式的一般形式还可以扩展为:

表达式 1,表达式 2,表达式 3,…,表达式 n

表达式 n 的值为这个逗号表达式最后的值。

3.7 本 章 小 结

本章介绍了数据类型、运算符和表达式等有关知识,具体包括如下几方面:

(1) 在 C 语言中数据都属于某种类型,不同数据类型的数据的存储和操作是不一样的。整型数据用二进制的补码形式存储,字符型数据用其 ASCII 码的值存储,实数则用指数形式存储。

(2) 在程序中要存储数据时,首先要先定义相应的内存变量,内存变量的命名要按照相应的规则,并且在其名字确定后要指定其存储的数据类型。

(3) 数据有常量和变量之分,符号常量是一种特殊的常量,它不占用存储空间,也不能指定相应的数据类型,它只是一个字符串,用来代替一个已知的常量。

(4) ANSI C 标准并没有具体规定各种数据类型的存储空间,而是由各个 C 编译系统自主决定。Visual C++编译系统中,short 占 2B、int 占 4B、long 占 4B、字符型占 1B、float 占 4B、double 占 8B。一般也可以用运算符 sizeof(类型名)或 sizeof(变量名)测试所分配的存储空间。

(5) 在 C 语言中,字符和字符串是两个不同的概念,字符要加单引号,字符串要加双引号。

(6) 自增(++)和自减(——)是 C 语言的一个特色,它使用起来非常方便,也可以使程序清晰、简练,但如果用得不好也会产生副作用。

(7) 在 C 语言中没有逻辑型数据,表示一个逻辑值时,用 1 代表真,用 0 代表假,而在判断一个逻辑量的值时,以非 0 作为真,0 作为假。

(8) C 语言具有丰富的运算符,如算术运算符、关系运算符、逻辑运算符、条件运算符、逗号运算符等,运算符有结合方向及优先级特性。由运算符结合操作数构成了各类的表达式。

习 题 3

一、填空题

1. 以下程序的输出结果是_____。

```
int main()
{
  int a = 0;
  a += (a = 8);
  printf(" % d\n",a);
  return 0;
}
```

2. 以下程序的输出结果是_____。

```
int main()
{
    unsigned short a = 65536;
    int b;
    printf(" % d\n",b = a);
    return 0;
}
```

3. 数字符号 0 的 ASCII 码十进制表示为 48,数字符号 9 的 ASCII 码十进制表示为_____。

4. 设有以下变量定义,并已赋确定的值:

char w;int x;float y;double z;

则表达式 w * x+z−y 所求得的数据类型为_____。

5. 设 a、b、c 为整型数,且 a＝2,b＝3,c＝4,则执行完以下语句:

a * = 16 + (b++) − (++c);

后,a 的值是_____。

6. 若有定义:

int a = 10,b = 9,c = 8;

执行下列语句

c = (a − = (b − 5)); c = (a % 11) + (b = 3);

后,变量 b 中的值是_____。

二、单项选择题

1. 若变量 a 是 int 类型,并执行了语句:a='A'+1.6;,则正确的叙述是(　　)。

    A. a 的值是字符 C　　　　　　　　　B. a 的值是浮点型

    C. 不允许字符型和浮点型相加　　　D. a 的值是字符'A'的 ASCII 值加上 1

2. 以下选项中不属于 C 语言的类型的是(　　　)。

    A. signed short int　　　　　　　　　　B. unsigned long int

    C. unsigned int　　　　　　　　　　　　D. long short

3. 在 16 位 C 编译系统上,若定义 long a;,则能给 a 赋 40000 的正确语句是(　　　)。

    A. a＝20000＋20000;　　　　　　　　B. a＝4000 * 10;

    C. a＝30000＋10000;　　　　　　　　D. a＝4000L * 10L;

4. 以下选项中合法的实型常数是(　　　)。

    A. 5E2.0　　　　　B. E−3　　　　　　C. .2E0　　　　　D. 1.3E

5. 以下选项中合法的用户标识符是(　　　)。

    A. long　　　　　　B. _2Test　　　　　C. 3Dmax　　　　D. A.dat

6. 已知大写字母 A 的 ASCII 码值是 65,小写字母 a 的 ASCII 码是 97,则用八进制表示的字符常量'\101'是(　　　)。

    A. 字符 A　　　　　B. 字符 a　　　　　C. 字符 e　　　　　D. 非法的常量

7. 设 a 和 b 均为 double 型变量,且 a＝5.5、b＝2.5,则表达式(int)a＋b/b 的值是(　　　)。

    A. 6.500 000　　　B. 6　　　　　　　C. 5.500 000　　　D. 6.000 000

8. 若有以下程序:

```
int main()
{
    int k = 2, i = 2, m;
    m = (k += i * = k);
    printf("%d, %d\n", m, i);
    return 0;
}
```

执行后的输出结果是(　　　)。

    A. 8,6　　　　　　B. 8,3　　　　　　C. 6,4　　　　　　D. 7,4

9. 与数学式子 $\dfrac{3x^n}{2x-1}$ 对应的 C 语言表达式是(　　　)。

    A. 3 * x^n(2 * x−1)　　　　　　　　　B. 3 * x ** n(2 * x−1)

    C. 3 * pow(x,n) * (1/(2 * x−1))　　　D. 3 * pow(n,x)/(2 * x−1)

10. 以下选项中,与 k＝n＋＋完全等价的表达式是(　　　)。

    A. k＝n,n＝n＋1　　　　　　　　　　B. n＝n＋1,k＝n

    C. k＝＋＋n　　　　　　　　　　　　　D. k＋＝n＋1

第4章　顺序结构程序设计

本章重点：C 程序的基本结构；C 语句；数据的输入输出函数 scanf 和 printf。

本章难点：数据的输入输出函数 scanf 和 printf。

前面的章节介绍了一些简单的算法、C 语言的语法，但孤立地学习语法是枯燥无味的，并且即使语法学得再好，也不一定能写出很好的程序来，只有把算法和语法紧密地结合起来，编写成能够运行的程序，由浅入深，步步深入，才可以更好地学会编写程序。

从结构化程序设计的角度来看，程序可以分为三种基本结构，即顺序结构、选择结构和循环结构，这三种基本结构可以组成所有的复杂程序。C 语言提供了多种语句来实现这些程序结构。本章介绍这些基本语句及其在顺序结构中的应用，使读者对 C 程序有一个初步的认识，为后面各章的学习打下基础。

4.1　顺序程序设计举例

【例 4.1】　输入三角形的 3 边长，求三角形面积。

解题思路：

已知三角形的 3 边长 a、b、c，则该三角形的面积公式为

$$area=\sqrt{s(s-a)(s-b)(s-c)}$$

其中，$s=(a+b+c)/2$。

编写程序：

```c
#include<stdio.h>
#include<math.h>
int main()
{
    float a,b,c,s,area;
    printf("输入三角形的三条边:\n");
    scanf("%f%f%f",&a,&b,&c);                //输入3边长
    s=(a+b+c)/2;
    area=sqrt(s*(s-a)*(s-b)*(s-c));
    printf("三角形的面积为: %7.2f\n",area);    //输出面积
    return 0;
}
```

说明：本程序假设两边之和大于第 3 边的条件成立。

运行结果：

```
输入三角形的 3 条边:
3 4 5
三角形的面积为:     6.00
```

【例 4.2】 输入圆的半径和圆柱的高,求圆的底面积、体积和表面积。

解题思路: 已知圆柱体的半径是 r,高是 h,圆的底面积是 πr^2,体积是 $\pi r^2 h$,表面积是 $2\pi r^2 + 2\pi rh$。

编写程序:

```c
# include < stdio. h>
# define PI 3.141592
int main()
{   float r,h,ds,ms,v;
    printf("输入圆柱的半径:");
    scanf("%f",&r);
    printf("输入圆柱的高:");
    scanf("%f",&h);
    ds = PI * r * r;
    ms = 2 * ds + 2 * PI * r * h;
    v = ds * h;
    printf("底面积为%.2f,表面积为%.2f,体积为%.2f\n",ds,ms,v);
    return 0;
}
```

运行结果：

```
输入圆柱的半径:2
输入圆柱的高:2
底面积为 12.57,表面积为 50.27,体积为 25.13
```

【例 4.3】 从键盘输入大写字母,用小写字母输出。

解题思路: 小写字母的 ASCII 码比对应的大写字母要大 32,所以大写字母加上 32 就会转换为对应的小写字母。

编写程序:

```c
# include "stdio. h"
int main()
{   char c1,c2;
    printf("输入大写字母:");
    scanf("%c",&c1);
    printf("你输入的大写字母是: %c\n",c1);
    c2 = c1 + 32;
    printf("转换为小写是:%c\n",c2);
    return 0;
}
```

运行结果：

```
输入大写字母:A
你输入的大写字母是: A
转换为小写是:a
```

4.2 C 语 句

4.2.1 C语句概述

从前面的例子可以看出,一个函数包含声明部分和执行部分,执行部分是由语句组成的。语句的作用是向计算机系统发出操作指令,以完成相应的功能。C程序结构如图 4.1 所示。

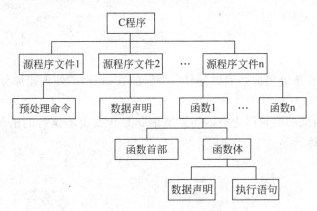

图 4.1 C程序结构

程序的功能是由执行语句实现的。C语句可分为以下 5 类:表达式语句、函数调用语句、控制语句、复合语句和空语句。下面分别介绍。

1. 表达式语句

表达式语句由表达式加上分号";"组成。其一般形式为:

表达式;

例如:

```
x = y + z;                          //赋值语句,y加上z的和赋值给x
y + z;                              //加法运算语句,但计算结果不能保留,无实际意义
i++;                               //自增1语句,i值增1
```

2. 函数调用语句

由函数名、实际参数加上分号";"组成。其一般形式为:

函数名(实际参数);

例如:

```
printf ("ThisisaCprogram! ");
scanf(" % d",&a);
c = max(a,b);
```

3. 控制语句

控制语句用于控制程序的流程,以实现程序的各种结构方式。它们由特定的语句定义

符组成。C 语言有 9 种控制语句,可分成以下 3 类:

(1) 条件判断语句:if 语句、switch 语句;

(2) 循环执行语句:do⋯while 语句、while 语句、for 语句;

(3) 转向语句:break 语句、continue 语句、goto 语句、return 语句。

4. 复合语句

把多个语句用括号"{}"括起来组成的一个语句称复合语句。例如:

```
{x = y + z;
a = b + c;
printf("%d%d",x,a);
}
```

是一条复合语句。

复合语句内的各条语句都必须以分号";"结尾,在括号"}"外不能加分号。

5. 空语句

只有分号";"组成的语句称为空语句。空语句是什么也不执行的语句。在程序中空语句可用来做空循环体。

例如:

```
while(getchar()!= '\n')
;
```

本语句的功能是只要从键盘输入的字符不是回车则重新输入,循环体为空语句。

4.2.2 最基本的语句——赋值语句

C 程序中最常用的是赋值语句和输入输出语句,最基本的是赋值语句。赋值运算符为"=",在赋值表达式的尾部加上一个分号,就构成了赋值语句。赋值语句形式多样,用法灵活。下面先分析一个例子。

【例 4.4】 给 a、b 两个变量赋值,然后输出它们的和。

解题思路:先定义 a、b、c 3 个变量,然后给 a 和 b 赋值,再把它们相加,结果赋给变量 c,再调用库函数输出 c 的值。

编写程序:

```
# include < stdio.h >
int main()
{
    int a,b,c;
    a = 5;                      //把 5 赋值给 a
    b = 6;                      //把 6 赋值给 b
    c = a + b;                  //把 a + b 的值赋给 c
    printf("c = %d\n",c);       //调用库函数输出 c 的值
    return 0;
}
```

运行结果:

```
c = 11
```

使用赋值语句时需要注意以下几点：

（1）在赋值运算符"="的左边只能是变量，可以在赋值运算符"="之前加上其他运算符。

例如：

```
a = 6 + 1;
a += 5;                          //等价于 a = a + 5
a * = y + 2;                     //等价于 a = a * (y + 2)
```

（2）在赋值运算符"="右边的表达式也可以是一个赋值表达式，从而形成嵌套的情形。一般形式为：

变量 = 变量 = … = 表达式；

例如：

```
a = b = c = 5;
```

按照赋值运算符的右结合性（是指从表达式右边开始往左边执行），上述语句实际上等效于

```
c = 5; b = c; a = b;
```

（3）注意在变量说明中给变量赋初值的操作和赋值语句的区别。

给变量赋初值是变量说明的一部分，只能出现在函数的说明部分，赋初值后的变量与其后的其他同类变量之间仍必须用逗号间隔；而赋值语句则必须出现在函数的执行部分，并且一定要用分号结尾。

例如：

```
int main()
{
int x = 3, y = 4, m, n;          //变量赋初值
m = x + y;                       //赋值语句
n = x - y;                       //赋值语句
return 0;
}
```

（4）注意赋值表达式和赋值语句的区别。

赋值表达式是一种表达式，它可以出现在任何允许表达式出现的地方，而赋值语句则不能。

例如，"if((x=y+5)>0) z=x;"语句的功能是：先把 y+5 的结果赋值给变量 x，然后再判断 x 的值是否大于 0，若该值大于 0 则执行语句"z=x;"否则不执行语句"z=x;"。

而语句"if((x=y+5;)>0) z=x;"是非法语句，其中"x=y+5;"本身就是一条语句，不能出现在表达式中，因为 C 语言的语法规定 if 后面的( )中只能是一个表示条件的表达式。

（5）赋值过程中的类型转换。

① 如果赋值运算符两侧的数据类型一致，赋值不会出现问题；如果类型不同，但两侧的数据类型都是算术类型时，系统会自动进行类型转换。

② 将浮点型数据赋给整型变量,会舍掉小数部分(不是四舍五入),例如 i 为整数,执行 i＝3.56 的结果是 i 的值为 3。

③ 将整型数据赋给浮点型变量,整数部分不变,但是会在末尾小数部分加上若干个 0。

④ 双精度型数据赋给单精度型变量,只截取前面 6～7 位有效数字,存储到单精度型变量的 4B 中,造成精度降低,但是要注意不能超过单精度型的存储范围。

⑤ 将单精度型数据赋给双精度型变量,没有任何问题,不会溢出,也不会造成精度降低。

⑥ 将字符类型数据赋给整型变量,把字符的 ASCII 码赋给整型变量。

⑦ 将长整型数据赋给短整型、字符型变量,或者整型数据赋给字符型变量,只将低字节部分赋给该变量,高字节部分会舍掉。例如短整型的数据占用了 2B,如 289 在内存中的存储形式为 0000 0001 0010 0001,如果把它赋给占用 1B 的字符型的变量 c,那么 c 的值为 0010 0001,也就是 33,高字节的部分丢失了。

⑧ 如果有符号数赋给长度相同的无符号变量,例如整型数据赋给无符号整型的变量,那么连符号位也一起传送。

【例 4.5】 有符号整数赋给无符号整型变量。

编写程序：

```
#include<stdio.h>
int main()
{
    unsigned a;
    int b;
    b=-1;
    a=b;
    printf("%u\n",a);
    return 0;
}
```

运行结果：

```
4294967295
```

结果分析：

在 Visual C++ 6.0 环境中,整型占 4B,而 b＝－1 在内存中以二进制形式存放,是 32 个 1,如果当作无符号数,就是 4 294 967 295。

将无符号数赋给相同长度的有符号整型变量,如果整型占用 2B,那么无符号整型表示数的范围是 0～65 535,而整型类型表示数的范围是－32 768～32 767,因此,如果将 32 768～65 535 的数赋给整型类型(2B 整型类型),将会出错。

类型转换比较复杂,在实际编程中只需要掌握每种数据类型表示数据的范围,在编程时能估计数的值的大致范围,使用合适类型的变量存储就可以了。

4.3 数据的输入输出

几乎每个 C 程序都包含输入输出,输入输出是程序中最基本的操作之一。所谓输入输出是以计算机主机为主体而言的,从计算机向输出设备(如显示器、打印机等)输出数据称为输出,从输入设备(如键盘、磁盘、光盘、扫描仪等)向计算机输入数据称为输入。C 语言本身不提供输入输出语句,输入和输出操作是由 C 标准函数库中的函数来实现,在 C 标准函数库中提供了一些输入输出函数,如 printf 函数和 scanf 函数。

在使用输入输出函数时,要在程序文件的开头用预处理指令

```
# include < stdio. h >
```

或

```
# include "stdio. h"
```

下面先举个有关输入输出的例子。

【例 4.6】 求 $ax^2+bx+c=0$ 方程的根。a、b、c 由键盘输入,设 $a \neq 0$ 且 $b^2-4ac>0$。

解题思路:首先要知道求方程式的根的方法。由数学知识已知,如果 $b^2-4ac>0$,则一元二次方程有两个实根:

$$x1=\frac{-b+\sqrt{b^2-4ac}}{2a}, \quad x2=\frac{-b-\sqrt{b^2-4ac}}{2a}$$

若记 $p=\frac{-b}{2a}$,$q=\frac{\sqrt{b^2-4ac}}{2a}$,则 $x1=p+q$,$x2=p-q$。用 scanf 函数输入 a、b、c 的值,用 printf 函数输出两个实根。

编写程序:

```
# include < stdio. h >
# include < math. h >
int main()
{
    double a,b,c,disc,x1,x2,p,q;
    printf("输入方程的 3 个系数: ");
    scanf(" % lf % lf % lf",&a,&b,&c);              //输入双精度型实数 a,b,c
    disc = b * b - 4 * a * c;
    p = - b/(2.0 * a);
    q = sqrt(disc)/(2.0 * a);
    x1 = p + q;
    x2 = p - q;
    printf("x1 = % 7.2lf\nx2 = % 7.2lf\n",x1,x2);     //输出数据占 7 列,其中小数占 2 列
    return 0;
}
```

运行结果:

```
输入方程的 3 个系数: 2 6 3
x1 =    - 0.63
x2 =    - 2.37
```

运行结果说明:

输入 2、6、3 这 3 个数,中间用空格分隔,然后按回车键。

4.3.1 格式输出函数 printf

printf 是向屏幕输出若干个任意类型的数据。它是格式输出函数,使用时必须指定格式。

1. printf 函数的一般形式

printf 函数包含格式控制与输出表列两部分,其一般形式如下。

printf(格式控制,输出表列);

(1) 格式控制是双引号括起来的字符串,它包括两种信息。

① 控制说明,以"%"和格式字符组成,如"%d""%u""%f""%c"等。

② 普通字符,照原样输出字符。

(2) 输出表列是需要输出的一些数据,可以是常量、变量或表达式。例如:

```
printf("%d %d",a,b);
printf("a = %db = %d",a,b);
```

2. 格式字符

格式声明中的一般形式可以表示如下。

%附加字符格式字符

表 4.1、表 4.2 列出了 printf 函数中用到的格式字符和附加字符。

表 4.1 printf 函数中用到的格式字符

字 符	说 明
d,i	以带符号的十进制形式输出整数(正数不输出符号)
o	以八进制无符号形式输出整数(不输出前导符 0)
x,X	以十六进制无符号形式输出整数(不输出前导符 0x)。用 x 则输出十六进制数的 a~f 时以小写形式输出;用 X 时,则以大写字母输出
u	以无符号十进制形式输出整数
c	以字符形式输出,只输出一个字符
s	输出字符串
f,lf	以小数形式输出。用 f 时输出单精度数,隐含输出 6 位小数;用 lf 时输出双精度数
e,E	以指数形式输出实数。用 e 时指数以 e 表示(如 1.2e+2),用 E 时指数以 E 表示(如 1.2E+2)
g,G	选用%f 或%e 格式中输出宽度较短的一种格式,不输出无意义的 0。用 G 时,若以指数形式输出,则指数以大写表示;用 g 时则指数以小写表示

表 4.2 printf 函数中用到的附加字符

字 符	说 明
l	用于长整型数据输出,可加在格式字符 d、f、o、x、u 前面
m(代表一个正整数)	数据最小宽度为 m
n(代表一个正整数)	对实数,表示输出 n 位小数;对字符串,表示截取的字符个数
—	输出数据向左端靠拢

各格式字符的具体信息解释如下。

(1) d 格式符。用来输出一个有符号的十进制整数,它有如下几种用法。

① %d：按十进制整型数据的实际长度输出。

② %md：m 为指定的输出字段的宽度。如果数据的位数小于 m，则左端补以空格；若大于 m，则按实际位数输出。

例如：

```
printf("%4d,%4d",a,b);
```

若 a＝123,d＝12 345,则输出结果为：

```
 123,12345
```

③ %ld：输出长整型数据。

例如：

```
long a = 135790;                              //定义 a 为长整型变量
printf("%ld",a);
```

（2）o 格式符。以八进制整数形式输出。

输出的数值不带符号，符号位也一起作为八进制数的一部分输出。

例如：

```
int a =-1;
printf("%d,%o",a,a);
```

－1 在内存单元中的存放形式（以补码形式存放）如下：

11111111	11111111	11111111	11111111

输出结果为：

```
-1,37777777777
```

其中，上面的 32 个 1 是二进制数，对应的八进制数为 37777777777。八进制整数是不会带负号的。

（3）x 格式符。以十六进制数形式输出整数，同样不会出现负的十六进制数。

例如：

```
int a =-1;
printf("%x,%o,%d",a,a,a);
```

输出结果为：

```
ffffffff,37777777777,-1
```

可以用"%lx"输出长整型数，也可以指定输出字段的宽度。

例如：

```
"%12x"
```

（4）u 格式符。用来输出无符号型数据。

一个有符号整数（int 型）也可以用"%u"格式输出；一个无符号型数据也可以用"%d"

格式输出。无符号型数据也可用"%o"或"%x"格式输出。

（5）c 格式符。用来输出一个字符。

例如：

```
char   d = 'a';
printf("%c",d);
```

运行时输出字符'a'。

一个整数，只要它的值在 0～127 范围内，可以用"%c"使之按字符形式输出，在输出前，系统会将该整数作为 ASCII 码转换成相应的字符；一个字符数据也可以用整数形式输出。

【例 4.7】 字符数据的输出。

编写程序：

```
# include < stdio.h>
int main()
{
    char c = 'a';
    int i = 97;
    printf("%c,%d\n",c,c);
    printf("%c,%d\n",i,i);
    return 0;
}
```

运行结果：

```
a,97
a,97
```

（6）s 格式符。用于输出字符串。有如下几种用法。

① %s。例如：

```
printf("%s","china");
```

输出字符串 china。

② %ms。输出的字符串占 m 列。若串长大于 m,则全部输出；若串长小于 m,则左端补空格。

③ %-ms。若串长小于 m,字符串向左端靠,右端补空格。

（7）f 格式符。用来输出单精度实数(双精度时用 lf 格式符)。有以下几种用法。

① %f。不指定字段宽度,由系统自动指定字段宽度,使整数部分全部输出,并输出 6 位小数。

② %m.nf。指定输出的数据共占 m 列,其中有 n 位小数。如果数值长度小于 m,则左端补空格。

③ %-m.nf。与"%m.nf"基本相同,只是使输出的数值向左端靠,右端补空格。

【例 4.8】 输出实数时的有效位数。

编写程序：

```
# include< stdio.h>
```

```
int main()
{
    float x,y;
    x = 11111.111;
    y = 22222.222;
    printf(" % f\n",x + y);
    return 0;
}
```

运行结果：

```
33333.333984
```

结果分析：

用"%f"输出，不指定输出数据的长度，由系统根据数据的实际情况决定数据所占的列数。系统处理的方法一般是将实数中的整数部分全部输出，小数部分输出 6 位。

(8) e 格式符。以指数形式输出实数。可用以下几种形式。

① %e。不指定输出数据所占的宽度和数字部分的小数位数。

例如：

```
printf(" % e",123.456);
```

输出：

```
1.234560e + 002
```

6 列　5 列

所输出的实数共占 13 列宽度(注：不同系统的规定略有不同，Visual C++ 中，数字部分的小数位为 6 位，指数部分占 5 列)。

② %m. ne 和 %-m. ne。m、n 和"－"字符的含义与前相同。

此处 n 指拟输出的数据的小数部分(又称尾数)的位数。

(9) g 格式符。用来输出浮点数，它根据数值的大小，自动选 f 格式或 e 格式(选择输出时占宽度较小的一种)，且不输出无意义的零。

例如，若 f＝123.468，则执行语句

```
printf(" % f   % e   % g",f,f,f);
```

输出如下：

```
123.468000   1.234680e + 002   123.468
```

10 列　　　13 列　　　10 列

说明：

① 用"%f"格式输出占 10 列；用"%e"格式输出占 13 列；用"%g"格式时，自动从上面两种格式中选择短者(今以%f 格式为短)，故占 10 列，并按%f 格式用小数形式输出，最后 3 个小数位为无意义的 0，不输出，因此输出 123.468，然后右补 3 个空格。"%g"格式用得较少。

② 除了 X，E，G 外，其他格式字符必须用小写。

可以在 printf 函数中的"格式控制"字符串中包含转义字符。

一个格式说明必须以"%"开头,以格式字符之一为结束,中间可以插入附加格式字符。若想输出"%",则应该在格式控制字符串中用连续两个"%"表示。

此外,在使用 printf 函数时还要注意以下两点:

① 格式控制字符串后面表达式的个数一般要与格式控制字符串中的格式控制符的个数相等。

② 表达式的实际数据类型要与格式转换符所表示的类型相符,printf 函数不会进行不同数据类型之间的自动转换。像整型数据不可能自动转换成浮点型数据,浮点型数据也不可能自动转换成整型数据。

4.3.2　格式输入函数 scanf

scanf 函数称为格式输入函数,即按用户指定的格式从键盘上把数据输入到指定的变量之中。

1. scanf 函数的一般形式

scanf 函数的一般形式为:

scanf(格式控制,地址表列)

其中,格式控制字符串的作用与 printf 函数相同。地址表列中给出各变量的地址。

例如:

scanf("%d %d",&a,&b);

&a、&b 分别表示变量 a 和变量 b 的地址。

这个地址就是编译系统在内存中给 a、b 变量分配的地址。在 C 语言中,使用了地址这个概念,这是与其他语言不同的。应该把变量的值和变量的地址这两个不同的概念区别开来。变量的地址是 C 编译系统分配的,用户不必关心具体的地址是多少。

变量的地址和变量值的关系如下。

在赋值表达式中给变量赋值,如:

a = 567

则 a 为变量名,567 是变量的值。

在赋值号左边是变量名,不能写地址,而 scanf 函数在本质上也是给变量赋值,但要求写变量的地址,如 &a。& 是一个取地址运算符,&a 是一个表达式,其功能是求变量的地址。

【例 4.9】　用 scanf 函数输入 3 个整数,再输出。

编写程序:

```c
# include < stdio.h >
int main()
{
    int a,b,c;
    printf("输入 a,b,c:\n");
    scanf("%d%d%d",&a,&b,&c);
    printf("a = %d,b = %d,c = %d\n",a,b,c);
```

```
    return 0;
}
```

运行结果:

```
输入 a,b,c:
4
5
6
a=4,b=5,c=6
```

结果分析:

在本例中,由于 scanf 函数本身不能显示提示串,故先用 printf 语句在屏幕上输出提示,请用户输入 a、b、c 的值。执行 scanf 语句,则屏幕等待用户输入。用户输入 4、5、6 后按下回车键。在 scanf 语句的格式串中由于没有非格式字符在"%d%d%d"之间作输入时的间隔,因此,在输入时要用一个以上的空格或回车键作为每两个输入数之间的间隔。如:

```
4 5 6
```

或

```
4
5
6
```

2. 格式字符串

格式字符串与 printf 函数中的格式声明相似,以%开始,以一个格式字符结束,中间可以插入附加的字符,scanf 函数用到的格式字符和格式附加字符如表 4.3 和表 4.4 所示。

表 4.3　scanf 函数中的格式字符

格 式 字 符	字 符 意 义
d,i	用来输入十进制整数
u	用来输入无符号十进制整数
o	用来输入无符号八进制整数
x,X	用来输入无符号十六进制整数
c	用来输入一个字符
s	用来输入字符串,以非空白字符开始,以第一个空白字符结束
f	用来输入实数,小数、指数都可
E,e,G,g	与 f 作用相同,e 与 f、g 可相互替换(大小写作用相同)

表 4.4　scanf 函数中的格式附加字符

格式附加字符	字 符 意 义
l	用于输入长整型数据(可用%ld,%lo,%lx,%lu)以及双精度型数据(可用%lf 或%le)
h	用于输入短整型数据(可用%hd,%ho,%hx)
域宽	指定输入数据所占宽度(列数),域宽为正整数
*	表示本输入项在读入后不赋给相应的变量

(1)"＊"符：用以表示该输入项,读入后不赋予相应的变量,即跳过该输入值。如：

scanf("％d ％＊d ％d",&a,&b);

当输入为：

1 2 3

时,把1赋予a,2被跳过,3赋予b。

(2)宽度：用十进制整数指定输入的宽度(即字符数)。

例如：

scanf("％5d",&a);

输入：

12345678

只把12345赋予变量a,其余部分被截去。

又如：

scanf("％4d％4d",&a,&b);

输入：

12345678

将把1234赋予a,而把5678赋予b。

(3)长度：长度格式符为l和h。l表示输入长整型数据(如％ld)和双精度浮点数(如％lf),h表示输入短整型数据。

3. 使用scanf函数的注意事项

使用scanf函数还必须注意以下几点：

(1)scanf函数中没有精度控制,如"scanf("％5.2f",&a);"是非法的。不能企图用此语句输入小数为2位的实数。

(2)scanf中要求给出变量地址,如给出变量名则会出错。如"int a; scanf("％d",a);"是非法的,应改为"scanf("％d",&a);"才是合法的。

(3)在输入多个数值数据时,若格式控制串中没有非格式字符作输入数据之间的间隔,则可用空格、Tab或回车作间隔。C编译时,在碰到空格、Tab、回车或非法数据(如对"％d"输入"12A"时,A即为非法数据)时即认为该数据结束。

(4)在输入字符数据时,若格式控制串中无非格式字符,则认为所有输入的字符均为有效字符。

例如：

scanf("％c％c％c",&a,&b,&c);

输入为：

d e f

则把'd'赋予a,空格赋予b, 'e'赋予c。

只有当输入为：

def

时，才能把'd'赋予 a，'e'赋予 b，'f'赋予 c。

如果在格式控制中加入空格作为间隔，如：

scanf("%c %c %c",&a,&b,&c);

则输入时各数据之间可加空格。

【例 4.10】 用 scanf 函数输入两个字符，中间用空格隔开，然后输出。

编写程序：

```
#include<stdio.h>
int main()
{
    char a,b;
    printf("输入任意两个字符 a、b: \n");
    scanf("%c %c",&a,&b);
    printf("a=%c\nb=%c\n",a,b);
    return 0;
}
```

运行结果：

```
输入任意两个字符 a、b:
r y
a=r
b=y
```

结果分析：

由于 scanf 函数"%c %c"中有空格，输入 a、b 时数据用空格间隔，输出显示正常，当然，也可以用回车作为输入数据间隔符。

（5）如果格式控制串中有非格式字符，则在输入数据时在对应位置上应输入与这些字符相同的字符。

例如：

scanf("%d,%d,%d",&a,&b,&c);

其中，用非格式符","作间隔符，故输入时应为：

5,6,7

又如：

scanf("a=%d,b=%d,c=%d",&a,&b,&c);

则输入应为：

a=5,b=6,c=7

若输入：

1 3 2

是不对的,若输入

a = 1 b = 3 c = 2

也是不对的。

（6）如输入的数据与输出的类型不一致时,虽然编译能够通过,但结果将不正确。

【例 4.11】 输入一个数据,以不同的类型输出。

编写程序：

```c
# include < stdio. h >
int main()
{
    int a;
    printf("输入一个数字: \n");
    scanf(" % d",&a);
    printf(" % f\n",a);
    return 0;
}
```

运行结果：

```
输入一个数字:
45
0.000000
```

由于输入数据类型为整型,而输出语句的格式串中说明为实型,因此输出结果和输入数据不符。如改动程序如下:

```c
# include < stdio. h >
int main()
{
    float a;
    printf("输入一个数字: \n");
    scanf(" % f",&a);
    printf(" % f\n",a);
    return 0;
}
```

运行结果：

```
输入一个数字:
56.222
56.222000
```

结果分析：

当输入数据类型与输出类型相对应的时候,输入输出数据相符。

4.3.3 字符输出函数 putchar

putchar 函数是字符输出函数,其功能是从计算机向显示器上输出单个字符。其一般形式为:

putchar(字符常量或字符变量)

例如:

```
putchar('A');                      //输出大写字母 A
putchar(x);                        //输出字符变量 x 的值
putchar('\101');                   //也是输出字符 A,字符 A 的 ASCII 码的八进制数为 101
putchar('\n');                     //换行
```

使用本函数前必须要用文件包含命令: ♯include<stdio.h>或♯include "stdio.h"。

【例 4.12】 输出单个字符。

编写程序:

```
# include<stdio.h>
int main()
{
    char a = 'B',b = 'o',c = 'k';
    putchar(a);                    //输出字符 B
    putchar(b);                    //输出字符 o
    putchar(b);
    putchar(c);                    //输出字符 k
    putchar('\t');
    putchar(a);
    putchar(b);
    putchar('\n');                 //输出一个换行
    putchar(b);
    putchar(c);
    putchar('\n');
    return 0;
}
```

运行结果:

```
Book    Bo
ok
```

4.3.4 字符输入函数 getchar

getchar 函数的功能是向计算机输入一个字符。其一般形式为:

getchar()

该函数通常把输入的字符赋予一个字符变量,构成赋值语句,如:

char c;

顺序结构程序设计

```
c = getchar();
```

【例 4.13】 输入单个字符,然后输出该字符。

编写程序:

```
# include < stdio. h >
int main()
{
    char c;
    printf("输入一个字符: \n");
    c = getchar();
    printf("你输入的字符是: ");
    putchar(c);
    putchar('\n');
    return 0;
}
```

运行结果:

```
输入一个字符:
a
你输入的字符是: a
```

程序分析:

程序中的语句"c＝getchar();"和"putchar(c);"可用下面两行的任意一行代替:

```
putchar(getchar());
printf(" % c",getchar());
```

使用 getchar 函数还应注意两个问题:

(1) getchar 函数只能接受单个字符,输入数字也按字符处理。输入多于一个字符时,只接收第一个字符。

(2) 使用本函数前必须包含文件"stdio. h"。

4.4　本　章　小　结

本章介绍了顺序结构程序设计的方法,从简单的顺序程序设计开始,主要内容包含如下几个方面:

(1) C 程序的结构及 C 语句。C 程序的执行部分是由语句组成的,程序的功能也是由执行语句实现的,C 最基本的语句是赋值语句。

(2) 格式化输入、输出库函数的使用。重点介绍了格式化输出函数 printf 和格式化输入函数 scanf 的功能及使用方法,其中格式控制字符串是重点关注的地方,格式化输入和输出可以按照某种输入输出格式来进行。

(3) 如果输入输出的数据是字符类型,可用输入单个字符函数 getchar 和输出单个字符函数 putchar。

习　题　4

1. 编写程序，读入 3 个整数给 a、b、c，然后交换它们中的数，把 a 中原来的值给 b，把 b 中原来的值给 c，把 c 中原来的值给 a，然后输出 a、b、c。

2. 加密数据，加密规则为：将单词中的每个字母变成其后的第 4 个。请把"class"加密输出。

3. 任意从键盘输入一个 3 位整数，要求正确地分离出它的个位、十位和百位数，并分别在屏幕上输出。

4. 输入任意 3 个整数，求它们的和及平均值。

5. 输入存款金额 money、存期 year 和年利率 rate，采用定期一年，到期本息自动转存方式，根据公式计算存款到期时的本息合计 sum（税前），输出时保留两位小数。sum＝money(1＋rate)^{year}。

6. 输入梯形的上底边长、下底边长和高，求梯形的面积。

7. 编写程序，由一个人的出生时间计算此人某年的年龄。

8. 用编程的形式输出学生入学的姓名、性别、年龄、学号和入学成绩。

9. 输入一个华氏温度，要求输出摄氏温度。

第5章 选择结构程序设计

本章重点：if 语句；if…else 语句；switch 语句。

本章难点：选择结构的嵌套。

选择结构程序设计是结构化程序设计 3 种结构之一，在 C 语言中通过 if 语句和 switch 语句实现。选择结构中的程序代码根据条件的"真"和"假"决定要执行的语句，因此，选择结构中的语句要么被执行了一次，要么不被执行。

5.1 为什么需要选择结构

在前面介绍的顺序结构中，程序中的每条语句是按照各个语句的先后顺序依次执行的，执行完一条语句后再无条件地执行下一条语句，这就是顺序结构。但在现实生活中，有许多问题用顺序结构是无法解决的，需要用到选择结构。也就是说执行完一条语句后不是无条件地执行下一条语句，而是需要进行选择，要选择就需要条件的判断。现实生活中很多问题都需要进行条件的判断。例如：如果前面的交通信号灯是红色，那么要等待，否则可以通行；如果一个整数能被 2 整除，那么可以判断它是偶数，否则它是奇数；如果 a 大于 b，那么输出 a，否则输出 b。

在第一个例子中，是"等待"还是"通行"需要进行条件的判断，这个条件就是"交通信号灯是否是红色"；在第二个例子中，这个数是"偶数"还是"奇数"需要进行条件的判断，这个条件就是"能否被 2 整除"；第三个例子中，到底是输出 a 还是 b 需要进行条件的判断，这个条件就是"a 是否大于 b"。

条件的判断的结果是一个逻辑值，要么"是"，要么"否"。条件"交通信号灯是否是红色"，判断的结果只有两个，要么是红灯，要么不是红灯；条件"能否被 2 整除"，判断的结果也只有两个，要么能，要么不能；条件"a 是否大于 b"，判断的结果同样也只有两个，要么"是"，要么"否"。当然，有些时候，也用"真"和"假"来表示条件判断的结果：当条件成立时，表示为"真"；条件不成立时，表示为"假"。

无论是在现实生活中，还是在科学计算、工程管理等领域中都经常要进行条件的判断。所以在程序中需要用选择结构来判断某个条件是否满足，然后再根据条件判断的结构来决定要进行的操作。要进一步地深入学习选择结构，首先要先学习在 C 语言中如何进行条件的判断。

5.2 用 if 语句实现选择结构

5.2.1 单分支 if 语句

单分支 if 语句的形式为：

if（表达式）
语句

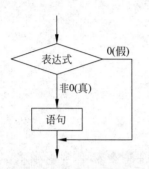

图 5.1　单分支 if 语句的控制流程图

单分支 if 语句首先判断表达式的值。如果表达式的值为真，则执行后面的语句；如果表达式的值为假，则不执行后面的语句。这里的语句可以是一条简单的语句，也可以是一条复合语句。单分支 if 语句的控制流程图如图 5.1 所示。

【例 5.1】　输入一个整数，判断这个数是否是偶数。

解题思路：

首先定义一个内存变量 x 存储整数，然后使用表达式（x％2＝＝0）判断是否是偶数。

编写程序：

```
#include <stdio.h>
int main()
{
    int x;
    scanf("%d",&x);
    if(x%2==0)
        printf("%d是一个偶数。\n",x);
}
```

运行结果：

```
18
18是一个偶数。
```

5.2.2 双分支 if 语句

双分支 if 语句的形式为：

if（表达式）
语句 1
else
语句 2

双分支 if 语句首先判断表达式的值。如果表达式的值为真，则执行语句 1；如果表达式的值为假，则执行语句 2。双分支 if 语句的控制流程图如图 5.2 所示。

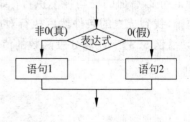

图 5.2　双分支 if 语句的控制流程图

【例 5.2】 输入一个整数,判断这个数是奇数还是偶数。

解题思路:

首先定义一个内存变量 x 存储整数,然后使用表达式(x%2==0)判断是奇数还是偶数。如果表达式的值为 1,则这个数是偶数,否则这个数就是奇数。

编写程序:

```
# include < stdio.h >
int main()
{
    int x;
    scanf(" % d",&x);
    if(x % 2 == 0)
        printf(" % d 是一个偶数。\n",x);
    else
        printf(" % d 是一个奇数。\n",x);
}
```

运行结果:

```
5
5 是一个奇数。
```

5.2.3 多分支 if 语句

多分支 if 语句的形式为:

```
if (表达式 1)
语句 1
else
    if (表达式 2)
    语句 2
    else
    if (表达式 3)
    语句 3
    …
        else
        if (表达式 n)
        语句 n
```

多分支 if 语句首先判断表达式 1 的值。如果表达式的值为真,则执行语句 1,后面的语句再不执行;如果表达式的值为假,则再判断表达式 2 的值。如果表达式 2 的值为真,则执行语句 2,后面的语句再不执行;如果表达式 2 的值为假,则继续判断表达式 3 的值。以此类推,找到成立的条件然后执行对应的语句。多分支 if 语句的控制流程图如图 5.3 所示。

【例 5.3】 计算分段函数的值。

$$y = \begin{cases} 2*x & x \leqslant -10 \\ 2/x & -10 < x < 0 \\ 2+x & 0 \leqslant x \leqslant 10 \\ 2-x & x > 10 \end{cases}$$

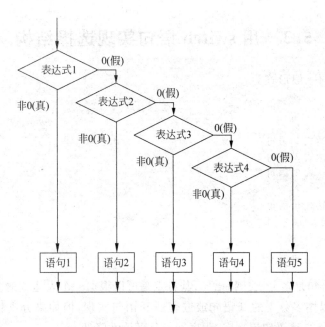

图 5.3 多分支 if 语句的控制流程图

解题思路：

首先定义一个内存变量 x，输入 x 的值后判断 x 的范围，然后根据分段函数计算函数值。

编写程序：

```
# include < stdio.h >
int main()
{
    float x,y;
    printf("请输入 x 的值: ");
    scanf(" % f",&x);
    if(x < = - 10)
        y = 2 * x;
    else
        if(x > - 10&&x < 0)
            y = 2/x;
        else
            if(x > 0&&x < = 10)
                y = 2 + x;
            else
                if(x > 10)
                    y = 2 - x;
    printf("y = % f\n",y);
}
```

运行结果：

请输入 x 的值: 8
y = 10.000000

5.3   用 switch 语句实现选择结构

switch 语句的一般形式为：

```
switch(表达式)
{
  case 常量表达式 1:语句 1
  case 常量表达式 2:语句 2
  case 常量表达式 3:语句 3
  …
  case 常量表达式 n:语句 n
  default:语句 n+1
}
```

说明：

（1）switch 语句是多分支选择语句，其特点是可以根据一个表达式的多种值，选择多个分支。虽然也可以用多分支的 if 语句或嵌套的 if 语句实现，但如果分支较多，则会导致多分支 if 语句和嵌套的 if 语句层次多，程序冗长且可读性降低。

（2）switch 后面的表达式的值可以是整型、字符型、枚举型等。常量表达式的值必须互不相同，当表达式的值与某一个 case 后面的常量表达式的值相同时，就执行该 case 后面的语句。如果没有任何一个 case 后面的常量表达式的值与其相匹配时，则执行 default 后面的语句。

（3）在执行 switch 语句时，根据表达式的值找到入口，也即对应的 case，执行完成对应的语句后，程序继续执行下一个 case，而不再继续判断。

（4）执行完一个 case 以后，如果要终止 switch 语句的执行，可以用 break 语句来实现。

break 语句的一般形式为：

```
break;
```

【例 5.4】   输入考试成绩（百分制）打印出其对应的等级，等级划分如下：小于 60：不及格；大于等于 60，且小于 70：及格；大于等于 70，且小于 80：中等；大于等于 80，且小于 90：良好；大于等于 90，且小于等于 100：优秀。

解题思路：

首先要设计好 switch 后面的表达式，因为考试成绩为 0～100 的实数，如果把每一个值都用一个 case 列出来，那是不可能实现的。所以可以把 0～100 的实数划分成 0～60、60～70、70～80、80～90、90～100、100 进行处理。

编写程序：

```
#include <stdio.h>
int main()
{
    float score;
    printf("请输入学生成绩：");
    scanf("%f",&score);
    if(score<0||score>100)
```

```
            printf("输入有误!\n");
        else
        switch((int)(score/10))
        {
            case 10:
            case 9:printf("优秀\n");break;
            case 8:printf("良好\n");break;
            case 7:printf("中等\n");break;
            case 6:printf("及格\n");break;
            case 5:
            case 4:
            case 3:
            case 2:
            case 1:
            case 0:printf("不及格\n");break;
            default:printf("输入有误!\n");
        }
}
```

运行结果：

请输入学生成绩：78
中等

5.4　选择结构的嵌套

选择结构中又包含一个或多个选择结构，称为选择结构的嵌套。一般形式为：

```
if(表达式 1)
    if(表达式 2)   语句 1
    else   语句 2
else
    if(表达式 3)   语句 3
    else   语句 4
```

有时可能不是 if(表达式 1)和 else 后同时又有 if 语句结构，可能只在 if(表达式 1)或 else 后才有 if 语句结构，这种情况仍然是选择结构的嵌套。甚至有时 if(表达式 1)后面的 if(表达式 2)中又还有选择结构。

【例 5.5】　输入 3 个整数 a,b,c,输出 3 个整数中最大的数。

解题思路：

要找出 3 个数中最大的数，首先要找出 a 和 b 两个数中的较大的数，然后再把前面两个数中较大的数跟第 3 个数比较，从而找出最大的数。

编写程序：

```
# include < stdio. h>
int main()
{
    int a,b,c;
    printf("请输入 3 个整数：");
```

```
scanf("%d,%d,%d",&a,&b,&c);
if(a<b)
    if(b<c)
        printf("3 个整数中的最大数是：%d\n",c);
    else
        printf("3 个整数中的最大数是：%d\n",b);
else
    if(a<c)
        printf("3 个整数中的最大数是：%d\n",c);
    else
        printf("3 个整数中的最大数是：%d\n",a);
}
```

运行结果：

请输入 3 个整数：89,45,120
3 个整数中的最大数是：120

5.5　选择结构程序设计综合举例

【例 5.6】 输入一个年份，判断这个年份是否是闰年。

解题思路：

定义一个内存变量 year 存储年份，根据前面介绍的判断闰年的条件（year%4==0&&year%100!=0)||(year%400==0)，使用 if 语句实现。

编写程序：

```
#include<stdio.h>
int main()
{
    int year;
    printf("请输入一个年份：");
    scanf("%d",&year);
    if((year%4==0&&year%100!=0)||(year%400==0))
        printf("%d 是闰年。\n",year);
    else
        printf("%d 不是闰年。\n",year);
}
```

运行结果：

请输入一个年份：1992
1992 是闰年。

【例 5.7】 求一元二次方程 $ax^2+bx+c=0$ 的根。

解题思路：

求一元二次方程的根，首先要保证二次项系数 a 不等于 0，然后再判断 b^2-4ac 的值。如果 b^2-4ac 的值大于或等于 0，则一元二次方程有实根；如果 b^2-4ac 的值小于 0，则一元二次方程有两个共轭复数根。

编写程序：

```c
#include <stdio.h>
#include <math.h>
int main()
{
    float a,b,c,x1,x2,rp,ip;
    printf("请输入一元二次方程的二次项系数、一次项系数和常数项：");
    scanf("%f,%f,%f",&a,&b,&c);
    if(a==0)
        printf("不是一元二次方程!\n");
    else
        if (b*b-4*a*c>0)
        {
            x1=(-b+sqrt(b*b-4*a*c))/(2*a);
            x2=(-b-sqrt(b*b-4*a*c))/(2*a);
            printf("方程有两个实根：%8.4f,%8.4f\n",x1,x2);
        }
        else
            if (b*b-4*a*c==0)
                printf("方程有两个相等的实根：%8.4f\n",-b/(2*a));
            else
            {
                rp=-b/(2*a);
                ip=sqrt(-(b*b-4*a*c))/(2*a);
                printf("方程有两个复数根：\n");
                printf("%8.4f+%8.4fi\n",rp,ip);
                printf("%8.4f-%8.4fi\n",rp,ip);
            }
}
```

运行结果：

请输入一元二次方程的二次项系数、一次项系数和常数项：2,8,1
方程有两个实根：-0.1292,-3.8708

【例 5.8】 输入 3 个数，然后按照由大到小的顺序输出这 3 个数。

解题思路：

这是一种最简单的排序问题。定义 3 个内存变量 a,b,c,要进行排序,首先对 a 和 b 进行比较,如果 a<b,则内存变量 a 和 b 的值要进行交换,然后再对 a 和 c 进行比较,如果 a<c,则内存变量 a 和 c 的值要进行交换,最后再对 b 和 c 进行比较,如果 b<c,则内存变量 b 和 c 的值要进行交换。通过这样的比较后,内存变量 a 存储的是最大值,b 存储的是较大值,c 存储的是最小值。依次输出就是按由大到小的顺序输出。

编写程序：

```c
#include <stdio.h>
int main()
```

选择结构程序设计

```
{
    float a,b,c,t;
    printf("请输入 3 个数:");
    scanf("%f,%f,%f",&a,&b,&c);
    if(a<b)
      {t=a;a=b;b=t;}
    if(a<c)
      {t=a;a=c;c=t;}
    if(b<c)
      {t=b;b=c;c=t;}
    printf("%6.2f,%6.2f,%6.2f\n",a,b,c);
}
```

运行结果:

```
请输入 3 个数: 8,2,9
9.00,8.00,2.00
```

5.6　本 章 小 结

本章介绍了选择结构程序设计的有关知识,具体包括如下几方面。

(1) 一般用 if 语句实现选择结构,用 switch 语句实现多支结构。else 总是与 if 配对出现,并且总是和它前面最近的未配对的 if 相配对。写程序时,同一个层次的 if 和 else 写在同一个列上,这样 if 和 else 的层次就能很清晰地表现出来。

(2) switch 语句中,"case 常量表达式"相当于是程序的入口。执行完对应的"case 常量表达式"后继续执行下一个"case 常量表达式",除非出现 break 语句。

习　题　5

1. 已知邮件的邮费计算标准如下：当邮件重量小于 200g 时,邮费为 0.05 元/g；当邮件重量超过 200g 时,超过部分 0.03 元/g。请编程实现邮件的计费程序。

2. 通过键盘输入一个字符,判断该字符是数字字符、大写字母、小写字母、空格,还是其他字符。

3. 编写程序实现输入三角形的 3 条边,判别它们能否形成三角形,若能,则判断是等边、等腰,还是一般三角形。

4. 编程计算分段函数

$$y=\begin{cases} e^{-x} & x>0 \\ 1 & x=0 \\ -e^{x} & x<0 \end{cases}$$

输入 x,打印出 y 值。

5. 输入一个年份和月份,打印出该月有多少天(考虑闰年),用 switch 语句编程。

第 6 章　循环结构程序设计

本章重点：while 语句；do…while 语句；for 语句。

本章难点：循环结构的嵌套；break 语句和 continue 语句。

循环结构程序设计是结构化程序设计 3 种结构之一，在 C 语言中通过 while 语句、do…while 语句和 for 语句实现。循环结构中的程序代码根据条件的真和假决定是否要继续执行，因此循环结构中的语句要么被执行了 n 次，要么不被执行。

6.1　为什么需要循环结构

在顺序结构程序中，程序中的每条语句都被执行了一次，而在选择结构程序中，程序中的每条语句最多被执行一次，有些语句甚至没有被执行。在现实生活中，有些时候程序中的某一条语句需要被执行 n 次。例如求全班同学的平均成绩。首先要把每个同学的成绩加起来，然后再除以全班的总人数。把每个同学的成绩加起来，这个加运算就要被执行 n 次，n 的大小由全班人数确定。要执行的 n 次加运算就要用到循环结构。

循环结构就是用来处理需要重复处理的问题的程序设计结构。循环有两种：一种是无终止的循环；另一种是有终止的循环。无终止的循环就像地球绕着太阳转，日复一日，年复一年，周而复始，永不终止。有终止的循环达到一定的条件就结束循环。如求全班同学的平均成绩，如果全班人数为 50 人，那么循环执行 49 次加运算后，循环就终止。计算机程序的循环一般都是有终止的循环，所以在设计循环结构时，一定要保证算法的有效性、确定性和有穷性。

一个正确的循环结构包括两部分：循环体和循环结束的条件。循环体指需要重复执行的操作语句，循环结束的条件指在什么情况下终止循环。

循环结构是结构化程序设计的基本结构之一，它和顺序结构、选择结构一起共同构造出各种复杂的程序，解决各种复杂的实际问题。C 语言中提供了 while 语句、do…while 语句和 for 语句实现循环结构。

6.2　用 while 语句实现循环结构

while 语句通过循环控制的条件语句来控制循环，其一般形式为：

```
while(条件表达式)
    循环体
```

其中，循环体如果由两条语句或两条语句以上构成时，应当用花括号括起来，形成复合语句。

在执行 while 语句时,先对 while 语句后面的条件表达式进行条件判断。如果条件成立,即其值为真(非 0),则执行循环体语句;如果条件不成立,即其值为假(0),则不执行循环体语句。每执行完一次循环体语句后都要对条件表达式进行一次判断。如果条件表达式仍然成立,则继续执行循环体语句;否则退出循环。其流程图如图 6.1 所示。

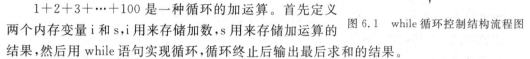

【例 6.1】 用 while 语句求 S＝1＋2＋3＋…＋100。

解题思路:

1＋2＋3＋…＋100 是一种循环的加运算。首先定义两个内存变量 i 和 s,i 用来存储加数,s 用来存储加运算的结果,然后用 while 语句实现循环,循环终止后输出最后求和的结果。

图 6.1　while 循环控制结构流程图

编写程序:

```
＃include <stdio.h>
int main()
{
    int i = 1, s = 0;
    while(i <= 100)
    {
        s = s + i;
        i = i + 1;
    }
    printf("%d\n", s);
return 0;
}
```

运行结果:

```
5050
```

6.3　用 do…while 语句实现循环结构

do…while 语句的一般形式为:

```
do
    循环体
While(条件表达式);
```

当程序执行到 do 后,首先执行循环体一次,然后才对条件表达式进行判断。如果条件成立,即其值为真(非 0),则继续执行循环体语句;如果条件不成立,即其值为假(0),则不再执行循环体语句,其流程图如图 6.2 所示。

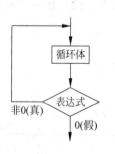

图 6.2　do…while 循环控制结构流程图

跟 while 语句比较,do…while 语句的特点是先执行一次循环体后再判断条件表达式,循环体至少被执行一次,而

while 语句是先判断条件表达式,循环体有可能一次都不被执行。对于同一问题可以用 while 语句实现,也可以用 do…while 语句实现,两者可以互相转换。

【例 6.2】 用 do…while 语句求 S=2+4+6+…+100。

解题思路:

2+4+6+…+100 也是一种循环的加运算,但跟例 6.1 不同,它是偶数相加。首先定义两个内存变量 i 和 s,i 用来存储加数,s 用来存储加运算的结果,然后用 do…while 语句实现循环,循环终止后输出最后求和的结果。

编写程序:

```c
#include <stdio.h>
int main()
{
    int i = 2, s = 0;
    do
    {
        s = s + i;
        i = i + 2;
    }while(i <= 100);
    printf("%d\n", s);
return 0;
}
```

运行结果:

```
2550
```

6.4 用 for 语句实现循环结构

for 语句的一般形式为:

for(表达式 1; 表达式 2; 表达式 3)
  循环体

在 for 语句的括号中有 3 个表达式,它们的作用是控制循环。表达式 1 为初始化表达式,用来设置循环变量的初始值;表达式 2 为条件表达式,用来控制循环;表达式 3 为修正表达式,用来修改循环变量的值,其流程图如图 6.3 所示。

【例 6.3】 用 for 语句求 S=5+10+15+…+100。

解题思路:

5+10+15+…+100 也是一种循环的加运算,但跟例 6.1、例 6.2 不同,它是 5 的倍数相加。首先定义两个内存变量 i 和 s,i 用来存储加数,s 用来存储加运算的结果,然后用 for 语句实现循环,循环终止后输出最后求和的结果。

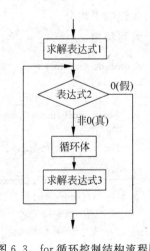

图 6.3 for 循环控制结构流程图

编写程序：

```c
#include<stdio.h>
int main()
{
    int i,s = 0;
    for(i = 5;i <= 100;i = i + 5)
        s = s + i;
    printf("%d\n",s);
return 0;
}
```

运行结果：

```
1050
```

6.5 break 语句和 continue 语句

6.5.1 用 break 语句提前退出循环

在执行各种循环结构时,一般情况下如果循环条件成立,就应该继续执行循环体,直到循环条件不成立为止。但是在有些情况下需要提前退出循环,这时就需要用到 break 语句。

在循环结构中,如果出现 break 语句,则结束循环,继续往后执行。break 语句一般只用于循环结构或 switch 语句中。

【例 6.4】 编写程序,统计某个班级某门课程的平均分。

解题思路：

全班学生成绩的总和除以学生总人数就可以求出班级的平均分,但是现在不知道学生的总人数,并且各个班级的学生人数也不一样,所以无法控制循环的次数。这个时候可以设计一种方法告诉计算机班级的人数:输入一个负数时表示班级的学生成绩已经输入完毕(成绩不可能为负数)。当程序判断输入的是一个负数时就提前退出循环,计算出该班级的某门课程的平均分。

编写程序：

```c
#include<stdio.h>
int main()
{
    float score,sum = 0,average;
    int i,n;
    for(i = 1;i <= 50;i++)                    /*假设班级人数最多不会超过 50 人*/
    {
        scanf("%f",&score);
        if(score < 0)
            break;
        sum = sum + score;
    }
```

```
        n = i - 1;
        average = sum/n;
        printf(" % f\n",average);
    return 0;
    }
```

运行结果：

6.5.2 用 continue 语句提前结束本次循环

continue 语句的功能是使本次循环提前结束，即不执行循环体中 continue 语句后面的语句，而是继续进行循环结构中的条件判断，根据条件判断的结果决定是否继续循环。continue 语句和 break 语句的区别在于 continue 语句提前结束本次循环后还要继续判断循环条件以决定是否继续循环，而 break 语句是直接退出循环，不再进行循环条件的判断。

continue 的一般形式为：

continue;

【例 6.5】 编写程序，统计某个班级某门课程及格同学的平均分。

解题思路：

及格学生成绩的总和除以及格学生人数就可以求出及格同学的平均分，但是现在不知道学生的总人数，也不知道及格的学生人数，所以也无法控制循环的次数。按照例 6.4 一样，输入一个负数时表示班级的学生成绩已经输入完毕（成绩不可能为负数）。当程序判断输入的是一个负数时就提前退出循环，计算出该班级的某门课程及格同学的平均分。

编写程序：

```
# include < stdio. h >
int main()
{
    float score,sum = 0,average;
    int i,n = 0;
    for(i = 1;i < = 50;i++)            /* 假设班级人数最多不会超过 50 人 */
    {
        scanf(" % f",&score);
        if(score < 0)
            break;
        if(score < 60)
            continue;
        sum = sum + score;
        n = n + 1;
```

循环结构程序设计

```
        }
    if(n == 0)
        printf("全班没有一个同学及格!\n");
    else
    {
        average = sum/n;
        printf(" % f\n",average);
    }
    return 0;
}
```

运行结果：

```
85      (输入一个学生的成绩)
78
93
54
76
32
-1      (输入-1表示本班的成绩已经输入完毕)
83.00   (输出的及格学生的平均分)
```

6.6 循环的嵌套

在一个循环体内又有一个循环结构,称为循环的嵌套。如果内循环结构里又有循环结构,称为多重循环。在 C 语言中,while 语句、do…while 语句、for 语句可以互相嵌套,形成各种各样的循环的嵌套。

【例6.6】 我国古代的《张丘建算经》中有这样一道著名的百鸡问题："鸡翁一,值钱五;鸡母一,值钱三;鸡雏三,值钱一。百钱买百鸡,问鸡翁、母、雏各几何?"其意为：公鸡每只5 元,母鸡每只 3 元,小鸡 3 只 1 元。用 100 元买 100 只鸡,问公鸡、母鸡和小鸡各能买多少只?

解题思路：

假设公鸡 x 只,母鸡 y 只,那么小鸡应该为 $100-x-y$ 只。根据这个假设可以列出 $5*x+3*y+(100-x-y)/3=100$,这个式子经过处理可以得到 $15*x+9*y+(100-x-y)=300$,求解这个式子可以通过一个二重循环解决。

编写程序：

```
# include < stdio. h>
int main()
{ int x,y;
  for(x = 1;x <= 100;x++)
    for(y = 1;y <= 100;y++)
        if(15 * x + 9 * y + (100 - x - y) == 300)
            printf(" % d, % d, % d\n",x,y,100 - x - y);
  return 0;
}
```

运行结果：

```
4,18,78
8,11,81
12,4,84
```

【例6.7】 编写程序，输出如下所示的九九乘法表。

```
1 * 1 = 1
2 * 1 = 2 2 * 2 = 4
3 * 1 = 3 3 * 2 = 6 3 * 3 = 9
4 * 1 = 4 4 * 2 = 8 4 * 3 = 12 4 * 4 = 16
5 * 1 = 5 5 * 2 = 10 5 * 3 = 15 5 * 4 = 20 5 * 5 = 25
6 * 1 = 6 6 * 2 = 12 6 * 3 = 18 6 * 4 = 24 6 * 5 = 30 6 * 6 = 36
7 * 1 = 7 7 * 2 = 14 7 * 3 = 21 7 * 4 = 28 7 * 5 = 35 7 * 6 = 42 7 * 7 = 49
8 * 1 = 8 8 * 2 = 16 8 * 3 = 24 8 * 4 = 32 8 * 5 = 40 8 * 6 = 48 8 * 7 = 56 8 * 8 = 64
9 * 1 = 9 9 * 2 = 18 9 * 3 = 27 9 * 4 = 36 9 * 5 = 45 9 * 6 = 54 9 * 7 = 63 9 * 8 = 72 9 * 9 = 81
```

解题思路：

要输出如上所示的九九乘法表，需要首先定义两个内存变量 i 和 j，i 用来表示所在的行，共 9 行，所以 i 应该从 1 到 9 循环，而 j 用来表示所在的列，由于每一行的列数不一样，所以 j 应该从 1 到 i 循环。利用循环的嵌套解决这个问题。

编写程序：

```c
# include < stdio. h >
int main()
{
    int i,j;
    for(i = 1;i < = 9;i++)
    {
        for(j = 1;j < = i;j++)
            printf(" % d * % d = % d ",i,j,i * j);
        printf("\n");
    }
return 0;
}
```

运行结果：

```
1 * 1 = 1
2 * 1 = 2 2 * 2 = 4
3 * 1 = 3 3 * 2 = 6 3 * 3 = 9
4 * 1 = 4 4 * 2 = 8 4 * 3 = 12 4 * 4 = 16
5 * 1 = 5 5 * 2 = 10 5 * 3 = 15 5 * 4 = 20 5 * 5 = 25
6 * 1 = 6 6 * 2 = 12 6 * 3 = 18 6 * 4 = 24 6 * 5 = 30 6 * 6 = 36
7 * 1 = 7 7 * 2 = 14 7 * 3 = 21 7 * 4 = 28 7 * 5 = 35 7 * 6 = 42 7 * 7 = 49
8 * 1 = 8 8 * 2 = 16 8 * 3 = 24 8 * 4 = 32 8 * 5 = 40 8 * 6 = 48 8 * 7 = 56 8 * 8 = 64
9 * 1 = 9 9 * 2 = 18 9 * 3 = 27 9 * 4 = 36 9 * 5 = 45 9 * 6 = 54 9 * 7 = 63 9 * 8 = 72 9 * 9 = 81
```

循环结构程序设计

6.7 循环结构程序设计综合举例

循环结构是结构化程序设计 3 种结构中较为复杂的一种结构,下面结合实例进一步理解循环结构。

【例 6.8】 输入一个大于或等于 2 的正整数 m,编写程序判断它是否是素数。

解题思路:

素数又称质数,有无限个,定义为在大于 1 的自然数中,除了 1 和它本身以外不再有其他因数的数,即只能被 1 和它本身整除的数。要判断一个数 m 是否是素数,只要判断 2～m−1 之间有没有任何一个整数能被 m 整数,如果有即可判断 m 不是素数,如果没有即可判断 m 是一个素数。

编写程序:

```c
# include < stdio. h >
int main()
{
    int m,i,k;
    printf("请输入一个大于或等于 2 的正整数: ");
    scanf(" % d",&m);
    for(i = 2;i < = m − 1;i++)
        if (m % i = = 0)
            break;
    if(i = = m)
        printf(" % d 是一个素数。\n",m);
    else
        printf(" % d 不是一个素数。\n",m);
    return 0;
}
```

运行结果:

```
请输入一个大于或等于 2 的正整数: 29
29 是一个素数。
```

素数的求解还可以简化,详见本章后习题第 3 题。

【例 6.9】 编写程序,输出 100 以内的所有素数。

解题思路:

根据例 6.8 判断一个数是否是素数的程序,现在要输出 100 以内的所有素数,那么可以认为 m 是从 2 到 100 逐个判断。判断某个数是否是素数时要从 2 到 m−1 循环,而 m 又要从 2 到 100 循环,所以需要用到循环的嵌套。

编写程序:

```c
# include < stdio. h >
int main()
{   int m,k,i,n = 0;
    for(m = 2;m < = 100;m++)
```

```
{    for(i = 2;i <= m - 1;i++)
          if(m % i == 0)
               break;
     if(i == m)
          printf(" % d ",m);
}
printf("\n");
return 0;
}
```

运行结果：

2 3 5 7 11 13 17 19 23 29 31 37 41 43 47 53 59 61 67 71 73 79 83 89 97

【例 6.10】 编写程序，输出所有的"水仙花数"。所谓"水仙花数"是指一个 3 位数，其各位数字的立方和等于该数本身。例如，371 是一个水仙花数，因为 $371 = 3^3 + 7^3 + 1^3$。

解题思路：

"水仙花数"一定是一个 3 位数，但三位数的数不一定是"水仙花数"，所以可以从 100～999 进行循环，逐个数进行判断。如果某个 3 位数的百位数的立方、十位数的立方、个位数的立方的和等于其本身，则输出这个数。

编写程序：

```
# include < stdio. h >
# include < math. h >
int main()
{
     int i,j,k,n;
     for(n = 100;n < 1000;n++)
     {
          i = n/100;
          j = (n - i * 100)/10;
          k = n - i * 100 - j * 10;
          if(n == pow(i,3) + pow(j,3) + pow(k,3))
               printf(" % d ",n);
     }
     printf("\n");
return 0;
}
```

运行结果：

153 370 371 407

【例 6.11】 编写程序，对英文电文进行加密。加密规律为：将字母 a 变成字母 e，A 变成 E，即变成其后的第 4 个字母，最后的 4 个字母 w、x、y、z 分别变为 a、b、c、d，W、X、Y、Z 分别变成 A、B、C、D，其他字符不变。

解题思路：

根据图 6.4 所示可知，从字母 A～V 或 a～v，只需要将字母加 4 就可以了。但字母

循环结构程序设计

W～Z 或 w～z 就不能简单将字母加 4 了,因为这样的结果将在密文中出现非 26 个大小写字母的其他字符。为了实现最后的 4 个字母 w、x、y、z 分别变为 a、b、c、d,W、X、Y、Z 分别变成 A、B、C、D 的目的,应该将加 4 后的字符再减去 26。

……ABCDEFGHGHIJKLMNOPQRSTUVWXYZ……abcdefghijklmnopqrstuvwxyz……

图 6.4　26 个大小写字母在 ASCII 码表中的相对位置

编写程序:

```
# include < stdio.h >
int main()
{
    char c;
    while((c = getchar())!= '\n')
    {
        if((c >= 'a' && c <= 'z')||(c >= 'A' && c <= 'Z'))
        {
            c = c + 4;
            if(c >'Z' && c <= 'Z' + 4 || c >'z')
                c = c - 26;
        }
        printf(" % c",c);
    }
    printf("\n");
    return 0;
}
```

运行结果:

```
American   (输入明文)
Eqivmger   (输出密文)
```

【例 6.12】　两个乒乓球队进行比赛,每队各出 3 人,甲队为 A、B、C 3 人,乙队为 X、Y、Z 3 人。已抽签决定比赛名单。有人向队员打听比赛的名单,A 说他不和 X 比赛,C 说他不和 X、Z 比赛,请编写程序找出 3 对选手的对阵名单。

解题思路:

假设对阵名单如图 6.5 所示,A 的对手为 i,B 的对手为 j,C 的对手为 k,从理论上而言,i,j,k 可以是 X,Y,Z 中的任何一个对手,但 X,Y,Z 中的任何一个对手都不可能同时跟同一个对手比赛,所以"i!=j,i!=k && j!=k",另外,"A 说他不和 X 比赛",所以"i!='X'";"C 说他不和 X、Z 比赛",所以"k!= 'X' && k!= 'Z'"。整个程序通过使用三重循环解决问题。

A→i
B→j
C→k

图 6.5　对阵名单

编写程序:

```
# include < stdio.h >
int main()
{
    char i,j,k;
    for(i = 'X';i <= 'Z';i++)
```

```
        for(j = 'X';j <= 'Z';j++)
            if(i!= j)
                for(k = 'X';k <= 'Z';k++)
                    if(i!= k && j!= k)
                        if(i!= 'X' && k!= 'X' && k!= 'Z')
                            printf("A - % c\nB - % c\nC - % c\n",i,j,k);
return 0;
}
```

运行结果：

```
A - Z
B - X
C - Y
```

6.8 本 章 小 结

本章介绍了循环结构程序设计的有关知识,具体包括如下几方面。

(1) 一般情况下,都希望循环能在一定的时间内终止。要构成一个有效的循环必须满足两个条件：循环体；循环终止的条件。

(2) 实现循环有 3 种语句：while 语句、do…while 语句和 for 语句。三者可以互相代替和转换,其中以 for 循环语句使用得最广泛和灵活。

(3) 循环体如果由两条语句或两条语句以上构成时,应当用花括号括起来,形成复合语句。

(4) break 语句和 continue 语句的区别：break 语句是结束整个循环,不再继续循环,而 continue 语句是结束本次循环,然后继续判断循环的条件,决定是否继续执行下一次的循环。

(5) 循环的嵌套是指一个循环体中又包含另一个完整的循环结构。3 种循环语句(while 语句、do…while 语句和 for 语句)可以互相嵌套。

习 题 6

1. 编程计算 S＝1＋2＋3＋4＋…＋n 的值。

2. 编程计算 S＝1!＋2!＋3!＋4!＋…＋10!的值。

3. 判断一个数 m 是否是素数有一种更高效的方法,即不用判断 2～m－1 这个范围内是否有一个数能被 m 整除,而是判断 2～$\sqrt{m}$ 这个范围内是否有一个数能被 m 整除,减少循环的次数。按照这个方法,改写例 6.8 的程序。

4. 输入一行字符,分别统计出其中英文字母、空格、数字和其他字符的个数。

5. 编写猴子吃桃问题的程序。猴子第一天摘下若干个桃子,当即吃了一半,还不过瘾,又多吃了一个。第二天早上又将剩下的桃子吃掉一半,又多吃了一个。以后每天早上都吃了前一天剩下的一半零一个。到第 10 天早上想再吃时,就只剩一个桃子了。求第一天共摘多少个桃子。

循环结构程序设计

第7章　　　　　数　　　组

　　本章重点：掌握一维数组、二维数组和字符数组的定义和引用方法；掌握字符数组的输入输出；熟悉各种字符串处理函数，包括字符串的输入输出函数、连接函数、复制函数、比较函数和测试字符串的长度函数等。

　　本章难点：掌握一维数组的有关算法，例如排序、找数组元素中的最大值等；掌握有关二维数组的有关算法，例如矩阵运算、学生成绩计算等。

　　前面几章使用的变量类型都属于基本数据类型，例如整型、字符型、浮点型，这些都是简单的数据类型，本章介绍 C 语言提供的一种常用的构造型数据类型——数组，它是由相同数据类型的数据按照一定的顺序组织起来的集合体，在 C 程序设计中应用非常广泛。

7.1　定义和引用一维数组

　　对于有些数据，只用简单的数据类型是不够的，难以反映出数据的特点，也难以有效地进行处理。例如，输入 50 个学生的某门课程的成绩，打印出高于平均分的同学的学号和成绩。在解决这个问题时，虽然可以通过读入一个数就累加一个数的办法来求学生的总分，进而求出平均分。但因为只有读入最后一个学生的分数以后才能求得平均分，且要打印出高于平均分的同学，故必须把 50 个学生的成绩都保留下来，然后逐个和平均分比较，把高于平均分的成绩打印出来。如果用简单变量 a1,a2,…,a50 存放这些数据，可想而知程序很长且烦琐，更主要的是没有反映出这些数据间的内在联系。这种情况下用数组就可以有效地处理这个问题。

　　数组是在程序设计中，为了方便处理，把具有相同类型的若干变量按有序的形式组织起来的一种形式。这些按序排列的同类数据元素的集合称为数组。

　　在上述例子中，要求求出 50 个学生的平均成绩，要想如数学中使用下标变量的形式表示这 50 个数，则可以引入下标变量 a[i]。这就要用到一维数组，当数组中每个元素只带有一个下标时，称这样的数组为一维数组。

7.1.1　定义一维数组

　　一维数组的定义格式如下所示：

　　类型说明符 数组名[常量表达式];

　　例如：

　　int a[10];

表示定义了一个整型数组,数组名为 a,此数组有 10 个元素。

说明:

(1) 数组名的命名规则和变量名相同,遵循标识符命名规则。

(2) 数组名后是用方括号括起来的常量表达式,不能用圆括号,例如下面的格式是错误的:

int a(10)

(3) 常量表达式表示元素的个数即数组的长度,例如在 a[10]中,10 表示 a 数组中有 10 个元素,下标从 0 开始,这 10 个元素是 a[0]、a[1]、a[2]、a[3]、a[4]、a[5]、a[6]、a[7]、a[8]、a[9]。请注意,按上面的定义,不存在 a[10]。

(4) 常量表达式中可以包括常量或者符号常量,但不能包含变量,也就是说 C 不允许对数组的大小做动态定义,即数组的大小不依赖程序运行过程中变量的值,例如下面的数组是错误的:

```
int n;
scanf(" % d",&n);
int a[n];
```

如果在被调用的函数(不包括主函数)中定义数组,其长度可以是变量或非常量表达式。如:

```
void func( int n)
{
int a[2 * n];                        //合法,n 的值从实参中来
…
}
```

在调用 func 函数时,形参 n 从实参得到值。这种情况称为可变长数组,允许在每次调用 func 函数时 n 有不同值。但是在执行函数时,数组长度是固定的。

如果指定数组为静态(static)存储方式,则不能用可变长数组。如:

static int a[2 * n];   //不合法,a 数组指定为 static 存储方式

7.1.2 引用一维数组元素

数组必须先定义,后使用,数组定义之后,就可以引用数组中的元素。

数组元素的引用形式如下所示:

数组名[下标]

下标可以是整型常量或者整型表达式,例如"a[0]＝a[5]＋a[8]－a[3 * 4]",每一个元素都代表一个数值。

注意:

(1) C 语言规定只能逐个引用数组中的元素,而不能够一次整体调用整个数组的全部元素值。

(2) 定义数组时用到的"数组名[常量表达式]"和引用数组元素时用的"数组名[下标]"

形式相同,但含义不一样。例如:

```
int a[10];                    //a[10]表示定义数组时指定数组包含 10 个元素
t = a[6];                     //a[6]表示引用 a 数组中序号为 6 的元素
```

【例 7.1】 输入 5 个数,找出其中最大值和最小值。

解题思路:

首先定义一个长度为 5 的数组,数组可定义为整型,可用循环来赋值,并用循环来找出最大值和最小值。

编写程序:

```
# include < stdio. h>
# define N 5
int main()
{
    int a[N],i,max,min;
    printf("输入 5 个数: \n");
    for(i = 0;i < N;i++)                //输入 5 个数据
    scanf(" % d",&a[i]);
    max = a[0];                        //找最大值最小值
    min = a[0];
    for(i = 1;i < N;i++)
      {
        if(a[i]> max)
            max = a[i];
        if(a[i]< min)
            min = a[i];
      }
    printf("最大的数为: % d\n",max);     //输出
    printf("最小的数为: % d\n",min);
    return 0;
}
```

运行结果:

```
输入 5 个数:
55 67 23 210 33
最大的数为:210
最小的数为:23
```

7.1.3 初始化一维数组

(1) 在定义数组的同时给数组元素赋值称为数组的初始化,例如"int a[10]={ 0,1,2, 3,4,5,6,7,8,9 };"。

将数组元素的初值依次放在一对花括号内。经过上面的定义和初始化之后,a[0]=0, a[1]=1,a[2]=2,a[3]=3,a[4]=4,a[5]=5,a[6]=6,a[7]=7,a[8]=8,a[9]=9。

(2) 可以只给一部分元素赋值。例如"int a[10]={0,1,2,3,4};",只给前 5 个元素赋值,后 5 个元素自动为 0。

初始化之后,a[0]＝0,a[1]＝1,a[2]＝2,a[3]＝3,a[4]＝4,a[5]＝0,…,a[8]＝0,a[9]＝0。

(3) 如果想使一个数组中全部元素值为0,可以写成"int a[10]＝{0,0,0,0,0,0,0,0,0,0};"或"int a[10]＝{0};",不能写成"int a[10]＝{0 * 10};"。

(4) 对全部数组元素赋初值时,可以不指定数组长度。例如"int a[]＝{1,2,3,4,5};"。

上面的写法中,{ }中只有5个数,系统会据此自动定义数组的长度为5。初始化之后,a[0]＝1,a[1]＝2,a[2]＝3,a[3]＝4,a[4]＝5。

如果被定义的数组长度与提供初值的个数不同,则数组长度不能省略。例如,想定义数组长度为10,就不能省略数组长度的定义,而必须写成"int a[10]＝{1,2,3,4,5};"。只初始化前面5个元素,后5个元素为0,不能写成"int a[]＝{1,2,3,4,5};"。

注意:对部分元素赋初值时,长度不能省。数值型数组元素,系统默认初始值为0;字符型数组元素,系统默认初始值为'\0';指针型数组元素,系统默认初始值为NULL。

7.1.4　一维数组程序举例

【例7.2】　用数组来处理,求解Fibonacci(斐波那契)数列前20项。

解题思路:

定义数组存放数列中的数,每一个数组元素代表数列中的一个数,按Fibonacci数列的规则,依次求出前20项并存放在相应的数组元素中,然后输出。其中Fibonacci数列的定义为 $f(1)＝1,f(2)＝1,f(n)＝f(n-1)+f(n-2),n>2$,也就是说斐波那契数列由1和1开始,之后的斐波那契系数就由之前的两数相加。

编写程序:

```
#include<stdio.h>
#define N 20
int main()
{
  int i;
  int f[N]={1,1};                  //对最前面两个元素f[0]和f[1]赋初值1
  for(i=2;i<N;i++)
  f[i]=f[i-2]+f[i-1];              //先后求出f[2]~f[19]的值
  for(i=0;i<N;i++)
    {
      if(i%5==0) printf("\n");     //控制每输出5个数之后换行
      printf("%12d",f[i]);
    }
  return  0;
}
```

运行结果:

1	1	2	3	5
8	13	21	34	55
89	144	233	377	610
987	1597	2584	4181	6765

程序分析:

这里定义了一个 20 个整型元素的数组,用一个 for 循环语句实现大部分计算。如果用一组简单变量,那就需要写 20 个形式类似的语句。显然,采用数组带来许多方便,程序也更清晰。后面也利用循环完成输出,这个循环执行 20 次,相当于 20 个基本语句。由这个简单的例子可以看到,利用循环变量可以以统一的形式访问一批数组元素。最后的输出语句里用了一点小技巧,通过一个条件表达式,使程序能在每输出 5 个元素后换一行。

【例 7.3】 用选择法对 8 个数进行从大到小排序。

解题思路:

选择法的基本思想:第 1 趟,在待排序数据 r[0]~r[n−1] 中选出最大或最小的数,将它与 r[0] 交换;第 2 趟,在待排序数据 r[1]~r[n−1] 中选出最大或最小的数,将它与 r[1] 交换;以此类推,第 i 趟在待排序数据 r[i−1]~r[n−1] 中选出最大或最小的记录,将它与 r[i−1] 交换,使有序序列不断增长直到全部排序完毕。本例中第 1 趟是从 8 个数据中选择最大的数与第一个数交换;第 2 趟是从剩下的 7 个无序数中选出最大的数与第二个数交换,以此类推,直到全部排序完毕。

编写程序:

```c
#include <stdio.h>
#define N 8
int main()
{
    int i,j,max,tem,a[N];
    printf("请输入8个数字:\n");          //输入8个数
    for(i=0;i<N;i++)
    {
        printf("a[%d]=",i);
        scanf("%d",&a[i]);
    }
    printf("\n");
    printf("没排序之前的输出:\n");
    for(i=0;i<N;i++)
    printf("%5d",a[i]);
    printf("\n");
    for(i=0;i<N-1;i++)                    //选择法排序
    {
    max=i;
    for(j=i+1;j<N;j++)
    if(a[max]<a[j])
      max=j;
    if(max!=i)
    {
      tem=a[i];
      a[i]=a[max];
      a[max]=tem;
    }
    }
    printf("从大到小输出:\n");            //输出
    for(i=0;i<N;i++)
     printf("%5d",a[i]);
    printf("\n");
```

```
    return 0;
}
```

运行结果：

```
请输入 8 个数字：
a[0] = 6
a[1] = 35
a[2] = 234
a[3] = 45
a[4] = 88
a[5] = 975
a[6] = 21
a[7] = 8

没排序之前的输出：
    6   35  234   45   88  975   21    8
从大到小输出：
  975  234   88   45   35   21    8    6
```

【例 7.4】 利用数组计算 10 个学生的平均分和最高分，假设分数为整数。

解题思路：

首先通过一个 for 循环输入 10 个学生的成绩，并保存到数组中，再通过一个 for 循环，计算出 10 个学生的总成绩保存起来用来计算平均分，同时在这个 for 循环里面通过比较找出最高分。

编写程序：

```c
#include < stdio.h >
#define N 10
int main()
{
    int a[N], i, score, max, aver, sum = 0;
    printf("输入 %d 个学生的成绩\n", N);   //输入学生成绩
    for(i = 0; i < N; i++)
    {
     scanf("%d", &score);               //循环体可合并写成 scanf("%d", &a[i])
     a[i] = score;
    }
  max = a[0];
  for(i = 0; i < N; i++)                  //计算总分,同时找出最高分
  {
    sum = sum + a[i];
    if(max < a[i])
       max = a[i];
  }
  aver = sum/N;                          //计算平均分
  printf("最高分: %d\n", max);           //输出
  printf("平均分为: %d\n", aver);
  return 0;
}
```

运行结果：

```
输入10个学生的成绩
89 67 83 56 98 76 48 87 66 93
最高分:98
平均分为: 76
```

思考：这里分数设定为整数，考虑到实际情形，请将分数修改为实数，对应程序要做哪些修改？

7.2 定义和引用二维数组

一维数组学完了，回顾7.1节的问题，求50个学生的平均成绩，用一维数组求的只能是一门科目的平均成绩，这在日常生活中显然是不够的，那么，如果要求学生的两门科目的平均成绩呢？三门呢？又如何解决？那就要用到二维数组了。

7.2.1 定义二维数组

二维数组定义的一般形式如下所示：

```
类型说明符 数组名[常量表达式][常量表达式];
```

例如：定义a为3×4(3行4列)的数组，b为5×10(5行10列)的数组。

```
float  a[3][4],b[5][10];
```

注意不能写成“float a[3,4],b[5,10];”。

可以把二维数组看作是一种特殊的一维数组，它的元素是一个一维数组。例如，对于数组a[3][4]，可以把a看作是一个一维数组，它有3个元素：a[0]、a[1]、a[2]，每个元素又是一个包含4个元素的一维数组，如图7.1所示。

可以把a[0]、a[1]、a[2]看作是3个一维数组的名字。上面定义的二维数组可以理解为定义了3个一维数组，即相当于“float a[0][4],a[1][4],a[2][4];”。

此处把a[0]、a[1]、a[2]看作一维数组名。C语言的这种处理方法在数组初始化和利用指针表示时显得很方便，这在以后会体会到。

二维数组中的元素在内存中的排列顺序是“按行存放”，即先顺序存放第一行的元素，再存放第二行的元素。图7.2表示对a[3][4]数组存放的顺序。

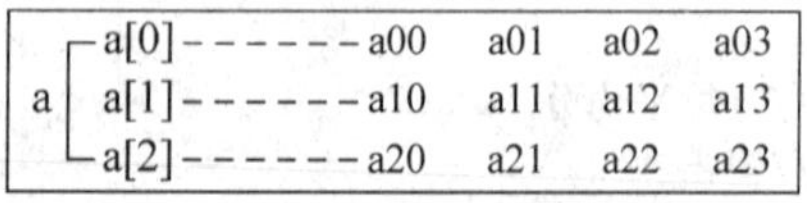

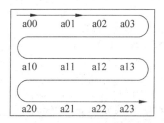

a
a[0]------a00 a01 a02 a03
a[1]------a10 a11 a12 a13
a[2]------a20 a21 a22 a23

图7.1 二维数组a[3][4]一维化

a00 a01 a02 a03
a10 a11 a12 a13
a20 a21 a22 a23

图7.2 a[3][4]数组存放顺序

C 语言还允许使用多维数组。有了二维数组的基础,再掌握多维数组是不困难的,例如,定义三维数组的方法如下。

```
float a[2][3][4];                       //定义三维数组,它有 2 页,3 行,4 列
```

多维数组元素在内存中的排列顺序为:第一维的下标变化最慢,最右边的下标变化最快。上述三维数组的元素排列顺序如下所示。

```
a[0][0][0]→a[0][0][1]→a[0][0][2]→a[0][0][3]→
a[0][1][0]→a[0][1][1]→a[0][1][2]→a[0][1][3]→
a[0][2][0]→a[0][2][1]→a[0][2][2]→a[0][2][3]→
a[1][0][0]→a[1][0][1]→a[1][0][2]→a[1][0][3]→
a[1][1][0]→a[1][1][1]→a[1][1][2]→a[1][1][3]→
a[1][2][0]→a[1][2][1]→a[1][2][2]→a[1][2][3]
```

7.2.2 引用二维数组元素

二维数组元素的表示形式为“数组名[下标][下标]”。例如 a[2][3]表示 a 数组中行号为 2,列号为 3 的元素。

下标可以是整型表达式,如 a[2−1][2*2−1],但不能写成 a[2,3],a[2−1,2*2−1]的形式。

数组元素可以出现在表达式中,也可以被赋值,例如“b[1][2]=a[2][3]/2”。

在使用数组元素时,应该注意下标值应在已定义的数组大小的范围内。常出现以下错误。

```
int a[2][3];                            //定义 a 为 2×3 的二维数组
…
a[2][3] = 0;                            //不存在 a[2][3]元素
```

请读者严格区分在定义数组时用的 a[2][3]和引用元素时的 a[2][3]的区别,前者用 a[2][3]来定义数组的维数和各维的大小,后者 a[2][3]中的 2 和 3 是数组元素的下标值,a[2][3]代表的是行序号为 2,列序号为 3 的元素(行序号和列序号均从 0 算起)。

7.2.3 初始化二维数组

可以使用以下方法对二维数组进行初始化。

(1) 分行给二维数组赋初值。例如“int a[3][4]={{1,2,3,4},{5,6,7,8},{9,10,11,12}};”。这种赋初值的方法比较直观,把第一个花括号内的数据给第一行的元素,第二个花括号内的元素赋给第二行的元素,即按行赋初值。

(2) 可以将所有数据写在一个花括号内,按数组排列的顺序对各元素赋初值。例如“int a[3][4]={1,2,3,4,5,6,7,8,9,10,11,12};”。这样的效果与前面相同,但如果数据很多,则会写成一大片,容易遗漏,也不易检查。

(3) 可以对部分元素赋初值。例如“int a[3][4]={{1},{6},{9}};”。它的作用是只对第 1 列(即序号为 0 的列)的元素赋初值,其余元素值自动为 0。赋值之后各元素为:

```
1 0 0 0
```

```
6 0 0 0
9 0 0 0
```

也可以对各行中的某一元素赋初值,例如"int a[3][4] ={{1},{0,6}{0,0,8}};"。初始化后的数组元素如下:

```
1 0 0 0
0 6 0 0
0 0 8 0
```

这种方法对非 0 元素少时比较方便,不必将所有的 0 都写出来,只需输入少量数据。

也可以对某几行元素赋值,例如"int a[3][4] = {{1},{3,6}};"。初始化后的数组元素如下:

```
1 0 0 0
3 6 0 0
0 0 0 0
```

第三行不赋初值。

(4) 如果对全部元素都赋初值(即提供全部初始数据),则定义数组时对第一维的长度可以不指定,但第二维的长度不能省,例如"int a[3][4] = {1,2,3,4,5,6,7,8,9,10,11,12};"与"int a[ ][4] = {1,2,3,4,5,6,7,8,9,10,11,12};"定义等价。

系统会根据数据总个数和第二维的长度算出第一维的长度。数组一共有 12 个元素,每行 4 个,显然可以确定行数为 3。

在定义时也可以只对部分元素赋初值而省略第一维的长度,但应该分行赋初值,例如"int a[][4] = {{0,0,3},{1},{0,8}};"这样的写法,能通知编译系统,数组共有 3 行。数组各元素如下:

```
0 0 3 0
1 0 0 0
0 8 0 0
```

从本节可以看出,C 语言在定义数组和表示数组各元素时采用 a[][]这种两个方括号的方式,对数组初始化十分有用,它使概念清楚,使用方便,不易出错。

7.2.4 二维数组程序举例

【例 7.5】 将一个二维数组中每一行的最大值取出来组成一个新的一维数组。

解题思路:

先给出 a 数组的所有值,然后通过第一个 for 循环遍历 a 数组的每一行,并找出最大的值赋给 b 数组,再通过两个 for 循环分别输出 a、b 两个数组。

编写程序:

```c
#include<stdio.h>
#define N 3
#define M 4
int main()
{
```

```
int a[ ][M] = {3,16,87,65,4,32,11,108,10,25,12,27};
int b[N],i,j,max;
for(i = 0;i < N;i++)                    //找各行最大值
  {
     max = a[i][0];
     for(j = 1;j < M;j++)
      if(a[i][j]> max)
       max = a[i][j];
     b[i] = max;
  }
printf("\narray a:\n");                 //输出
for(i = 0;i < N;i++)
  {
     for(j = 0;j < M;j++)
        printf(" %5d",a[i][j]);
     printf("\n");
  }
printf("\narray b:\n");
for(i = 0;i < N;i++)
  printf(" %5d",b[i]);
printf("\n");
return 0;
}
```

运行结果：

```
array a:
    3    16    87    65
    4    32    11   108
   10    25    12    27

array b:
   87   108    27
```

【例 7.6】 有一个 4×5 的矩阵,要求编程序求出其中值最大的元素的值,以及其所在的行号和列号。

解题思路：

先把 a[0][0]看作是最大的值,并把它赋值给 max,max 用来存放当前已知的最大值,在开始时还没进行比较,把最前面的元素 a[0][0]认为是当前值最大的,然后逐行扫描,每行逐列扫描。先让下一个元素 a[0][1]与 max 比较,如果 a[0][1]> max,则表示 a[0][1]是已经比较过的数据中最大的,把它的值赋给 max,取代 max 的原值。以后依此处理,值大的赋给 max,直到全部比完后,max 就是全部数据中最大的值。

编写程序：

```
# include < stdio. h>
# define N 4
# define M 5
int main()
```

```
{
  int i,j,row = 0,colum = 0,max;
  int a[N][M] = {{1,2,3,4,5},{9,8,7,6,12},{ - 10,10, - 5,2,13},{ - 8,7,6,12,14}};
  max = a[0][0];
  for (i = 0;i < N;i++)
    for (j = 0;j < M;j++)
      if(a[i][j]> max)
      {
        max = a[i][j];
        row = i;
        colum = j;
      }
  printf("行列号均从 0 开始算:\n");
  printf("\n");
  printf("最大值 = % d,行号 = % d,列号 = % d\n",max,row,colum);
  return 0;
}
```

运行结果:

行列号均从 0 开始算:

最大值 = 14,行号 = 3,列号 = 4

7.3 字 符 数 组

现实生活中经常用到一些字符类型的数据,尤其是作为字符串形式使用,字符数据有其自己的特点,本节专门讨论字符数组。

用来存放字符数据的数组是字符数组,字符数组中一个元素存放一个字符。

C 语言中没有字符串类型,字符串是存放在字符型数组中的。

7.3.1 定义字符数组

定义字符数组的方法与前面介绍的类似,例如:

```
char c[10];
c[0] = 'I'; c[1] = ' ';c[2] = 'a'; c[3] = 'm'; c[4] = ' ';c[5] = 'h'; c[6] = 'a'; c[7] = 'p'; c[8] = 'p'; c[9] = 'y';
```

以上定义了 c 为字符数组,包含 10 个元素。赋值后数组的状态如图 7.3 所示。

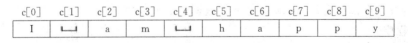

图 7.3　c[10]赋值后状态

由于字符数据是以整数形式(ASCII)代码存放的,因此也可以用整型数组存放字符数据,例如:

```
int c[10];
c[0] = 'a';                        //这是合法的,但会浪费存储空间
```

7.3.2 初始化字符数组

对字符数组初始化,最容易理解的方式是逐个字符赋给数组中各元素。如"char c[10]＝{'I',' ','a','m',' ','h','a','p','p','y'};"。

注意:如果在定义字符数组时不进行初始化,则数组中各元素的值是不可预料的。如果花括号中提供的初值个数(即字符个数)大于数组长度,则按语法错误处理。如果初值个数小于数组长度,则只将这些字符赋给数组中前面那些元素,其余的元素自动定为空字符(即'\0')。

例如,"char c[10]＝{'c',' ','p','r','o','g','r','a','m'};",定义的数组数组状态如图 7.4 所示。

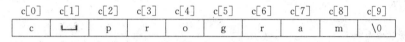

c[0]	c[1]	c[2]	c[3]	c[4]	c[5]	c[6]	c[7]	c[8]	c[9]
c	␣	p	r	o	g	r	a	m	\0

图 7.4 c[10]数组状态

如果提供的初值个数与预定的数组长度相同,在定义时可以省略数组长度,系统会自动根据初值个数确定数组长度。例如"char c[]＝{'I',' ','a','m',' ','h','a','p','p','y'};",数组 c 的长度自动定为 10。用这种方式可以不必人工计算字符的个数,尤其是在赋初值的字符个数较多时,比较方便。

也可以定义和初始化一个二维字符数组。例如"char diamond[5][5]＝{{' ',' ','*'},{' ','*',' ','*'},{'*',' ',' ',' ','*'},{' ','*',' ','*'},{' ',' ','*'}}",它代表一个菱形的平面图形。

7.3.3 引用字符数组中元素

可以引用数组中的元素,得到一个字符,引用方法与引用数值型数组的方法相同。

【例 7.7】 输出一个字符串。

解题思路:

先定义一个字符数组,并用初始化列表对其赋予初值,然后用循环逐个输出此字符数组中的元素。

编写程序:

```
# include < stdio.h >
# define N 10
int main()
{
    char c[N] = {'I',' ','a','m',' ','a',' ','b','o','y'};
    int i;
    for(i = 0;i < N;i++)
    printf(" % c",c[i]);
    printf("\n");
    return 0;
}
```

运行结果：

I am a boy

【**例 7.8**】 打印以下图案。

```
    *   *   *   *   *
      *   *   *   *   *
        *   *   *   *   *
          *   *   *   *   *
            *   *   *   *   *
```

解题思路：

定义一个字符型的二维数组，用嵌套的 for 循环进行初始化，然后用嵌套的 for 循环输出字符数组中的所有元素。

编写程序：

```c
# include < stdio. h >
# define N 5
int main()
{
 int i,j;
 char a[N][N];
 for(i = 0;i < N;i++)                //初始化
  for(j = 0;j < N;j++)
    a[i][j] = ' * ';
 for(i = 0;i < N;i++)               //输出
  {for(j = 0;j <= 2 * i + 1;j++)    //输出每行行首的空格
    printf(" ");
   for(j = 0;j < N;j++)             //输出每行的" * "号
    printf(" % c ",a[i][j]);
   printf("\n");                    //输完一行则换行
  }
return 0;
}
```

本程序也可用一维数组实现，程序如下：

```c
# include < stdio. h >
# define N 5
int main()
{
  char a[N] = {' * ',' * ',' * ',' * ',' * '};
  int i,j,k;
  for (i = 0;i < N;i++)
   { for (j = 0;j <= 2 * i + 1;j++)
      printf(" ");
    for (k = 0;k < N;k++)
      printf(" % c ",a[k]);
     printf("\n");
```

```
        }
    return 0;
}
```

7.3.4 字符串和字符串结束标志

在 C 语言中,将字符串作为字符数组来处理,例如定义一个字符数组长度为 100,而实际有效字符只有 40 个,为了测定字符串的实际长度,C 语言规定了一个字符串结束标志,以字符'\0'代表,如果有一个字符串,其中第 10 个字符为'\0'则此字符串的有效字符为 9 个,也就是说,在遇到字符'\0'时,表示字符串结束,由它前面的字符组成字符串。

系统对字符串常量也自动加一个'\0'作为结束符,例如"C Program"共有 9 个字符,但在内存中占 10B,最后一个字节'\0'是由系统自动加的,字符串作为一维数组存放在内存中。

有了结束标志'\0'后,字符数组的长度就显得不那么重要了,在程序中往往依靠检测'\0'的位置来判断字符串是否结束,而不是根据数组的长度来决定字符串的长度。当然在定义字符数组时应估计实际字符串长度,以保证数组长度始终大于字符串实际长度,如果在一个字符数组中先后存放多个不同长度的字符串,则应使数组长度大于最长的字符串的长度。

说明:'\0'代表 ASCII 码为 0 的字符,从 ASCII 码表可以查到,ASCII 码为 0 的字符是一个不可显示的字符,是一个"空操作符",即它什么也不做。用它作为字符串结束标志,不会产生附加的操作或增加有效字符,只起一个供辨别的标志。

对字符数组初始化可补充一种方法,可以用字符串常量来使字符数组初始化。如"char c[]={"I am happy"};",也可以省略花括号直接写成"char c[]="I am happy";"。不是用单个字符作为初值,而是用一个字符串作为初值,显然这种方法直观、方便,符合人们的习惯,例子中数组 c 的长度不是 10 而是 11,这点要注意,因为字符串常量的最后由系统加上一个'\0',因此上面的初始化与"char c[]={'I',' ','a','m',' ','h','a','p','p','y','\0'};"的初始化等价。而不与"char c[]={'I',' ','a','m',' ','h','a','p','p','y'};"等价。

如果有"char c[10]={"China"};",数组 c 的前 5 个元素为'C','h','i','n','a',第 6 个元素为'\0',后 4 个元素为空字符,存储情况如图 7.5 所示。

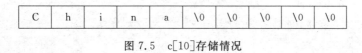

| C | h | i | n | a | \0 | \0 | \0 | \0 | \0 |

图 7.5 c[10]存储情况

说明:字符数组并不是要求它的最后一个字符为'\0',甚至可以不包含'\0',如下面的写法完全是合法的:"char c[5]={'C','h','i','n','a'};"。

是否需要加'\0'完全根据需要决定,但是由于系统对字符串常量自动加一个'\0',因此人们为了使处理方法一致,便于测定字符串的实际长度,以及在程序中做相应的处理,在字符数组也常常人为地加上一个'\0',如"char c[6]={'C','h','i','n','a','\0'};"。这样做,便于引用字符数组中的字符串。

如定义了字符数组"char c[]={"C program."};",由于系统自动在最后一个字符后面加了一个'\0',因此 c 数组的存储情况如图 7.6 所示。

图 7.6　c 数组的存储情况

若想用一个新的字符串代替原有的字符串"C program."。从键盘输出"Hello"分别赋给 c 数组前面的 5 个元素。如果不加'\0'的话,字符数组中的字符存储如图 7.7 所示。

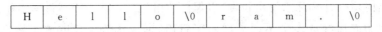

图 7.7　字符数组中的字符存储情况

新字符串和老字符串连成一片,无法区分开。如果想输出字符数组中的字符串,则会连续输出"Hellogram."。

如果在"Hello"后面加一个'\0',它取代了第 6 个字符 g。在数组中的存储情况如图 7.8 所示。

H	e	l	l	o	\0	r	a	m	.	\0

图 7.8　数组中的存储情况

'\0'是结束的标志,如果用以下语句输出数组 c 中的字符串:

```
printf("％s\n",c);                    //输出 c 中的字符串
```

在输出字符数组中的字符串时,遇到'\0'就停止输出,因此只输出了字符串 Hello,而不会输出 Hellogram。

从这里可以看到在字符串末尾加'\0'的作用。

7.3.5　字符数组的输入输出

字符数组的输入输出可以有两种方法。

(1) 逐个字符输入输出。用格式符"％c"输入或输出一个字符。

(2) 将整个字符串一次输入或输出。用"％s"格式符,意思是对字符串(string)的输入输出。

例如:

```
char c[] = {"Happy"};
printf("％s",c);
```

在内存中数组 c 的存储情况如图 7.9 所示。

图 7.9　数组 c 的存储情况

输出时,遇结束符'\0'就停止输出。输出结果为 Happy。

说明:

(1) 输出字符不包括结束符'\0'。

（2）用"%s"格式符输出字符串时,printf 函数中的输出项是字符数组名,而不是数组元素名。如写成下面这样是错误的:

```
printf("%s",c[0]);
```

（3）如果数组长度大于字符串实际长度,也只输出到遇'\0'结束。例如:

```
char c[10] = {"Happy"};                          //字符串长度为5,连'\0'共占 6B
printf("%s",c);
```

只输出字符串的有效字符 Happy,而不是输出 10 个字符。这就是用字符串结束标志的好处。

（4）如果一个字符数组中包含一个以上'\0',则遇第一个'\0'时输出就结束。

（5）可以用 scanf 函数输入一个字符串。例如:

```
scanf("%s",c);
```

scanf 函数中的输入项 c 是已定义的字符数组名,输入的字符串应短于已定义的字符数组的长度。例如,已定义" char c[6];",从键盘输入"Happy ∠   ",系统自动在 Happy 后面加一个'\0'结束符。如果利用一个 scanf 函数输入多个字符串,则在输入时以空格分隔。例如:

```
char str1[5],str2[5],str3[5];
scanf("%s%s%s",str1,str2,str3);
```

输入数据"How are you? ∠",由于有空格字符分隔,作为 3 个字符串输入,在输入完后,str1、str2 和 str3 数组的存储情况如图 7.10 所示。

H	o	w	\0	\0
a	r	e	\0	\0
y	o	u	?	\0

图 7.10　str1、str2 和 str3 数组的存储情况

数组中没被赋值的元素的值自动置'\0'. 若改为:

```
char str[13];
scanf("%s",str);
```

再输入以下 12 个字符:"How are you? ∠"。由于系统把空格字符作为输入的字符串之间的分隔符,因此只将空格前的字符 How 送到 str 中。由于把 How 作为一个字符串处理,故在其后加'\0'. str 数组的存储情况如图 7.11 所示。

H	o	w	\0	\0	\0	\0	\0	\0	\0	\0	\0	\0

图 7.11　str 数组的存储情况

注意:scanf 函数中的输入项如果是字符数组名,不要再加地址符"&",因为在 C 语言中数组名代表该数组的起始地址。

第 **7** 章

数　　组

下面写法是错误的：

```
scanf("%s",&str);
```

分析图 7.12 中的字符数组，数组名为 c，占 6B，数组名 c 代表地址 2000，可用下面的语句，以 8 进制形式输出数组 c 的起始地址。

```
printf("%o",c);    //用 8 进制输出数组 c 的起始地址 2000
```

前面介绍的输出字符串的方法"printf("%s",c);"，实际执行过程如下：按字符数组名 c 找到其数组起始地址，然后逐个输出其中的字符，直到遇'\0'为止。

	c 数组
2000	C
2001	h
2002	i
2003	n
2004	a
2005	\0

图 7.12 C 字符数组的存储情况

7.3.6 使用字符串处理函数

在 C 函数库中提供了一些用来专门处理字符串的函数，使用方便。几乎所有版本的 C 语言编译系统都提供这些函数。下面介绍几种常用的函数。

1. puts 函数——输出字符串的函数

其一般形式为：

```
puts(字符数组)
```

其作用是将一个字符串（以'\0'结束的字符序列）输出到终端。

假如已定义 str 是一个字符数组名，且该数组已被初始化为 China，则执行"puts(str);"，其结果在终端上输出 China，由于可以用 printf 函数输出字符串，因此 puts 函数用得不多。

用 puts 函数输出的字符串中可以包含转义字符。例如：

```
char str[] = {"China\nBeijing"};
puts(str);
```

输出结果：

```
China
Beijing
```

2. gets 函数——输入字符串的函数

其一般形式为：

```
gets(字符数组)
```

其作用是从终端输入一个字符串到字符数组，并且得到一个函数值。该函数值是字符数组的起始地址。

如果执行下面的函数：

```
gets(str);                              //str 是已经定义的字符数组
```

从键盘输入"China↙"，将输入的字符串 China 送给字符数组 str（请注意送给数组的共有 6 个字符，而不是 5 个字符），函数值为字符数组 str 的起始地址。一般利用 gets 函数的目的是向字符数组输入一个字符串，而不太关心其函数值。

　　注意：用 puts 和 gets 函数只能输出或输入一个字符串，不能写成"puts(str1,str2);"或"gets(str1,str2);"。

　　【例 7.9】 使用 gets 函数输入一个字符串后，再将其输出到屏幕上。

　　编写程序：

```
# include < stdio. h >
# define N 81
int main()
{
  char line[N];
  printf("输入一个字符串：");
  gets(line);
  printf("你输入的字符串是：");
  puts(line);                        //也可写成 printf("%s",line);
  return 0;
}
```

　　运行结果：

输入一个字符串：I am a student
你输入的字符串是：I am a student

　　程序分析：

　　通过这个例子可以看出，使用 gets 函数输入字符串，空格字符不作为输入的字符串之间的分隔符，这与 scanf 函数是不同的。

　　3. strcat 函数——字符串连接函数

　　其一般形式为：

strcat(字符数组 1,字符数组 2)

　　strcat 的作用是连接两个字符数组中的字符串，把字符串 2 接到字符串 1 的后面，结果放在字符数组 1 中，函数调用后得到一个函数值是字符数组 1 的地址。例如：

```
char str1[30] = {"People"};
char str2[] = {"China"};
print("%s",strcat(str1,str2));
```

　　输出结果：

People China

　　说明：

　　(1) 字符数组 1 必须足够大，以便容纳连接后的新字符串。本例中定义 str1 的长度为 30，是足够大的，如果在定义时改用 str1[]={"People"}，就会出现问题，因为长度不够。

　　(2) 连接前两个字符串的后面都有'\0'，连接时将字符串 1 后面的'\0'取消，只在新串最后保留'\0'。

4. strcpy 和 strncpy 函数——字符串复制函数

其一般形式为:

strcpy(字符数组 1,字符串 2)

strcpy 是 STRing CoPY(字符串复制)的简写。作用是将字符串 2 复制到字符数组 1 中去。例如:

```
char str1[10],str2[ ] = {"China"};
strcpy(str1,str2);
```

执行后,str1 的状态如图 7.13 所示。

| C | h | i | n | a | \0 | \0 | \0 | \0 | \0 |

图 7.13 str1 的状态

说明:

(1) 字符数组 1 必须定义得足够大,以便容纳被复制的字符串。字符数组 1 的长度不应小于字符串 2 的长度。

(2) 字符数组 1 必须写成数组名形式(如 str1),字符串 2 可以是字符数组名,也可以是一个字符串常量。如:"strcpy(str1,"China");"。

(3) 复制时连同字符串后面的'\0'一起复制到字符数组 1 中。

(4) 可以用 strncpy(str1,str2,n)函数将字符串 2 中前面 n 个字符复制到字符数组 1 中去。例如"strncpy(str1,str2,2);",作用是将 str2 中最前面两个字符复制到 str1 中,取代 str1 中原有的最前面两个字符,但复制的字符个数 n 不应多于 str1 中原有的字符(不包括'\0')。

(5) 不能用赋值语句将一个字符串常量或字符数组直接赋值给一个字符数组。如下两行程序都是不合法的:

```
str1 = "China";              //应改为 strcpy(str1,"China");
str1 = str2;                 //应改为 strcpy(str1,str2);
```

只能用 strcpy 函数将一个字符串复制到另一个字符数组中去。用赋值语句只能将一个字符赋给一个字符型变量或字符数组元素。如下程序是合法的:

```
char a[5], c1, c2;
c1 = 'A';   c2 = 'B';
a[0] = 'H';   a[1] = 'a';   a[2] = 'p';   a[3] = 'p';   a[4] = 'y';
```

5. strcmp 函数——字符串比较函数

其一般形式为:

strcmp(字符串 1,字符串 2);

strcmp 是 STRing CoMPare(字符串比较)的缩写,它的作用是比较字符串 1 和字符串 2。例如:

```
strcmp(str1,str2);
strcmp("China","Korea");
```

```
strcmp(str1,"Beijing");
```

说明：字符串比较的规则是对两个字符串自左至右逐个字符相比（按 ASCII 码值大小比较），直到出现不同的字符或遇到'\0'为止。

(1) 如长度相同，且对应字符相同，则认为相等。

(2) 若出现不相同的字符，则以第一个不相同的字符的比较结果为准。例如："A"<"B"，"a">"A"，"computer">"compare"，"36+54">"!$&#"，"CHINA">"CANADA"，"DOG"<"cat"。

如果参加比较的两个字符串都由英文字母组成，则有一个简单的规律：在英文字典中位置在后面的为"大"。例如 computer 在字典中的位置在 compare 之后，所以"computer">"compare"。但应注意小写字母比大写字母"大"，所以"a">"A"、"DOG"<"cat"。

比较的结果由函数值带回，有如下 3 种情形：

(1) 如果字符串 1=字符串 2，函数值为 0；

(2) 如果字符串 1>字符串 2，函数值为一个正整数；

(3) 如果字符串 1<字符串 2，函数值为一个负整数。

注意：对两个字符串比较，不能用以下形式。

```
if(str1 > str2) printf("yes");
```

而只能用：

```
if(strcmp(str1,str2)>0)
    printf("yes");
```

6. strlen 函数——测试字符串长度的函数

其一般形式为：

```
strlen(字符数组)
```

strlen 是 STRing LENgth（字符串长度）的缩写，是测试字符串长度的函数。函数的值为字符串中的实际长度（不包括'\0'在内）。例如：

```
char str[10] = "Happy";
printf("%d",strlen(str));
```

输出结果不是 10，也不是 6，而是 5。也可以直接测试字符串常量的长度，如"strlen("China");"。

7. strlwr 函数——转换为小写的函数

其一般形式为：

```
strlwr(字符串)
```

strlwr 是 STRing LoWeRcase（字符串小写）的缩写。函数的作用是将字符串中大写字母转换为小写字母。

8. strupr 函数——转换为大写的函数

其一般形式为：

```
strupr(字符串)
```

strupr 是 STRing UPpeRcase（字符串大写）的缩写，函数的作用是将字符串中小写字母转换为大写字母。

以上介绍了常用的 8 种字符串处理函数,应当再次强调:库函数并非 C 语言本身的组成部分,而是 C 编译系统为方便用户使用而提供的公共函数。不同的编译系统提供的函数数量和函数名、函数功能都不尽相同,使用时要小心,必要时查一下库函数手册。

注意:在使用字符串处理函数时,应当在程序文件的开头用"# include < string. h >"把"string. h"文件包含到本文件中。

7.3.7 字符数组应用举例

【例 7.10】 输入一行字符,统计其中有多少个单词,单词之间以空格作为间隔符。

解题思路:

问题的关键是怎样确定"出现一个新单词了",从第一个字符开始逐个字符进行检查,判断此字符是否是新单词的开头,如果是,就使变量 num 的值加 1,最后得到的 num 的值就是单词总数。

判断是否出现新单词,可以由是否有空格出现来决定(连续的若干个空格作为出现一次空格;一行开头的空格不统计在内)。如果测出某一个字符为非空格,而它的前面的字符是空格,则表示"新的单词开始了",此时使 num 累加 1。如果当前字符为非空格而其前面的字符也是非空格,则 num 不应再累加。用变量 word 作为判别当前是否开始了一个新单词的标志,若 word=0 表示未出现新单词,如出现了新单词,就把 word 置成 1。

前面一个字符是否是空格可以从 word 的值看出来,若 word 等于 0,则表示前一个字符是空格;如果 word 等于 1,意味着前一个字符为非空格,如图 7.14 所示。

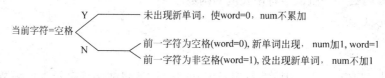

图 7.14 例 7.10 分析图

以输入"I am a boy"为例,说明在对每一个字符做检查时的有关状态,如图 7.15 所示。

当前字符	I	␣	a	m	␣	a	␣	b	o	y	.
是否空格	否	是	否	否	是	否	是	否	否	否	否
word 原值	0	1	0	1	1	0	1	0	1	1	1
新单词开始否	是	否	是	否	否	是	否	是	否	否	否
word 新值	1	0	1	1	0	1	0	1	1	1	1
num 值	1	1	2	2	2	3	3	4	4	4	4

图 7.15 例 7.10 实例分析图

画出 N-S 流程图,如图 7.16 所示。

编写程序:

```c
# include < stdio. h >
# define N 81
int main()
{
```

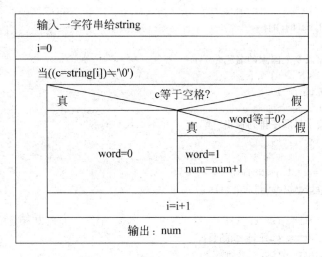

图 7.16 例 7.10 N-S 流程图

```
char string[N];
int i, num = 0, word = 0;
char c;
printf("输入一字符串: ");
gets(string);
for (i = 0;(c = string[i])!= '\0';i++)
  if(c == ' ') word = 0;
else if(word == 0)
{
  word = 1;
  num++;
}
printf("一共有 %d 个单词\n",num);
return 0;
}
```

运行结果:

输入一字符串: I am a student
一共有 4 个单词

【**例 7.11**】 输入 5 个国家的名称,按字母顺序排列输出。

解题思路:

排序的规律有两种:一种是升序,从小到大;另一种是降序,从大到小,把题目抽象为"对 n 个数按升序排序",采用选择法排序。

编写程序:

```
#include<stdio.h>
#include<string.h>
#define N 5
#define M 20
int main()
```

121

第 7 章

数 组

```
{
    char st[M],cs[N][M];
    int i,j,p;
    printf("输入 5 个国家的名称:\n");
    for(i = 0;i < N;i++)
      gets(cs[i]);
    printf("\n");
    printf("按字母顺序排列输出:\n");
    for(i = 0;i < N;i++)
      {
        for(j = i + 1;j < N;j++)
          if(strcmp(cs[j],cs[i])< 0)
            {
              strcpy(st,cs[i]);
              strcpy(cs[i],cs[j]);
              strcpy(cs[j],st);
            }
        puts(cs[i]);
      }
    printf("\n");
    return 0;
}
```

运行结果:

```
输入 5 个国家的名称:
China
Japan
USA
France
Britain

按字母顺序排列输出:
Britain
China
France
Japan
USA
```

程序分析:

其实这个程序的原理和将 8 个数字从大到小输出(例 7.3)的原理是一样的。通过两个 for 循环,第一轮将最小的数找出来,第二次就把剩下的最小的数找出来,如此类推。此外,请思考:为减少数据交换次数,本程序可做哪些改动?

7.4 本 章 小 结

本章介绍了在 C 语言中利用数组处理同类型的批量数据的方法,主要包括如下 4 点。

(1) 数组是程序设计中常用的数据结构。数组从维度上分,可分为一维数组、二维数组和多维数组；从数据元素类型上分,可分为数值数组(整数数组和实数数组)、字符数组以及后面将要介绍的指针数组、结构体数组等。

(2) 一维数组、二维数组和字符数组的定义、引用和应用举例。

(3) 数组类型定义由类型说明符、数组名、数组各维长度(数组元素个数)3 部分组成。数组元素又称为下标变量。数组的类型是指下标变量取值的类型。

(4) 数组的初始化可以实现对部分或全部元素赋值,也可以在定义完数组后,用输入函数和赋值语句实现元素赋值。

习　题　7

1. 将一个数组中的值按逆序重新存放。例如,原来顺序为 8、6、5、4、1,要求改为 1、4、5、6、8。

2. 找出一个二维数组中的鞍点,即该位置上的元素在该行上最大,在该列上最小。也可能没有鞍点。若找到鞍点则输出鞍点的位置,没有鞍点则输出无鞍点信息。

3. 有一行电文,已按照以下的规律译成密码:

A→Z a→z

B→Y b→y

C→X c→x

…

即第一个字母变成第 26 个字母,第 i 个字母变成第 $(26-i+1)$ 个字母,非字母字符不变,要求编程序将密码翻译回原文,并输出密码和原文。

4. 编写一个程序,比较两个字符串 s1、s2:若 s1>s2,则输出一个正数;若 s1=s2,则输出 0;若 s1<s2,输出一个负数。不用 strcpy 函数,两个字符串用 gets 函数读入,输出的正数或负数的绝对值应是相比较的两个字符串相应字符的 ASCII 码的差值。例如,"A"与"C"相比,由于"A"<"C",应输出负数,同时由于"A"与"C"的 ASCII 码差值为 2,因此应输出"−2"。同理:"And"和"Aid"比较,根据第二个字符比较结果,"n"比"i"大 5,因此应该输出"5"。

5. 有一篇文章,共有 3 行文字,每行有 80 个字符。要求分别统计出其中英文大写字母、小写字母、空格以及其他字符的个数。

6. 一个学习小组有 5 人,每个人有 3 门课的考试成绩。求全组分科的平均成绩和各科总平均成绩,成绩取两位小数。

7. 用"∗"号输出一个菱形。

8. 从键盘输入若干个个位整数,其值在 0～9 范围内,用−1 作为输入结束的标志。统计输入各整数的个数。

第8章　　　　函　　　数

本章重点：函数的定义和调用；函数间的数据传递方式；嵌套调用和递归调用；变量的作用域和存储类别；模块化程序设计方法。

本章难点：形参与实参的意义、作用与区别；参数的两种传递方式；对递归函数调用过程的理解；全局变量和局部变量的作用。

在前面的章节中所编写的 C 程序都只有一个主函数，但当要处理的问题比较复杂时，仍然把所有的程序代码都写在一个主函数中，就会使程序代码变得比较长，造成程序的阅读性差，对维护程序也不利。

因此，人们求解问题的思路往往是把复杂的大问题分解成许多简单的小问题，通过对小问题的成功求解来实现对大问题的求解，也就是使用结构化程序设计的方法。

在 C 语言中，功能比较独立的模块就是函数，它类似于其他编程语言中的过程或子程序。可以通过对这些函数的组织和调用，来实现特定的功能。

将程序分割成多个易于管理的小单元，对编程是非常重要的。

(1) 可以单独编写和测试每个函数，使整个程序运转起来的过程得到了简化。

(2) 几个独立的小函数比一个大函数更容易处理和理解。

(3) C 编译系统提供的函数库中的函数都是事先写好，且经过测试能正常工作的，所以可以放心地使用库函数，无须细究它的代码细节。这就加快了开发程序的速度，因为程序员只需关注自己的代码。

(4) 程序员也可以编写自己的函数库，如果发现经常编写某个函数，就可以编写它的通用版本，以满足自己的需求，并将它加入自己的库中。以后需要用到这个函数时，就可使用它的库版本了。

C 语言的函数作为一个个的模块一般应具备下面两个原则：

(1) 界面清晰。函数的处理子任务明确，函数之间数据传递越少越好。

(2) 大小适中。函数如果太大，则处理的任务将较为复杂，从而导致结构复杂，程序可读性就会较差；反之，函数如果太小，则程序调用关系会较复杂，这样会降低程序的效率。

8.1　函　数　概　述

在生活中，当需要使用特定功能的工具去完成某项工作时，首先要制作这个工具，工具制作完成后，就可以使用它了。函数就像要完成某项功能的工具。在英文中“函数”与“功能”是同一个单词 function，即每个函数都具有完整的、独立的功能，函数名就是给该功能起一个名字。C 程序通过对函数模块的调用来实现特定的功能。

可以把函数看成一个"黑盒子"，只要将要求的数据输入到函数中就能得到相应的结果，而函数内部究竟如何工作的，外部程序是不知道的。外部程序所知道的仅限于输入给函数什么以及函数会输出什么。

一个 C 程序可由一个主函数和若干个其他函数组成。其他函数可以是系统提供的标准库函数，也可以是用户自己编写的自定义函数。主函数可以调用其他函数，其他函数也可以互相调用。同一个函数可以被一个或多个函数调用任意多次。图 8.1 是一个程序中函数调用的示意图。

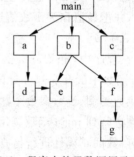

【例 8.1】 编写一个程序，从键盘上输入两个矩形的长和宽，计算这两个矩形的面积。

图 8.1 程序中的函数调用示意图

解题思路：

可以用一个函数 area 来实现求矩形面积，用主函数调用该函数即可，而不必重复写两次求面积的程序段。

编写程序：

```
#include<stdio.h>
int main()
{   double area(double x,double y);          //声明 area 函数
    double a,b,c;
    int i;
    for(i=1;i<=2;i++)                        //循环两次,计算两个矩形的面积
    {
      printf("请输入矩形的长和宽: ");
      scanf("%lf,%lf",&a,&b);                //输入矩形的长和宽
      c=area(a,b);                           //调用 area 函数
      printf("area=%f\n",c);                 //输出矩形的面积
    }
    return 0;
}

double area(double x,double y)               //定义 area 函数
{   double z;
    z=x*y;                                   //求矩形的面积
    return (z);
}
```

运行结果：

```
请输入矩形的长和宽: 1.2 , 2.1
area=2.520000
请输入矩形的长和宽: 2.4 , 1.3
area=3.120000
```

程序分析：

area 函数开始处的 double 表示了 area 函数的返回类型，也即每次调用该函数后会把一个 double 类型的数据带回 main 函数。

area 函数指定两个形参 x 和 y，形参类型为 double。在主函数中的函数调用 area(a,b)，area 后面括号内的 a 和 b 是实参。通过函数调用，在两个函数之间发生了数据传递，实参 a 和 b 的值传递给了形参 x 和 y，在 area 函数中把 x 和 y 相乘求出该矩形的面积的值，并把该值作为函数值返回给 main 函数，赋值给变量 c。有关函数参数的内容，详见本章 8.3.1 节。

在程序中，定义 area 函数是在 main 函数后面，在这种情况下，应当在 main 函数之前或 main 函数中的开头部分对该函数进行"声明"。函数声明的作用是把有关函数的信息（函数名、函数类型、函数参数个数与类型）通知编译系统，以便在编译系统对程序进行编译的过程中，在进行到 main 函数调用该函数时，知道它是函数而不是变量或其他对象。同时还能对调用函数的正确性进行检查（如函数类型、函数名、参数个数、参数类型等是否正确）。有关函数的声明，详见本章 8.3.2 节。

关于函数需要说明的有如下几点：

（1）程序是变量定义和函数定义的集合。函数可以以任意次序出现在源文件中。源程序可以分成多个文件，只要不把一个函数分在几个文件中即可。

（2）一个源程序文件由一个或多个函数以及其他有关内容（如指令、数据声明与定义等）组成。在程序编译时不是以函数为单位进行编译，而是以源程序文件为单位进行编译的，即一个源程序文件是一个编译单位。

（3）一个 C 程序必须有一个且只能有一个 main 函数，无论 main 函数位于程序的什么位置，运行时都是从 main 函数开始执行的。如果在 main 函数中调用了其他函数，在调用结束后返回到 main 函数，在 main 函数中结束整个程序的运行。

（4）所有函数之间都是互相独立的，函数不能嵌套定义，也就是说一个函数不能从属于另一个函数。函数之间可以互相调用，但是任何函数不能调用 main 函数，main 函数是被操作系统调用的。

（5）从用户使用的角度看，函数有两种。

① 库函数，是由 C 编译系统预先按最优化的要求编写好的，并以程序库的形式提供给用户使用的函数，用户不需要定义，只需用♯include 指令把有关头文件包含到本文件模块中，同时按库函数给出的函数名和有关规则直接调用即可。但是应该注意，不同的 C 语言编译系统提供的库函数的数量和功能会有一些不同，虽然许多基本的函数是相同的。

② 用户自定义的函数，是按用户的需求设计的函数。库函数只提供最基本、最通用的一些函数，在实际应用中程序设计者需要自己定义想用的但是库函数未提供的函数。这种函数必须先定义后使用。

（6）从函数的形式看，函数又可以分为无参函数和有参函数两类。

① 无参函数，即函数中没有任何参数。在调用无参函数时，主调函数并不将数据传递给被调用函数。无参函数可以返回或不返回函数值，但一般以不返回函数值为多。通常无参函数用来执行指定的一组操作。

② 有参函数，即函数中包括相应的参数，如例 8.1 中的 area 就是有参函数。在调用有参函数时，在主调函数和被调函数之间存在数据传递的关系。通常执行被调用函数时会得到一个函数值，供主调函数使用。

8.2 函数的定义

  函数定义即函数的实现,是对所要完成功能的操作进行描述的过程,包括函数命名、返回值类型声明、形式参数的类型说明、变量说明和一系列操作语句等。

  函数和变量一样,都必须"先定义,后使用"。如例 8.1 中想用 area 函数求矩形的面积,必须事先按规范对它进行定义,指定它的函数返回值类型、函数的名字、函数的参数个数与类型以及函数实现的功能,将这些信息通知编译系统。这样,在程序执行 area 函数时,编译系统才能按照定义时所指定的功能执行。如果事先不定义,编译系统就无法知道 area 是什么,要实现什么功能。

  函数定义应包括以下内容:

  (1) 指定函数的名字,以便以后按名调用。

  (2) 指定函数返回值的类型。

  (3) 指定函数的参数类型和名字,以便在调用函数时向它们传递数据。无参函数不需要指定。

  (4) 指定函数的功能,也就是函数是做什么的。

8.2.1 无参函数的定义形式

  定义无参函数的一般形式如下所示:

```
类型标识符    函数名()
{
    声明部分;
    语句;
}
```

或者

```
类型标识符    函数名(void)
{
    声明部分;
    语句;
}
```

  其中,类型标识符指明了本函数的类型,也就是函数返回值的类型,它可以是基本数据类型,也可以是构造数据类型。如果省略数据类型,则默认为 int 类型;如果不需要返回值,则定义为 void 类型。很多情况下,无参函数都不要求返回值。

  函数名是给函数取的名字,是唯一标识一个函数的名字,命名规则同标识符,最好能说明函数的作用。在一个程序中,不同函数的名字不能相同。注意,通常不使用与任何标准库函数相同的名称,以避免混淆。

  函数名后有一个括号,括号内的 void 表示空,即函数没有参数,括号不能省略。

  {}中的内容称为函数体。在函数体中,声明部分是对函数内部所用到的变量的类型说明,并对要调用的函数进行声明。

如以下定义的 print_star 函数是个无参函数：

```
void print_star()                           //定义 print_star 函数
{                                           //函数体开始
    printf(" *************** ");
}                                           //函数体结束
```

此函数是无参函数，功能是输出一行星号，函数信息输出完毕不需要返回值返回主调函数。

8.2.2　有参函数的定义形式

有参函数定义的一般形式如下所示：

类型标识符　函数名(形式参数表列)
{
　　声明部分；
　　语句；
}

如以下定义的 max 函数是有参函数。

```
int max( int x, int y)
{
    int z;                                  //声明部分
    if(x > y) z = x;
     else   z = y;
    return z;
}
```

这是一个求 x 和 y 两者较大者的函数，函数名 max 前的 int 表示函数的返回值类型是整型。括号中有两个整型的形式参数 x 和 y，在调用该函数时，主调函数把实际参数的值传递给被调用函数中的形式参数 x 和 y。return z 的作用是将 z 值作为函数值带回到主调函数。在定义 max 函数时已指定了其函数返回值为整型，而在 max 函数体中也定义了变量 z 为整型，将 z 作为返回值返回时，这是一致的。即函数 max 的值等于 z 的值。

8.2.3　定义空函数

C 语言中允许定义空函数，其一般格式如下：

类型标识符　函数名()
{ }

例如：

```
void do_nothing()
{  }
```

函数体是空的。调用空函数时，什么工作也不做，没有实际作用。在主调函数中如果有调用该函数的语句"do_nothing();"表明这里要调用 do_nothing 函数，但是现在这个函数没有起任何作用，其功能等以后要扩充函数功能时再补上。

空函数是程序设计的一个技巧,在软件开发的过程中,模块化设计将程序分解为不同的模块,分别由一些函数来实现。而在初始阶段,只设计出最基本的模块,其他一些次要功能或者一些更高级的功能可能要等到以后需要的时候才补充上去。所以在编程初始阶段,可以在将来准备扩充功能的地方写上一个空函数,函数名应该取有实际意义的函数名,只是这些函数尚未编写好,留待后续的开发工作时再以一个编写好的函数取代当前空函数。这样做对程序的结构影响不大,可读性好,同时还增强了程序的扩充性。所以在程序设计中空函数是很有用的。

8.2.4 函数定义注意事项

函数定义还应注意如下几个问题。

(1) 函数的定义不能嵌套,即不能在一个函数体内再定义一个函数。例如,下列写法是错误的。

```
int f1(int x, int y)
{    …
     int f2(int a, int b)
   {
         return (a + b);
   }
     …
}
```

这种企图在 f1 函数中再定义一个 f2 函数的做法是错误的。但是函数调用允许嵌套,即可以在一个函数体内调用另一个函数,此部分内容在 8.4 节将详细说明。

(2) 在 C 程序中,要求函数的声明部分在前面,执行在后面,它们的顺序不能颠倒,也不能交叉。但在 C++ 程序中,声明部分和执行部分可以相互交叉,没有严格的界限,当然执行部分中所使用的变量只要在其之前进行定义即可。

8.3 函数调用

C 语言中,函数调用的格式为“**函数名(实参表列)**”。

对无参函数调用时则无实参表列。实参表列中的参数可以是常量、变量或表达式,但要求它们有确定的值。如果有多个实参时,则各参数间用逗号隔开。

在 C 语言中,可以用以下几种方式调用函数。

1. 函数表达式

函数作为表达式中的一项出现在表达式中,以函数返回值参与表达式的运算。这时要求函数是有返回值的。例如“y = sin(x);”是一个赋值表达式,把函数 sin 的返回值赋予变量 y。

2. 函数语句

函数调用的一般形式加上分号即构成函数语句。例如“printf("％d",a);”就是以函数语句方式调用函数。这种方式通常只要求函数完成一定的操作,不要求函数带回值。

3. 函数实参

这种方式是函数作为另一个函数调用的实际参数出现,也就是把该函数的返回值作为实参进行数据传送,所以要求该函数必须是有返回值的。例如"printf("%d",max(a,b));"即是把 max()调用的返回值作为 printf 函数的实参来使用。

注意:调用函数并不一定要包含分号,只有作为函数调用语句时才需要在函数调用后加分号。如果作为函数表达式或函数参数时,函数调用本身是不必有分号的,不能写成以下形式:

y = sin(cos(x););   //cos(x)后多了个分号

8.3.1 函数的参数

函数参数分为**形式参数**(简称形参)和**实际参数**(简称实参)两种。

1. 形式参数(形参)

在定义函数时函数名后面括号中的参数就是形参,因为该参数在该函数被调用之前是没有确定值的,只是形式上的参数,只有被调用时通过实参来获取值。形参在整个函数体内都可以使用,离开该函数则不能使用。例 8.1 中,函数首部 double area(double x,double y)中 x、y 就是形参,类型是 double 型,仅在 area 函数内使用。

2. 实际参数(实参)

在主调函数中调用一个函数时,函数名后面括号中的参数就是实参,实参已具有确定的值,是实在的参数,可以是常量、变量和表达式。例 8.1 中的主函数中的"c=area(a,b);",其中 a、b 就是实参,它们的类型都是 double 型。

函数调用时,实参表列中的实参必须与函数定义时的形参类型相同或赋值兼容,实参的个数及其顺序必须与形参的完全一致,否则将会发生"个数不匹配"或"类型不一致"的错误。一般情况下,即使不报错误信息,也会造成结果不正确。

实参在主调函数中不仅指明它的类型,而且系统还为它分配存储单元。而对于形参,定义时仅仅只是指明它的类型,在该函数被调用之前并不在内存中为它分配存储单元。只有在发生函数调用时,才给形参分配单元,并且赋值;一旦函数调用结束后,形参所占的内存单元又被释放掉,所以形参只有在函数内部有效。函数调用结束,返回主调函数后不能再使用该形参。

实参出现在主调函数中,进入被调用函数后,实参变量也不能使用。允许一个函数的形参和实参同名,因为它们在内存中占有不同的存储单元。

3. 实参和形参间的数据传递

形参和实参的功能是进行数据传递。发生函数调用时,系统会把实参的值传递给被调用函数的形参。该值在函数调用期间有效,可以参加该函数中的运算。

被调用函数形参值的改变对调用函数的实参没有影响。调用结束后,形参占据的存储单元被释放,实参仍保持原值不变。

在调用函数过程中发生的实参与形参间的数据传递是"值传递",只能由实参向形参传递数据,是单向传递,不能由形参传给实参。实参和形参在内存中占有不同的存储单元,实参无法得到形参的值,即使在被调函数中修改了形参的值,也不会影响实参的值。

【例 8.2】 输入两个整数,要求输出两个数的和。要求用函数来求和。

解题思路:

在定义函数时,要求确定以下问题:

(1) 函数名。要见名知意,反映函数的功能,今定名为 sum。

(2) 函数的类型。由于给定的两个数都是整数,显然两个数的和也是整数,因此 sum 函数的返回值(即返回主调函数的值)应该是整型 int。

(3) sum 函数的参数个数和类型。sum 函数应有两个参数,以便从主调函数接收两个整数,参数的类型是整型。在主调函数调用 sum 函数时,要给出两个整数作为实参,传递给 sum 函数中的两个形参。

编写程序:

(1) 编写 sum 函数。

```
int sum(int x,int y)                    //定义 sum 函数,有两个形参
{   int z;                              //定义临时变量 z
    z = x + y;                          //求 x 和 y 两个数的和
    return (z);                         //把 z 作为 sum 函数的值带回 main 函数
}
```

(2) 编写主函数。

```
# include < stdio. h >
int main()
{   int sum(int x,int y);               //声明 sum 函数
    int a,b,c;
    printf("please enter two integer numbers: ");
    scanf(" % d, % d",&a,&b);           //输入两个整数
    c = sum(a,b);                       //调用 sum 函数,有两个实参,和赋值给变量 c
    printf("sum = % d\n",c);            //输出两个数的和
    return 0;
}
```

把两者组合为一个程序文件,主函数在前面,sum 函数在下面。

运行结果:

```
please enter two integer numbers: 3 , 5
sum = 8
```

程序分析:

(1) 先定义 sum 函数,它有两个整型形参 x 和 y,在未出现函数调用时,它们并不占内存中的存储单元,在发生函数调用时,才给这两个形参 x 和 y 分配内存单元。

(2) 主函数中有函数调用"sum(a,b);",其中 a 和 b 是实参,也是整型,和形参 x 和 y 的类型相同。在函数调用时,将实参的值传递给形参,如图 8.2 所示,实参 a 的值为 3,把 3 传递给相应的形参 x,这时形参 x 就得到值 3,而形参 y 得到从实参 b 传来的值 5。

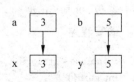

图 8.2 实参的值传递给形参

131

第 8 章

函 数

实参和形参的类型也可以赋值兼容。如果实参为 double 型而形参为 int 型,则按不同类型数值的赋值规则进行转换。例如实参 a 为 double 型变量,值为 1.5,而形参 x 为 int 型,那么在传递时先将实数 1.5 转换成整数 1,然后再传递给形参 x。字符型数据可与 int 型互相通用。

(3) sum 里的形参 x 和 y 有值了,就可以进行两数相加的运算,得到和 8,赋值给变量 z,然后通过 return 语句将函数值 z 带回到主函数的函数调用处"c=sum(a,b);",将函数返回值赋值 8 给变量 c,即变量 c 得到值 8。定义 sum 函数时,定义了它的返回值类型为 int 型,而 z 变量也是 int 型,两者类型一致。

(4) 调用结束,形参占有的内存单元将被释放。而实参单元仍然保留内存单元并保持原值。也就是说,在执行一个被调用函数时,如果形参的值发生改变,并不会改变主调函数的实参的值。例如在执行 sum 函数时,如果将形参 x 和 y 的值变为 1 和 2,实参 a 和 b 仍然为 3 和 5,并不随形参的改变而改变。这是因为形参和实参占有不同的内存单元,而且数据传递是单向传递,只能从实参传递给形参。

8.3.2 对调用函数的声明

在程序中调用另一个函数时,要满足以下 3 个条件。

(1) 被调用函数应是已经存在的用户自定义函数或者是库函数。

(2) 若被调用函数是库函数,应该用 #include 命令将有关库函数所需的信息包含到程序中。例如要调用"printf()"函数时,就需要用如下指令"#include < stdio.h >",其中,"stdio.h"是一个头文件,h 是头文件所用的扩展名,表示该文件是头文件(header file)。stdio 是"standard input & output"的缩写,意为"标准输入输出"。在"stdio.h"头文件中包含了输入、输出库函数所需用的一些宏定义信息。如果不包含该头文件就无法使用输入、输出库中的函数。

(3) 若被调用函数是用户自定义函数,且该函数与对该函数的调用在同一个源文件中,而该函数的位置在主调函数的后面时,应该在主调函数中对被调用函数作声明(declaration)。

声明的作用是把函数的返回值类型、函数名、函数参数的个数和类型等信息通知编译系统,以便在遇到函数调用时,编译系统能识别该函数并检查调用是否合法。如果发现函数调用与函数声明间有不匹配时,将发出出错信息。因为属于语法错误,用户很容易根据屏幕显示的出错信息发现错误并纠正它们。

下面做进一步说明。

【例 8.3】 输入两个整数,要求输出其中值较小者。要求用函数来找到较小的数。

解题思路:

两个数求较小者的算法很简单,现在用 min 函数实现它。min 函数的类型为 int 型,有两个参数,也是 int 型。

编写程序:

```
#include< stdio.h>
int main()
{    int min(int x,int y);          //对 min 函数的声明
     int a,b,c;
```

```
    printf("please enter two integer numbers: ");
    scanf("％d,％d",&a,&b);          //输入两个整数
    c = min(a,b);                    //调用 min 函数,有两个实参,函数值赋值给变量 c
    printf("min=％d\n",c);           //输出两个数的较小值
    return 0;
}

int min(int x,int y)                 //定义 min 函数,有两个形参
{   int z;                           //定义临时变量 z
    if(x>y)z = y;                    //将 x 和 y 两个数的较小值赋值给 z
      else z = x;
    return (z);                      //把 z 作为 min 函数的值带回 main 函数
}
```

运行结果:

```
please enter two integer numbers: 4 , 2
min = 2
```

程序分析:

函数 min 调用在先,而定义在 main 函数的后面,因程序进行编译是从上到下逐行进行的,如果没有对 min 函数的声明,当在 main 函数中调用 min 函数时,编译器将没有任何关于 min 函数的信息,编译器不知道 min 函数有多少个形式参数,形式参数的类型是什么,也不知道 min 函数的返回值是什么类型,因而无法对函数调用进行正确性检查。若在运行时才发现实参与形参的个数等不一致、出现运行错误,这时要发现错误并重新调试程序就比较麻烦,工作量也会较大。

现在,在 main 函数中对 min 函数进行声明,使用"int min(int x,int y);"语句。编译系统有了 min 函数的相关信息,在对 min 函数的调用时就可以进行相应的正确性检查了。

函数的声明方法有如下两种:

(1) 只说明函数的类型,这称为简单声明。如对例 8.3 中的函数 min,可用这种方式声明,即"int min();"。

(2) 不仅说明函数的类型还要说明参数的个数和类型,称为原型声明。如对例 8.3 中的 min 函数用原型说明为"int min(int x,int y);"。该函数声明和例 8.3 中的 min 函数定义中的第一行(函数首部)基本是相同的,只是函数声明比函数定义中的首行多了分号。所以在写函数声明时,可以简单地按函数的首行照写,再加一个分号,即是函数声明,而函数的首行(函数首部)称为函数原型,所以这种方式称为原型声明。

原型声明要比简单声明复杂一些,但是用原型声明,在函数调用时,系统除了检查函数的值的类型是否合法外,还可以对参数个数、参数类型和参数顺序进行检查,如果发现不一致,则报错。如果用简单声明方法,在调用函数时不做参数个数、参数类型和参数顺序是否一致的检查,即使不一致也不报错。所以,原型声明比简单声明要安全些。

其实在函数声明中可以不写形参名,只写形参的类型,如对例 8.3 中的 min 函数的声明可以写为"int min(int,int);"。因为编译系统在函数调用时不检查参数名,只检查参数个数、参数类型和参数顺序是否合法,只需在调用函数时保证实参类型与形参类型一致即可,

形参名是什么都无所谓。然而,最好不要忽略形参的名字,因为这些名字可以注释每个形参的目的,并提醒程序员在函数调用时有关实参出现时必须依据的次序。

函数声明中的形参名也可以与函数定义用的形参名不一样。如对例 8.3 中的 min 函数声明也可以写为:

```
int min(int a, int b);                    //形参名用 a 和 b,不用 x 和 y
```

也就是说,原型声明的一般形式有两种:

函数类型　函数名(参数类型 1　参数名 1,参数类型 2　参数名 2,…,参数类型 n　参数名 n);
函数类型　函数名(参数类型 1,参数类型 2,…,参数类型 n);

如果被调用函数的定义位于主调函数之前时,在主调函数中可以不对被调用函数进行声明。

如果在所有函数定义之前或在文件的开头对本文件中所调用的函数进行了声明,那么在各函数中可以不对其调用函数再进行声明了。

例如:

```
char str(char a);             //以下两行在所有函数定义之前,且在函数外部
float f(float b);
int main()                    //在 main 函数中要调用 str 和 f 函数,不必再对它们进行声明
{
    …
}
char str(char a)              //定义 str 函数
{
…
}
float f(float b)              //定义 f 函数
{
…
}
```

因为在第一、二行已经对需要调用的 str 函数和 f 函数预先进行了声明(这种声明被称为外部声明),所以在 main 函数中不需要再对这些函数进行声明就可以直接调用,编译系统已经从外部声明中获取了函数的相关信息。外部声明在整个文件范围内有效。

注意:"函数定义"和"函数声明"是两个完全不同的概念。函数定义是指对函数功能的确立,包括指定函数类型、函数名、函数形参及其类型、函数体等,是一个完整的、独立的函数单位。而函数声明是对已经定义的函数的进行声明,它不包括函数体,它的作用是告诉编译系统被调用函数的函数类型、函数名、形参的个数、形参的类型和顺序,以便在调用该函数时,按此进行对照检查(例如,函数类型是否一致,函数名是否正确等)。

8.3.3　函数的返回值

函数调用的目的通常是为了得到一个计算结果,也就是函数值(函数返回值)。它是函数被调用后,执行函数体中的程序段得到的并返回到主调函数的值。例如,在例 8.2 的主函数中有"c=sum(a,b);",从 sum 函数的定义中可知,若函数调用 sum(1,2) 的值是 3,调用

sum(3,5)的值是 8。3 和 8 就是函数的返回值,赋值语句将函数值赋值给变量 c。

对函数值(函数返回值)有以下说明:

(1) 函数的值只能通过 return 语句返回主调函数。return 语句的一般形式为:"return 表达式;"或"return(表达式);"。该语句的功能是计算表达式的值,并返回给主调函数。

如果需要从被调用函数给主调函数带回一个函数值,被调用函数中就必须包含 return 语句。return 语句是函数的逻辑结尾,但不一定是函数的最后一条语句。在函数中允许有多个 return 语句,但每次调用只能有一个 return 语句被执行,所以只能返回一个函数值。如果不需要返回值给主调函数,可以不要 return 语句。

(2) **函数值的类型和函数定义中的函数类型应该一致**。例如,例 8.2 中指定 sum 函数的函数值类型为整型,而通过 return 语句将整型变量 z 作为 sum 函数的函数值带回到主调函数。z 的类型与 sum 函数的类型一致,是正确的。

但 C 语言也允许两者类型不同,如果**两者不一致**,则以函数类型为准,自动进行类型转换,使得 return 语句中的表达式的类型转换为函数类型。

【例 8.4】 将例 8.2 稍做改动,将在 sum 函数中定义的变量 z 改为 float 型。函数返回值的类型与指定的函数类型不同,分析其处理方法。

解题思路:

如果 return 语句中表达式的类型和函数的类型不匹配,系统将会按赋值规则处理。

编写程序:

```
# include < stdio. h>
int main()
{    int sum(float x,float y);        //声明 sum 函数
    float a,b;
    int c;
    printf("please enter a and b: ");
    scanf("% f, % f",&a,&b);          //输入两个数
    c = sum(a,b);                     //调用 sum 函数,有两个实参,和赋值给变量 c
    printf("sum = % d\n",c);          //输出两个数的和
    return 0;
}
int sum(float x, float y)            //定义 sum 函数,有两个形参
{    float z;                        //定义 float 变量 z
    z = x + y;                       //求 x 和 y 两个数的和
    return (z);                      //把 z 作为 sum 函数的值带回 main 函数
}
```

运行结果:

```
please enter a and b: 1.2 , 2.1
sum = 3
```

程序分析:

sum 函数的形参是 float 型,实参也是 float 型,在 main 函数中输入给 a 和 b 的值为 1.2 和 2.1。在调用 sum(a,b)时,把 a 的值 1.2 传递给形参 x,把 b 的值 2.1 传递给形参 y。执行 sum 函数中的语句"z=x+y;",得到 x 和 y 的和 3.3,并将其赋值给变量 z。由于 sum 函

数定义时指定了函数类型为 int 型,但是 return 语句中的 z 为 float 型,两者不一致,这时就需要按照赋值规则,先将 float 型的 z 转换为 int 型,得到 3,再返回给主调函数 main,即赋值给 int 型变量 c。

有时,可以利用这一特点进行类型转换,例如在函数中进行实型运算,但是希望返回的是 int 型,就可让系统自动完成类型转换。但是这种做法将使程序不清晰,可读性降低,容易出错,而且也不是所有类型都可以进行相互转换。所以不建议初学者采用此种方法,应做到使函数类型与 return 返回值类型一致。

(3) 如果在定义函数时忽略返回类型,编译系统会默认函数类型为 int 型。

为每个函数指定一个明显的返回类型是一个好的方法,这样写的程序规范、可读性好,也易于维护,所以应当养成在定义函数时一律指定函数类型,不要忽略返回类型。

(4) **不返回函数值的函数**,可以明确定义为"空类型",**类型说明符为 void**。这样,函数调用时将不带回任何值给主调函数。此时可以不含 return 语句,或含不带表达式的 return 语句,即只含"return;"。此时,return 语句作为函数的逻辑结尾,作用是将控制权交给主调函数的调用处,而不是返回一个值。例如:

```
void print()
{   printf("hello");
    return;
}
```

但是此时也不是必须使用 return 语句,因为在执行最后一条语句后,函数将自动返回。

8.4　嵌套调用和递归调用

C 语言中函数允许嵌套调用和递归调用,递归调用是嵌套调用的特例。

8.4.1　嵌套调用

C 语言中函数的定义不允许嵌套,就是说不允许在函数中定义另一个函数,C 语言程序中的若干函数都是平行的、独立的,不存在上一级函数和下一级函数的问题。但是 C 语言允许在一个函数的定义中出现对另一个函数的调用,这样就出现了函数的嵌套调用。也就是说一个函数在被其他函数调用时,它可以调用别的函数。

函数的嵌套调用可以用图 8.3 表示,这是一个两层(连同 main 函数共三层)调用的示意图。

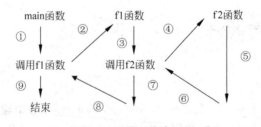

图 8.3　函数的嵌套调用

其执行过程如下：

(1) 程序从 main 函数开始执行；

(2) 在主函数中执行调用 f1 函数语句，程序流程转移到 f1 函数；

(3) 程序执行 f1 函数中的各个执行语句；

(4) 在 f1 函数中执行调用 f2 函数的语句，程序流程转移到 f2 函数；

(5) 程序执行 f2 函数中的各个执行语句；

(6) f2 函数的程序执行完后，程序返回到 f1 函数中调用 f2 函数的位置；

(7) 执行 f1 函数中余下的各个执行语句，直到 f1 函数结束；

(8) f1 函数的程序执行完后，程序返回到 main 函数中调用 f1 函数的位置；

(9) 继续执行 main 函数中余下的各个执行语句，直到程序结束。

【例 8.5】 输入 3 个整数，求 3 个整数的和。用函数的嵌套调用来处理。

解题思路：

这个问题比较简单，可以用函数的嵌套调用来处理。可以定义一个函数 sum2 求两个整数的和。再定义一个函数 sum3 求 3 个整数的和。在 main 函数中调用 sum3 函数，而在 sum3 函数中再多次调用 sum2 函数，即可以求出 3 个整数的和，然后把这个值作为函数的值返回给 main 函数，在 main 函数中输出结果。

编写程序：

```
# include < stdio.h >
int main()
{   int sum3(int a,int b,int c);          //对 sum3 函数的声明
    int a,b,c,sum;
    printf("please enter 3 integer numbers: ");
    scanf("%d,%d,%d",&a,&b,&c);           //输入 3 个整数
    sum = sum3(a,b,c);                     //调用 sum3 函数,得到 3 个数的和
    printf("sum = %d\n",sum);              //输出 3 个数的和
    return 0;
}
int sum3(int a,int b,int c)               //定义 sum3 函数
{   int sum2(int x,int y);                //对 sum2 函数声明
    int m;
    m = sum2(a,b);                         //调用 sum2 函数,得到 a 和 b 的和,放在 m 中
    m = sum2(m,c);                         //调用 sum2 函数,得到 a、b 和 c 的和,放在 m 中
    return m;                              //把 m 作为函数值带回 main 函数
}
int sum2(int x,int y)                     //定义 sum2 函数
{   int z;                                //定义临时变量 z
    z = x + y;                             //求 x 和 y 两个数的和,放在 z 中
    return(z);                             //把 z 作为函数值带回 sum3 函数
}
```

运行结果：

```
please enter 3 integer numbers: 2 , 5 , 3
sum = 10
```

程序分析：

sum3 函数定义在 main 函数后,而在 main 函数中要调用该函数,所以在主函数中需要对 sum3 函数进行声明。在 sum3 函数中两次调用了 sum2 函数,而 sum2 函数定义在 sum3 函数后,所以也需要在 sum3 函数中对 sum2 函数进行声明。因在主函数中没有直接调用 sum2 函数,所以不需要在主函数中对 sum2 函数进行声明。

sum3 函数执行过程如下：第一次调用 sum2 函数得到的函数值是 a 和 b 的和,把该值赋值给变量 m,第二次调用 sum2 函数得到的是 m 和 c 的和,即 a、b 和 c 3 个数的和,同样把该函数值赋值给变量 m。这是一种递推的方法,先求出两个数的和,再以此为基础求出 3 个数的和,m 的值一次次地变化,直到实现最终要求。

程序改进：

(1) 可以将 sum2 函数的函数体改成只有一个 return 语句。

```
int sum2(int x,int y)                    //定义 sum2 函数
{
    return (x+y);                        //返回两个数的和
}
```

(2) 在 sum3 函数中,两个调用 sum2 函数的语句可以改为以下形式。

```
m = sum2(sum2(a,b),c);                   //把 sum2 函数调用作为函数实参
```

也可以不定义变量 m,将 sum3 函数改为以下形式：

```
int sum3(int a,int b,int c)
{    int sum2(int x,int y);
     return sum2(sum2(a,b),c);
}
```

8.4.2　函数的递归调用

C 语言允许使用函数的递归调用,这是 C 语言的特点之一。所谓递归调用,就是在调用一个函数的过程中出现直接或间接地调用该函数自身。

一个函数直接调用该函数本身称为直接递归调用。例如：

```
int f(int n)
{
    return n * f(n-1);
}
```

直接递归调用如图 8.4 所示。一个函数间接调用该函数本身称为间接递归调用,如图 8.5 所示。例如：

```
int f1(int x)                    int f2(int a)
{   int y,z;                     {   int b,c;
    …                                …
    z = f2(y);                       c = f1(b);
    …                                …
    return z;                        return c;
}                                }
```

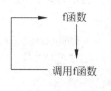

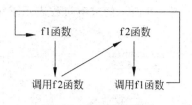

图 8.4　直接递归调用　　　　　　　　图 8.5　间接递归调用

上述程序在调用 f1 函数时,要调用 f2 函数,而在调用 f2 函数时,又要调用 f1 函数,这样就间接调用了 f1 函数本身。

实际中不是所有问题都可以采用递归调用的方法。只有满足下列要求的问题才可以使用递归调用方法来解决:能够将原有的问题分解为一个新的问题,而新的问题的解决办法与原有问题的解决办法相同,按这一原则依次分解下去,最终分解出的新的问题可以解决。

实际中有意义的递归问题都是经过有限次的分解,最终可以获得解决的问题,也就是有限递归问题,无限递归问题在实际中是没有意义的。即递归调用不应也不能无限制地执行下去,而图 8.4 和图 8.5 中的两种递归调用都是无终止地自身调用,这是不正确的。为了防止递归调用无终止地进行,必须设置一个条件来检验是否需要停止递归函数的调用,即满足某种条件后就不再做递归调用,然后逐层返回,这可以用 if 语句来实现。

递归函数内部对自身的每一次调用都会导致一个与原问题相似而范围要小的新问题。所以构造递归函数的关键在于寻找递归算法和终结条件。一般来说,只要对问题的每一次求解过程进行分析归纳,就可以找出问题的共性,获得递归算法。而终结条件是为了终结函数的递归调用而设置的一个标记。终止条件可以通过分析问题的最后一步求解而得到。

下面用一个例子说明递归调用。

【例 8.6】　有 4 个小朋友在一起吃糖果,问第 4 个小朋友,他吃了几颗糖,他说比第 3 个小朋友多吃了 1 颗。问第 3 个小朋友,他说比第 2 个小朋友多吃了 1 颗糖。问第 2 个小朋友,他说比第 1 个小朋友多吃了 1 颗糖。最后问第 1 个小朋友,他说自己吃了 4 颗糖。请问第 4 个小朋友吃了几颗糖。

解题思路:

要求第 4 个小朋友吃了几颗糖,必须先知道第 3 个小朋友吃了几颗糖,而第 3 个小朋友吃的糖果数目也不知道。要求第 3 个小朋友吃的糖果数目必须知道第 2 个小朋友吃的糖果数目,而第 2 个小朋友吃的糖果数目又取决于第 1 个小朋友吃的糖果数目。每一个小朋友吃的糖果数目都比前一个小朋友吃的多 1 颗,即

```
candy(4) = candy(3) + 1
candy(3) = candy(2) + 1
candy(2) = candy(1) + 1
candy(1) = 4
```

用数学公式归纳如下:

$$candy(n) = 4 \qquad\qquad (n = 1)$$
$$candy(n) = candy(n-1) + 1 \quad (n > 1)$$

可以看出,当 n>1 时,求第 n 个小朋友吃的糖果数目的公式是相同的。因此可以用一

个函数表示。图 8.6 所示的求解过程表示求第 4 个小朋友吃的糖果数目的过程。

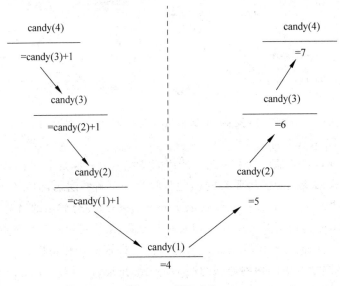

图 8.6 求解过程

这是一个递归问题。由图 8.6 可以看出,这个递归问题的求解过程有两个阶段。

第一阶段称为"递推"阶段:将原问题不断分解为新的子问题,逐渐从未知向已知的方向推测,最终达到已知的条件,即递归结束条件,这时递推阶段结束。如将第 n 个小朋友吃了几颗糖的数目表示为第 n−1 个小朋友吃的糖果数目的函数,而第 n−1 个小朋友吃的糖果数目还不知道,仍然要继续将其表示为第 n−2 个小朋友吃的糖果数目的函数……直到第 1 个小朋友吃的糖果数目。此时第 1 个小朋友吃的糖果数是已知的,所以递推阶段结束。

第二阶段为"回归"阶段:从已知条件出发,按照"递推"的逆过程,逐一求值回归,最终到达"递推"的开始处,结束回归阶段,完成递归调用。从第 1 个小朋友吃的糖果数可以推算出第 2 个小朋友吃的糖果数为 5 颗,从第 2 个小朋友吃的糖果数可推算出第 3 个小朋友吃的糖果数为 6 颗……直到推算出第 4 个小朋友吃的糖果数为 7 颗为止。"回归"的过程是"递推"的逆过程。

递归过程不能无限制地进行下去,必须设置一个结束递归的条件,如 candy(1)=4 就是递归结束条件。

编写程序:

```
# include< stdio. h>
int main()
{   int candy( int n);
    printf("第 4 个小朋友吃的糖果数: % d\n",candy(4));
    return 0;
}

int candy( int n)                    //求小朋友吃的糖果数的递归函数
{   int c;
    if(n == 1)                       //如果 n 等于 1
        c = 4;                       //糖果数为 4
```

```
    else                            //如果 n 不等于 1
        c = candy(n - 1) + 1;       //糖果数为前一个小朋友吃的糖果数加 1
    return c;                       //返回糖果数
}
```

运行结果：

第 4 个小朋友吃的糖果数：7

程序分析：

函数调用过程如图 8.7 所示。candy 函数共被调用了 4 次，即 candy(4)、candy(3)、candy(2)、candy(1)。主函数调用 candy(4)，进入 candy() 函数后，因为 n=4，不等于 1，所以应执行 "c=candy(n−1)+1;"，即 "c=candy(3)+1;"，该语句递归调用 candy(3)。以此类推，共进行 3 次递归后，到 candy(1) 有确定的值，不再递归调用 candy 函数，递归调用结束，将 candy(1) 的函数值 4 返回到 candy 函数中 "c=candy(n−1)+1;" 处（此时 n=2），得到 c=4+1，即 5。再把 5 作为 candy(2) 的值返回到 candy 函数中 "c=candy(n−1)+1;" 处（此时 n=3），得到 c=5+1，即 6。再把 6 作为 candy(3) 的值返回到 candy 函数中 "c=candy(n−1)+1;" 处（此时 n=4），得到 c=6+1，即 candy(4) 的值为 7。

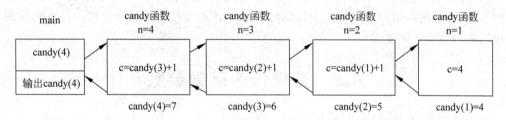

图 8.7　递归函数调用过程

【**例 8.7**】　用递归函数求 Fibonacci 数列的第 10 项的值。

解题思路：

前面的章节曾介绍过如何求 Fibonacci 数列，公式为

$$f(n)=\begin{cases}1 & n=1\\ 1 & n=2\\ f(n-1)+f(n-2) & n>2\end{cases}$$

可以看出，前两项 n=1 和 n=2 是递归结束的条件，最后一项是递归计算公式。可以据此设计出对应的递归函数。

编写程序：

```
#include<stdio.h>
int main()
{   int f(int n);                        //对 f 函数的声明
    printf("Fibonacci 数列的第 10 项为：%d\n",f(10));
    return 0;
}

int f(int n)                             //定义 f 函数
```

```
{    int c;
     if((n==1)||(n==2))              //n=1 或 n=2
         c=1;
     else                           //n>2 时
         c=f(n-1)+f(n-2);
     return c;
}
```

运行结果：

Fibonacci 数列的第 10 项为：55

程序分析：

程序中的 f 函数是一个递归函数。主函数调用 f 函数后进入 f 函数执行，n=1 或 n=2 时都将结束函数的执行，否则就递归调用 f 函数本身。

使用递归调用方法编写程序简洁清晰，可读性好。因此，人们喜欢用递归调用的方法来解决某些问题。但是，用这种方法编写的程序执行起来在时间和空间上的开销都比较大，因为递归调用时要占用内存的许多单元存放"递推"的中间结果，又要花费很多的计算时间。因此，有时为了提高运行效率，节省存储空间，常常把递归问题转化为非递归的迭代形式。一般来说，相同的问题用迭代方法编写要比用递归方法编写的源程序长些。但有些问题则只能用递归算法才能实现。

8.5   数组作为函数参数

数组可以作为函数的参数使用，进行数据传送。

数组用作函数参数有两种形式，一种是把数组元素（下标变量）作为实参使用；另一种是把数组名作为函数的形参和实参使用。

8.5.1   数组元素作函数实参

数组元素就是下标变量，它与普通变量没有区别。一般来说，凡是变量可以出现的地方，都可以用数组元素代替。所以数组元素可以作为函数实参使用，与使用普通变量时完全相同，在发生函数调用时，把作为实参的数组元素的值传送给形参，实现单向的值传送。

数组元素不能用作形参，因为形参是在函数调用时临时分配内存存储单元的，而数组是一个整体，在内存中占有连续的一段存储单元，不能为一个数组元素单独分配存储单元。

【例 8.8】 输入 5 个整数，判别其值，若值大于 0 则输出该值，若值小于或等于 0 则输出"0"值。

解题思路：

可以定义一个整型数组 a，长度为 5，用来存放 5 个整数。设计一个无返回值的函数 f，并说明其形参 n 为整型变量。该函数根据 n 的值输出相应的结果，在主函数中依次用数组元素当实参去调用该函数，得到相应的输出值。

编写程序:

```c
#include<stdio.h>
int main()
{   void f(int n);                        //对 f 函数的声明
    int a[5],i;
    for(i=0;i<5;i++)                      //输入 5 个整数,并依次调用 f 函数
    {   printf("input %dth number:",i+1);
        scanf("%d",&a[i]);
        f(a[i]);
    }
    return 0;
}

void f(int n)
{   if(n>0)                               //n>0 时
        printf("%d\n",n);                 //输出 n 的值
    else                                  //n<0 或 n=0 时
        printf("%d\n",0);                 //输出数值 0
}
```

运行结果:

```
input 1th number:1
1
input 2th number:5
5
input 3th number:0
0
input 4th number:-2
0
input 5th number:-1
0
```

程序分析:

从键盘输入 5 个整数给 a[0]~a[4]。在 main 函数中用一个 for 语句输入数组各元素,每输入一个元素的值,就用该数组元素当实参调用一次 f 函数,将该数组元素 a[i] 的值传递给形参 n,然后在 f 函数体中根据 n 的值输出相应的结果。

8.5.2 数组名作函数参数

用数组名作函数参数与用数组元素作实参有以下不同:

(1) 用数组元素作实参时,只要数组的类型和函数的形参类型一致,那么作为下标变量的数组元素的类型也将和函数形参的类型一致。因此,并不要求函数的形参也是下标变量,即是按普通变量的方式对数组元素进行处理的。

而用数组名作函数参数时,则要求形参和相对应的实参都必须是类型相同的数组,应该在主调函数和被调用函数中分别对其进行定义,不能只对一方定义。当形参和实参两者类型不一致时,将会发生错误。

（2）在普通变量或数组元素作函数参数时，形参变量和实参变量是由编译系统分配的不同的内存单元。在函数调用时是把实参变量的值传递给形参变量，是值传送。

用数组名作函数参数时，因为 C 语言规定数组名是一个地址值，即是该数组的首元素的地址值，所以此时并不是进行值的传送，即不是把实参数组的每一个元素的值都赋予形参数组的各个元素。此时的形参数组实际上并不存在，编译系统并不为其分配内存单元。

因此，在数组名作函数参数时所进行的传送是地址的传送，也就是说把实参数组的首元素的地址赋予形参数组名。形参数组取得该首地址后，也就相当于有了实在的数组，即形参数组和实参数组为同一数组，共同拥有一段内存空间。

【例 8.9】 有一个一维数组 a，内放 5 个整数，求它们的和。

解题思路：

用一个函数 sum_array 来求 5 个整数的和，用数组名作函数实参，形参也用数组名，在 sum_array 函数中引用各数组元素，求它们的和并返回 main 函数。

编写程序：

```
# include < stdio. h >
int main()
{    int sum_array( int b[5] );              //函数声明
     int a[5],i,c;
     printf("input 5 numbers:");
     for(i = 0;i < 5;i++)                     //输入 5 个整数
         scanf(" % d",&a[i]);
     c = sum_array(a);                        //调用 sum_array 函数
     printf("sum = % d\n",c);
     return 0;
}

int sum_array( int b[5] )                     //定义 sum_array 函数
{    int i,sum = 0;
     for(i = 0;i < 5;i++)                      //累加数组元素的值
         sum = sum + b[i];
     return sum;
}
```

运行结果：

```
input 5 numbers:1 3 5 7 9
sum = 25
```

程序分析：

（1）本程序中函数 sum_array 的形参为整型数组 b，长度为 5。主函数中实参数组 a 也为整型，长度也为 5。两者类型一致。

（2）在主函数中首先输入数组 a 的各个元素值，然后以数组名 a 为实参调用 sum_array 函数，将实参数组 a 的首地址传送给形参数组 b。假设数组 a 的首元素地址为 2000，那么数组 a 和数组 b 共同占有以 2000 为首地址的一段连续的内存单元。因为数组 a 和数组 b 为相同类型的数组，所以 a[0]与 b[0]占有相同的内存单元、a[1]与 b[1]同占一个单元，以此类推则有 a[i]与 b[i]占同一存储单元,如图 8.8 所示。

	a[0]	a[1]	a[2]	a[3]	a[4]
起始地址 2000	1	3	5	7	9
	b[0]	b[1]	b[2]	b[3]	b[4]

图 8.8　实参数组和形参数组共占一段内存单元

由图 8.8 可见,当用数组名作函数参数时,由于形参数组和实参数组实际上都占用同样的存储区域,为同一数组,若改变 b[0]的值,那么 a[0]的值也将发生改变。即形参数组中各元素的值如果发生变化,会使其对应实参数组元素的值同时发生变化。这种情况不能理解为发生了“双向”的值传递,因为传递仍然是单向的从实参向形参传递,只是这个时候传递的是实参数组的首地址而已。在程序中常常有意识地利用这一特点改变实参数组元素的值。

这与前面讨论过的变量作函数参数的情况不同。当变量作函数参数时,所进行的值传送是单向的,只能从实参传向形参,不能从形参传回实参。也就是说形参的初值和实参相同,但是若形参的值发生改变,实参的值并不会发生变化,两者在内存中占有不同的存储单元,两者的终值是不同的。

(3) 实参数组和形参数组大小可以相同也可以不同,C 编译系统对形参数组大小不做检查,只是将实参数组的首地址传给形参数组。当形参数组的长度与实参数组不一致时,虽不至于出现语法错误(编译能通过),但程序执行结果可能将与实际不符,应予以注意。

(4) 当形参是一维数组时,可以(而且是通常情况下)不说明数组的长度,即形参数组可以不指定大小,在定义数组时在数组名后面跟一个空的方括号,如:

```
int sum_array(int b[])                        //定义 sum_array 函数,形参数组不指定大小
```

和

```
int sum array(int b[5])                       //定义 sum array 函数,形参数组指定大小
```

效果是相同的。实际上编译时是把形参数组名处理为一个指针变量,用来接收一个地址的,所以指定形参数组的大小是不起任何作用的。可以另设一个参数传递实参数组的大小,这时形参数组可以随实参数组动态变化。例 8.9 也可以改为下面的形式:

```
#include<stdio.h>
int main()
{   int sum_array(int b[],int n);
    int a[5],i,c;
    printf("input 5 numbers:",);
    for(i=0;i<5;i++)
        scanf("%d",&a[i]);
    c=sum_array(a,5);
    printf("sum=%d",c);
    return 0;
}
int sum_array(int b[],int n)
{   int i,sum=0;
    for(i=0;i<n;i++)
```

```
        sum = sum + b[i];
    return sum;
}
```

在程序中 sum_array 函数形参数组 b 没有给出长度，由变量 n 动态确定该长度。在 main 函数中，函数调用语句改为 sum_array(a,5)，其中实参 5 将赋给形参 n 作为形参数组的长度。n 的值可以比实参数组的长度小，从而获得正确的数组长度。如数组 a 可以拥有 20 个元素，但是实际仅存储了 10 个元素，那么可以通过下列语句对数组的前 10 个元素进行求和：

```
c = sum_array(a,10);
```

此时 sum_array 函数将忽略另外的 10 个元素，甚至 sum_array 函数都不知道另外 10 个元素的存在。

注意，此时传递给变量 n 的值不能比实参数组的长度大。例如"c＝sum_array(a,30);"，此时 sum_array 函数的形参数组将超出实参数组的末尾，结果是数组 a 将包含 10 个不存在的数组元素的值。

数组名作为函数参数，将在第 9 章介绍完指针变量后做进一步说明。

【例 8.10】 有一个一维数组 a，内放两个整型元素，请编写一个函数 swap，实现交换这两个元素的值。

解题思路：

函数 swap 如果用变量作形参，那么无法达到交换数组 a 元素的目的。所以 swap 的形参应该是同数组 a 同类型的数组，用数组名 a 当实参去调用 swap 函数，将数组 a 的首地址传递给形参数组，形参数组和实参数组共占同一段内存单元。这样在函数 swap 中交换形参数组元素的值，也就实现了对实参数组 a 元素值的交换。

编写程序：

```
# include< stdio.h>
int main()
{   void swap(int b[]);                 //对 swap 函数声明
    int a[2] = {1,5},i;
    printf("交换前: ");
    for(i = 0;i < 2;i++)                //输出 a[0]和 a[1]
        printf("a[ % d] = % d\t",i,a[i]);
    printf("\n");
    swap(a);                            //调用 swap 函数
    printf("交换后: ");
    for(i = 0;i < 2;i++)                //输出函数调用后的 a[0]和 a[1]
        printf("a[ % d] = % d\t",i,a[i]);
    printf("\n");
    return 0;
}
void swap(int b[])                      //定义 swap 函数
{   int t;
    t = b[0];
    b[0] = b[1];
```

```
        b[1] = t;
    }
```

运行结果：

交换前：a[0] = 1   a[1] = 5
交换后：a[0] = 5   a[1] = 1

程序分析：

可以看到，在执行函数调用语句"swap(a)"之前和之后，a 数组中各元素的值是不同的。在执行"swap(a)"后，数组 a 中的元素的值已经互相交换了，这是因为形参数组 b 中元素的值进行了交换，形参数组的改变也使实参数组随之改变了。

8.5.3 多维数组名作函数参数

多维数组也可以作为函数的参数。多维数组名可以作为函数的实参和形参，但当形式参数是多维数组时，只能忽略第一维的长度。如例 8.9 修改 sum_array( )函数使得数组 b 是一个二维数组，虽然不需要指出数组 b 中行的数量，但是必须说明数组 b 中列的数量，且必须和实参数组的列数相同。

```
int sum_array( int b[ ][5], int n)
{
    int i, j, sum = 0;
    for(i = 0; i < n; i++)
    for(j = 0; j < 5; j++)
        sum += b[i][j];
    return sum;
}
```

这是因为二维数组是由若干个一维数组组成的。在内存中，数组是按行存放的，因此在定义二维数组时，必须指定一行中包含几个元素，即二维数组的列数。而形参数组和实参数组是相同类型的数组，列数也相同，所以它们都是由相同长度的一维数组所组成。如果只指定第一维（行数），省略第二维（列数），如"int b[3][]"，是错误的。

在第二维大小相同的前提下，形参数组的第一维可以与实参数组不同。例如实参数组定义为"int a[3][5];"，而形参定义为"int b[][5];"或"int b[5][5];"都是可以的，因为 C 语言编译系统不检查第一维的大小，此时形参数组和实参数组都是由相同类型和大小的一维数组组成。

【例 8.11】 有一个 2×3 的矩阵，求所有元素的平均值。

解题思路：

用一个函数 average 求元素的平均值，用二维数组名作函数实参，形参也用数组名，在 average 函数中引用各数组元素，求所有元素的平均值，并返回 main 函数。

编写程序：

```
# include < stdio.h >
int main()
{   float average(int b[ ][3], int n);          //函数声明
```

```
        int a[2][3] = {{1,3,5},{2,4,6}};                    //对数组元素赋初值
        printf("average is %5.2f\n",average(a,2));          //average(a,2)为函数调用
        return 0;
}

float average(int b[ ][3],int n)                            //函数定义
{   int i,j;
    float aver,sum = 0;
    for(i = 0;i < n;i++)
      for(j = 0;j < 3;j++)
        sum = sum + b[i][j];                                //累加矩阵的各元素
    aver = sum/(n * 3);
    return aver;
}
```

运行结果:

```
average is  3.50
```

程序分析:

形参数组 b 的第一维大小省略,第二维大小不能省略,且要和实参数组的第二维大小相同。然后另外设了个形参变量 n 传递实参数组第一维的大小。在 main 函数中调用 average 函数时,把实参数组 a 的第一行的起始地址传递给形参数组 b,因此数组 b 的第一行的起始地址与数组 a 的第一行的起始地址是相同的。由于两个数组的第二维大小相同(列数相同),因此两个数组的第二行的起始地址也是相同的。以此类推,两个数组的其他行的起始地址也是相同的。此时 a[i][j] 和 b[i][j] 占有一个相同的存储单元,具有同一个元素值,实际上 b[i][j] 就是 a[i][j],所以在函数 average 中对 b[i][j] 的操作实际就是对 a[i][j] 的操作。

8.6　变量的作用域

在讨论函数的形参变量时曾经提到,形参变量只在被调用期间才分配内存单元,调用结束后立即释放。这说明形参变量只有在它所在的函数内才是有效的,离开该函数就不能再使用了。这种变量有效性的范围称为变量的作用域。

变量的作用域,是指一个变量能被引用的程序范围,即一个变量定义之后,在何处能使用该变量。

不仅对于形参变量,C 语言中所有的变量都有自己的作用域。变量说明的方式不同,其作用域也就不同。

C 语言中的变量,按作用域范围可分为两种,即局部变量和全局变量。

8.6.1　局部变量

定义变量可能有 3 种情况:

(1) 在函数的开头定义;

(2) 在函数的复合语句内定义；

(3) 在函数的外部定义。

局部变量也称内部变量，它是在函数内或函数的复合语句内定义说明的。在一个函数内部定义的变量只在本函数范围内有效，即只有在本函数内才能引用它们，在函数外是不能使用这些变量的。在函数的复合语句内定义的变量只在本复合语句范围内有效，只在本复合语句内才能使用它们。在复合语句以外是不能使用这些变量的。即局部变量的作用域仅限于函数内或复合语句内，离开该函数或该复合语句再使用这种变量是非法的。

如图 8.9 所示，在函数 f1 中定义了 3 个变量，其中 a 为形参，b 和 c 是一般变量。在函数 f1 的范围内 a、b 和 c 有效，即变量 a、b 和 c 的作用域仅限于函数 f1 内。同理，变量 x 和 y 的作用域限于函数 f2 内。m 和 n 的作用域局限在 main 函数内。

```
int f1(int a)  ⎫                 //定义函数 f1
{              ⎪                 //函数 f1 中定义变量 b 和 c
  int b,c;     ⎬ a,b,c 有效
  …            ⎪
}              ⎭
int f2(int x)  ⎫                 //定义函数 f2
{              ⎪                 //函数 f2 中定义变量 y
  int y;       ⎬ x,y 有效
  …            ⎪
}              ⎭
int main()     ⎫
{              ⎪
  int m,n;     ⎪
  …            ⎬ m,n 有效
  return 0;    ⎪
}              ⎭
```

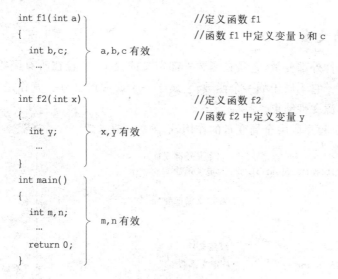

图 8.9　局部变量示意图

关于局部变量的作用域还要说明以下几点：

(1) 在 main 函数中定义的变量只能在 main 函数中使用，不能在其他函数中使用。同时，main 函数中也不能使用其他函数中定义的变量。因为 main 函数与其他函数是平行的关系，这一点应予以注意。

(2) 形参变量是属于被调函数的局部变量，实参变量是属于主调函数的局部变量。如 f1 函数中的形参 a，也只在 f1 函数中有效，其他函数可以调用 f1 函数，但是不能直接引用 f1 函数的形参 a(如在其他函数中输出 a 的值是不允许的)。

(3) 允许在不同的函数中使用相同的变量名，它们代表不同的对象，分配不同的内存单元，互不干扰，不会发生混淆。例如，上面的 main 函数中定义了变量 m，若在 f1 函数中也定义变量 m，它们将不会混淆。

(4) 在函数内的复合语句中也可以定义变量，其作用域只限于复合语句范围内。这种复合语句也称为分程序或程序块。如图 8.10 所示，变量 z 只在复合语句内有效，离开该复合语句就不能再使用该变量了，系统会把分配给它的存储单元释放。

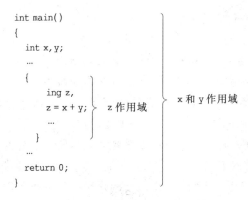

```
int main()
{
  int x,y;
  …
  {
      ing z,
      z = x + y;
      …
  }
  …
  return 0;
}
```

z 作用域
x 和 y 作用域

图 8.10　不同局部变量的作用域

8.6.2　全局变量

全局变量也称外部变量,它是在函数外部定义的变量,位置在所有函数前、各个函数之间或所有函数后。它不属于哪一个函数,它属于一个源程序文件。其作用域是从定义变量的位置开始到本源文件结束。

比较图 8.11 程序段中全局变量的作用域。

```
int x,y;                 //定义外部变量
float f1(float a,float b) //定义函数 f1
{
  float c;               //定义局部变量
  …
}
char c1,c2;              //定义外部变量
int f2(int m,int n)      //定义函数 f2
{
  …
}
int main()              //定义主函数
{
  int t;
  …
  return 0;
}
```

全局变量 x,y
的作用范围

全局变量 c1,c2
的作用范围

图 8.11　比较程序段中全局变量的作用域

x、y、c1、c2 都是在函数外部定义的全局变量,但它们的作用范围不同。因为 c1、c2 定义在函数 f1 之后,在 f1 函数中只能使用全局变量 x、y,但在函数 f2 和 main 函数中,可以使用 x、y、c1 和 c2。

在一个函数中既可以使用本函数中的局部变量,也可以使用有效的全局变量。

注意:在引用全局变量时如果使用 extern 声明全局变量,可以扩大全局变量的作用域,如扩大到整个源文件。但在一个函数之前定义的全局变量,在该函数内使用可不再加以说明。

分析下面的程序段。

```
extern float c1;                //扩大了外部变量 c1 的作用范围,其作用域为整个源文件
int x,y;                        //定义外部变量
float f1(float a,float b)        //定义函数 f1
{
    …
    c1 = a + b;
    …
}
float c1;                       //定义外部变量
int f2(int m,int n)             //定义函数 f2
{
    …
}
int main()                      //主函数
{    int t;
    …
    return 0;
}
```

可以看出,x、y、c1 都是外部变量,其中 c1 定义在函数 f1 之后,因为在所有函数之前对 c1 进行了说明,所以把变量 c1 的作用域扩大到整个源文件,因此在 f1 函数内也可以使用 c1。

全局变量可以和局部变量同名,当局部变量有效时,同名全局变量不起作用。

【例 8.12】 全局变量与局部变量同名,分析其结果。

编写程序:

```
# include < stdio. h >
int a = 2,b = 3;                //a 和 b 是全局变量
int main()
{    int sum(int a,int b);      //函数声明,a 和 b 是形参
    int a = 6;                  //定义局部变量 a
    printf("sum = % d\n",sum(a,b));     局部变量 a 的作用范围
    return 0;                           全局变量 b 的作用范围
}
int sum(int a,int b)            //a 和 b 是形参
{    int total;
    total = a + b;             //求 a 与 b 的和     形参 a 和 b 作用范围
    return total;
}
```

运行结果:

```
sum = 9
```

程序分析:

程序第二行定义了全局变量 a 和 b,并对它们初始化。在 main 函数中定义了一个局部变量 a。局部变量 a 的作用范围是在 main 函数中(第 5~8 行),在这个范围内,全局变量 a

被局部变量 a 屏蔽,也就是说全局变量 a 在此范围内不起作用,相当于它不存在,但全局变量 b 在此范围内有效。所以在 main 函数中调用"sum(a,b)"时的实参 a 是局部变量 a,实参 b 是全局变量 b,也就是说"sum(a,b)"相当于"sum(6,3)",它的值为 9。

第 9 行定义了 sum 函数,形参 a 和 b 是局部变量。全局变量 a 和 b 在 sum 函数范围内被屏蔽,不起作用,所以函数 sum 中的 a 和 b 是形参 a 和 b,不是全局变量 a 和 b,它们的值是由实参传递过来的,所以形参 a 的值为 6,形参 b 的值为 3。调用结束后,sum(a,b)的返回值为 9,而不是 5。

说明:设置全局变量的作用是可以增加各个函数之间的数据传输渠道。由于同一个文件中的所有函数都能引用全局变量的值,所以如果在一个函数中改变了一个全局变量的值,将会影响到其他函数中该全局变量的值。这相当于在各个函数间有了直接的数据传递通道。因为函数的调用只能带回一个返回值,所以有时可以利用全局变量来增加函数间的联系渠道,通过函数调用得到一个以上的值。

为了便于区别全局变量和局部变量,在 C 程序设计人员中习惯将全局变量名的第一个字母用大写表示,但这个并不是规定。

【例 8.13】 有一个一维数组,内放一个学生的 10 门课的成绩,写一个函数,当主函数调用此函数后,能求出该学生的 10 门课的总分和平均分。

解题思路:

调用一个函数可以得到一个函数返回值,现在希望通过函数调用能得到两个结果。可以利用全局变量来达到此目的。

编写程序:

```c
#include<stdio.h>
float sum = 0;                       //定义全局变量 sum
int main()
{    float average(float array[], int n);
     float ave, score[10];
     int i;
     printf("please enter 10 scores:");
     for(i = 0; i < 10; i++)
         scanf("%f", &score[i]);
     ave = average(score, 10);
     printf("sum = %7.2f\naverage = %7.2f\n", sum, ave);
     return 0;
}

float average(float array[], int n)
{    int i;
     float aver;
     for(i = 0; i < n; i++)
         sum = sum + array[i];
     aver = sum/n;
     return aver;
}
```

运行结果:

```
please enter 10 scores:1.1 2.3 1.4 1.8 5.4 3.1 8.1 2.5 3.6 4.1
sum =    33.40
average =    3.34
```

程序分析:

函数 average 中和外界有联系的变量与外界的联系如图 8.12 所示。可以看出,main 函数在调用 average 函数时,把实参数组 score 的首元素地址和整数 10 传递给形参数组 array 和形参变量 n,函数 average 的值是 return 语句带回的 aver 的值,在主函数中将这个值赋值给了变量 ave。这样,在 main 函数中就得到了平均分。而总分是通过全局变量 sum 得到的。由于 sum 是全局变量,是公用的,各个函数都可以直接引用它,也可以向它赋值。现在在 average 函数中,改变了它的值,最后把总分存放在 sum 中。在主函数中可以使用这个变量的值。因此在 main 函数中输出的 sum 就是希望得到的总分。

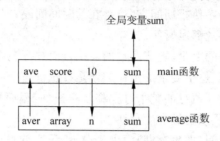

图 8.12　函数 average 中的变量和外界的联系

注意:

(1) 利用全局变量实现函数间的数据传递,削弱了函数的内聚性,从而降低了程序的可靠性和通用性。因为如果在函数中使用了全局变量,那么执行情况会受到有关的全局变量的影响,如果将一个函数移到另一个文件中,还要考虑把有关的全局变量及其值一起移过去。若该全局变量与其他文件中的变量同名时,就会出现问题。

在程序设计中,在划分模块时要求模块的功能要单一,不要把许多不相干的功能放到一个模块中,同时与其他模块的相互影响要尽量少,也就是要求模块的内聚性强,而与其他模块的耦合性弱,使用全局变量是不符合这一原则的。因此,在程序设计中不提倡使用这种利用全局变量实现函数之间的数据传递方式。一般要求 C 程序中的函数之间除了通过"实参—形参"的渠道与外界进行数据传递外,没有其他渠道了。这样的程序移植性好,可读性好。

(2) 全局变量在程序的全部过程中都占用存储单元,建议不必要时不要使用全局变量。

(3) 全局变量使用过多,会降低程序的清晰性,使编程时容易出错。因为各函数执行时都有可能改变全局变量的值,所以往往难以清楚判断每个瞬时各个全局变量的值,程序容易出错。

总之,全局变量应尽可能少用。

8.7　变量的存储类型

在 C 语言中,变量不仅具有确定的数据类型要求,而且还有存储类型的要求。变量的完整说明为如下形式。

存储类型 数据类型　类型变量名表列;

例如,"auto int x,y;"。

之前的程序的变量说明中没有带有存储类型,是因为存储类型是可以默认的。

变量的存储类型(或称存储类别)是其存储属性,是对变量(数据)存储的地方不同而进行的分类。C 语言中,有的变量可以被存放在 CPU 的通用寄存器中,多数的数据是被存放在内存中。

在程序中,存储类型将影响变量的作用域和变量值的存在时间(即生存期)。

变量的作用域,是由变量的存储类型和定义位置决定的,不同位置的变量,其作用域是有差异的。前面已经介绍过,从变量的作用域(即从空间)角度来分,可以分为全局变量和局部变量。

变量的生存期是指在程序执行期间,变量存在的时间间隔,即从给变量分配内存单元开始到所分配单元被系统收回的那段时间。

若一个函数内部定义的变量,随着函数的被执行而被分配内存单元,在函数的执行完毕后释放所占有的内存单元,这个变量的生存期就是在执行这个函数期间的时限内。

若定义的某个变量在程序执行的整个过程都是存在的,程序执行完毕后才释放占用的单元,则程序执行的期间就是该变量的生存期。

所以从变量值存在的时间(即生存期)角度来分,C 语言变量的存储方式可以分为**动态存储方式**和**静态存储方式**。

静态存储方式是指在程序运行期间分配固定的存储空间的方式。

动态存储方式是指在程序运行期间根据需要进行动态的分配存储空间的方式。

用户存储空间可以分为 3 个部分(见图 8.13):程序区、静态存储区与动态存储区。

用户区
程序区
静态存储区
动态存储区

图 8.13 用户的存储空间

程序区中存放的是可执行程序的机器指令;数据主要存储在静态存储区和动态存储区,静态存储区中存放的是需要占用固定存储单元的变量,动态存储区存放的是不需要占用固定存储单元的变量。

静态存储区用来存放全局变量和静态类型的局部变量,在程序开始执行时给这些变量分配存储单元,程序运行完毕就释放;在整个程序执行过程中占据固定的存储单元,而不动态地进行分配和释放。

动态存储区存放以下数据:

(1) 函数形式参数;

(2) 自动变量(未加 static 关键字声明的局部变量);

(3) 函数调用时的现场保护和返回地址等。

对以上数据,在函数开始调用时分配动态存储空间,函数调用结束时释放这些空间。若一个函数中定义了局部变量,在两次调用该函数时,每次分配给局部变量的存储空间不一定相同。

8.7.1 动态存储方式

C 语言中,变量的动态存储方式主要有**自动变量**和**寄存器变量**两种。

1. 自动变量

自动变量又可以写成 auto 变量,它是 C 语言默认的局部变量的存储方式,也是局部变量最常用的存储方式。如果不专门声明为 static(静态)存储类别,函数中的局部变量,包括函数的形参和在函数内部或复合语句内定义的变量,都是**自动变量**。它是动态地分配存储空间的,数据存储在动态存储区中。

每当进入函数体(或复合语句)时,系统自动为这些变量分配存储单元,函数退出时自动释放这些存储单元;当再次进入函数体(或复合语句)时,系统将为它们另外分配存储单元,变量的值不被保留。因此,这类局部变量被称为自动变量,它们的作用域从定义的位置开始,到函数体(或复合语句)结束为止。在变量初始化方面,自动变量在每调用一次函数时都将赋一次初值,且自动变量的默认初值不确定。自动变量用关键字 auto 作存储类别的声明。例如:

```
int f(int x)
{
    auto float y = 2.5,z;
    …
}
```

其中,x 是形参,y 和 z 是自动变量,对 y 赋初值 2.5。执行完 f 函数后,自动释放 x、y、z 所占的存储单元。

在 C 语言中,函数内(或复合语句内)定义的变量的默认类型就是 auto,所以关键字 auto 可以省略,前面几章的例子的函数中定义的变量都没有声明为 auto,其实都是隐含指定为自动变量。例如,在函数体中"float y = 2.5,z;"和"auto float y = 2.5,z;"等价。

2. 寄存器变量

寄存器变量又可以写成 register 变量,它是 C 语言使用较少的一种局部变量的存储方式。

一般情况下,变量(包括静态存储方式和动态存储方式)的值是存放在内存中的。硬件对内存中的数据操作时,通常是先把数据取到 CPU 内部的若干个通用寄存器(或一部分取到寄存器),然后再进行操作。若数据存放在 CPU 的寄存器中,计算机对其操作时,就不需要到内存中去存取了,所以计算机对寄存器中数据的操作速度要远远快于对内存中数据的操作速度。

而用 register 关键字说明的变量建议编译程序将变量的值保存在 CPU 的寄存器中,而不是内存中,因此这种变量叫作寄存器变量。为了提高程序的运行速度,可以将使用十分频繁的局部变量说明为寄存器变量,将其存储在 CPU 的寄存器中,从而提高执行效率。

寄存器变量的说明格式如下所示:

register 类型标识符 变量名表列;

例如:

register int x;   //定义 x 为寄存器变量

注意:由于寄存器变量的使用与机器的硬件特性有关,如 CPU 的寄存器数量有限,如果定义了过多的寄存器变量,系统会自动将其中的部分寄存器变量改为自动变量。

寄存器变量也是作为局部变量,只适用于自动变量和函数的形参。由于通用寄存器的数据长度的限制,数据长度太大的数据通用寄存器放不下,因此一般将寄存器变量的类型声明为字符型或整型。

由于现在的计算机速度越来越快,性能越来越高,优化的编译系统能够识别使用频繁的变量,从而自动地将这些变量放在寄存器中,而不需要程序设计者人为指定。因此,现在用 register 声明变量的必要性已经不大。

8.7.2 静态存储方式

C 语言中,使用静态存储方式的主要有静态局部变量和全局变量。

1. 静态局部变量(static 局部变量)

有时希望函数中的局部变量的值在函数调用结束后不消失而能保留原值,则可以将该局部变量定义为静态局部变量(或称为局部静态变量),用关键字 static 进行声明。此时该变量存储在静态存储区的存储单元中,在函数调用结束后,其占用的存储单元不释放,在下一次再调用该函数时,该变量保留了上一次函数调用结束时的值。

【例 8.14】 用程序说明局部变量与自动变量的区别。

编写程序:

```c
#include <stdio.h>
int main()
{   void test();
    int i;
    for(i = 0; i < 3; i++)
        test();                    //调用 test 函数
    return 0;
}

void test()
{   int te = 0;                    //自动局部变量
    static int st = 0;             //静态局部变量
    printf("te = %d, st = %d\n", te, st);
    te = te + 1;
    st = st + 1;
}
```

运行结果:

```
te = 0, st = 0
te = 0, st = 1
te = 0, st = 2
```

程序分析:

test 函数中的局部变量 te 的初值为 0,st 的初值也为 0,第一次调用结束时,te 的值为 1,st 的值为 1。由于 st 被声明为静态局部变量,在函数调用结束后,它的存储空间并不释放,仍保留 st 的值为 1。在第二次调用 test 函数时,te 的初值为 0,而 st 的初值为 1(上次调用结束时的值),如图 8.14 所示。先后 3 次调用 test 函数时,te 和 st 的值如表 8.1 所示。

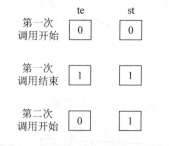

图 8.14 函数 test 中的静态变量与自动变量

表 8.1　静态局部变量与自动变量的值的比较分析

调用次数	调用时初值		调用结束时的值	
	te	st	te	st
第一次	0	0	1	1
第二次	0	1	1	2
第三次	0	2	1	3

对静态局部变量的说明如下：

(1) 静态局部变量属于静态存储类别，在程序整个运行期间在内存的静态存储区内分配存储单元。即使退出函数以后，它的空间都不释放，下次再进入该函数时，静态局部变量仍使用原来的存储单元。所以，静态局部变量的生存期一直延长到程序运行结束。而自动变量（即动态局部变量）属于动态存储类别，占动态存储空间，函数调用结束后即释放。

(2) 静态局部变量的初值是在程序编译时一次性赋予的，在程序运行期间不再赋初值，并能连续保留上一次函数调用结束时的值，且可在下一次调用该函数时继续使用，直到程序运行结束。而对自动变量赋初值，不是在编译时进行的，而是在函数调用时进行的，每调用一次函数重新给一次初始值，相当于执行一次赋值语句。

(3) 如果在定义静态局部变量时没有赋初值，编译时自动赋初值 0（对数值型变量）或空字符（对字符变量）。而对自动变量，如果不赋初值则它的值是一个不确定的值。因为每次函数调用结束时都要释放自动变量占据的存储单元，下一次调用时需重新给它分配内存单元，该分配单元中的内容是不可预知的。

(4) 静态局部变量的作用域是在定义它的函数内部，尽管它的值在函数调用结束后仍然存在，但其他函数仍然不能访问它。

所以，需要保留函数上一次调用结束时的值时，可以使用静态局部变量。

【例 8.15】 输出 1～4 的阶乘值。

解题思路：

编写一个函数用来进行连乘，第一次调用时进行 1 乘以 1 的操作，第二次调用时再乘以 2，第三次调用时再乘以 3，依此规律进行。

编写程序：

```
# include < stdio. h>
int main()
{   int fac(int n);
    int i;
    for(i = 1; i < = 4; i++)              //先后 4 次调用 fac 函数
        printf(" % d!= % d\n", i, fac(i));   //每次计算并输出 i! 的值
    return 0;
}

int fac( int n)
{   static int f = 1;                    //声明静态局部变量 f
    f = f * n;                           //在上次的 f 值的基础上再乘以 n
    return f;                            //返回值 f 是 n! 的值
}
```

运行结果：

```
1! = 1
2! = 2
3! = 6
4! = 24
```

程序分析：

(1) 每调用一次 fac(i)，输出一个 i! ，同时保留这个 i! 的值，以便在下一次调用 fac(i+1) 时再乘以(i+1)。

(2) 如果函数中的变量只是被引用而不需要改变它的值，把它定义为静态局部变量(同时赋初值)比较方便，以免每次调用时需要重新赋值。

但是静态局部变量要在程序运行期间长期占据内存空间，而且当调用函数次数较多时往往弄不清静态局部变量的当前值是什么，这样就降低了程序的可读性。因此，如果不是必要，不要过多使用静态局部变量。

2. 全局变量

C 语言中，全局变量的存储都是采用静态存储方式的，即在编译时就为相应全局变量分配了固定的存储单元，且在程序执行的整个过程始终保持不变。全局变量赋初值也是在编译时完成的，且仅执行一次赋初值的操作。若不赋初值，则由系统在编译时自动初始化为 0 (对数值型变量)或空字符(对字符变量)。

全局变量的存储类型有两种：外部变量(extern)和静态外部变量(static)。

1) 外部变量

没有说明为 static 的全局变量，其存储类型都是外部的，统称为外部变量。在所有的变量中，除了外部变量外，它们的定义和声明都是一致的，即定义了就是声明了。但是，对外部变量的定义和声明却是两回事。外部变量的定义方法是在函数体外部不加存储类型说明符。其语法格式如下：

类型标识符 变量名；   //在外部定义外部变量时的格式

外部变量的作用域从变量定义处开始，到本程序文件的末尾。如果外部变量不在文件的开头定义，其有效的作用范围只限于定义处到文件末尾。

所以外部变量在引用前一般要进行声明。声明的方法是在变量名前面加上关键字 extern，表示该变量是一个已经定义的外部变量。有了此声明，就可以从"声明"处起，合法地使用该外部变量。这种声明可以放在函数体内，也可以放在函数体外，如文件开始，只要在引用前声明即可。格式如下：

extern 类型标识符 变量名；   //说明外部变量时采用的格式

有时引用外部变量也可以不声明，但是如果在同一个文件中全局变量的定义在使用它的函数之后，就必须在使用该全局变量的函数中用 extern 来声明该变量，然后再使用该变量。

【例 8.16】 求 $2!+4!+6!$。

解题思路：

用 extern 声明外部变量，扩展外部变量在程序文件中的作用域。

编写程序：

```
#include<stdio.h>
int main()
{   int fac(int n);
    extern int A,B,C;              //extern 声明,把变量 A、B、C 的作用域扩展到从此处开始
    printf("%d! + %d! + %d!= %d\n",A,B,C,fac(A) + fac(B) + fac(C));
    return 0;
}

int fac(int n)
{   int i,f = 1;
    for(i = 1;i <= n;i++)
        f = f * i;
    return f;
}
int A = 2,B = 4,C = 6;              //定义全局变量
```

运行结果：

```
2! + 4! + 6! = 746
```

程序分析：

在本程序的最后一行定义了全局变量 A、B 和 C,但由于全局变量定义的位置在 main 函数之后,因此,本来在 main 函数中不能引用全局变量 A、B 和 C,现在在 main 函数中用 extern 对 A、B 和 C 进行了外部变量声明,就可以从声明的位置开始,合法地使用全局变量 A、B 和 C,即是把 A、B 和 C 的作用域扩展到声明位置。如果不做 extern 声明,编译 main 函数时就会出错,系统无从知道 A、B 和 C 是后来定义的外部变量。

用 extern 声明外部变量时,类型名可以写,也可以省略。例如"extern int A,B,C;"也可以写成"extern A,B,C;"。因为它不是定义变量,可以不指定类型,只需写出外部变量名即可。

若将外部变量的定义放在引用它的所有函数之前,这样就可以避免在函数中多加一个 extern 声明了。

注意：

① extern 只能用来声明外部变量,而不能用来定义外部变量,它只是说明该变量是已经在程序的其他地方定义的外部变量。对一个外部变量,只能定义一次,但可以声明多次。

② 由于 extern 只能声明变量而不能定义变量,所以不能用 extern 来初始化外部变量。例如"extern int x=25;"是错误的。

③ 在一个多文件的程序中,在某文件中定义某变量为外部变量,那么同一个程序的所有文件中都可以使用该外部变量。

例如,一个大型的 C 语言程序可以由多个源程序文件组成,这些文件经过分别编译之

后,通过连接程序最终连接成一个可执行文件。如果其中一个文件要引用在另一个文件中定义的外部变量时,就必须在需要引用该变量的文件中,用 extern 关键字把此变量声明为外部变量,表示此变量已在其他文件中定义,以通知编译系统不必再为它开辟存储单元。这种声明一般在文件的开头且位于所有函数的外部。

【例 8.17】 给定 x 的值,输入 n 的值,求 x^n 的值。

解题思路:

程序由两个源程序文件组成,其中 file1 包含 main 函数,另一个文件 file2 包含 x^n 的函数。在 file1 文件中定义外部变量 X,在 file2 中用 extern 声明外部变量 X,把 X 的作用域扩展到 file2 文件。

编写程序:

文件 file1. c

```c
# include< stdio. h>
int X = 10;                        //定义外部变量
int main()
{    int power(int n);            //函数声明
     int n,p;
     printf("please input n:");
     scanf(" % d",&n);
     p = power(n);
     printf("X = % d,p = % d\n",X,p);
     return 0;
}
```

文件 file2. c

```c
extern X;                        //把在 file1 文件中已定义的外部变量的作用域扩展到本文件
int power(int n)
{    int i,t = 1;
     for(i = 1;i <= n;i++)
         t * = X;
     return t;
}
```

运行结果:

```
please input n:2
X = 10,p = 100
```

程序分析:

本来外部变量 X 的作用域是在 file1. c,但现在在文件 file2 的开头有一个"extern X;"声明,它声明在本文件中出现的变量 X 是一个"已经在其他文件中定义过的外部变量",就将变量 X 的作用域扩大到了 file2. c 文件中。

说明: 用这样的方法扩展外部变量的作用域应该十分慎重,因为在执行一个文件中的操作时,可能会改变该外部变量的值,从而会影响到另一文件中外部变量的值,影响该文件中的函数的执行结果。

可见 extern 既可以用来扩展外部变量在本文件中的作用域，又可以使外部变量的作用域从一个文件扩展到同一个程序中的其他文件。在编译时遇到 extern 时，先在本文件中找外部变量的定义，如果能找到，就在本文件中扩展作用域；如果找不到，就在连接时从其他文件中找该外部变量的定义。如果能找到，则将该变量的作用域扩展到本文件；如果找不到，就按出错处理。

2）静态外部变量

如果希望在一个文件中定义的全局变量的作用域仅限于此文件中，而不能被其他文件所访问，则可以在定义此全局变量的类型标识符的前面加一个 static 关键字。其语法格式如下所示：

static　类型标识符　变量名；

例如"static　int　f；"，此时，全局变量 f 被称为静态外部变量（或外部静态变量），它的作用范围从定义它的位置开始到该文件结束。在其他文件中，即使使用了 extern 声明，也无法使用该变量。例如：

```
file1.c                      file2.c

static int X;                extern X;
int main()                   void pow(int n)
{                            {
    ...                          ...
}                                X = X + n;
                                 ...
                             }
```

在 file1.c 中使用"static int X;"定义了一个全局变量 X，它的作用域只仅限于本文件范围内。虽然 file2.c 文件中将同名变量 X 使用"extern X;"进行声明，但仍无法使用 file1.c 文件中的变量 X。

在程序设计中，通常把程序分成若干模块，由若干人分别完成。只要在每个文件定义外部变量时加上 static 关键字，各人就可以独立地在其设计的文件中使用相同的外部变量名而互不相关。这就为程序的模块化、通用性提供了方便。若已经确认其他文件不需要引用本文件的外部变量，就可以对本文件中的外部变量都加上 static，让其成为静态外部变量，以免被其他文件误用。这相当于把本文件的外部变量对外界"屏蔽"了，从其他文件的角度看，这个静态外部变量"看不见、不能用"。至于在各文件中的函数内部定义的局部变量，本来就不能在函数外被引用，更不能被其他文件引用，因此是安全的。

注意：全局变量总是静态存储的，即在静态存储区中为其分配存储单元，并不是加上 static 才是静态存储，静态外部变量和一般外部变量的区别仅仅是作用域的不同。如果使用 static 声明全局变量，是表示其作用域仅限于定义它的文件范围内，其他文件无法使用。

所以，用 static 声明一个变量有如下两点作用：

① 对局部变量用 static 声明，在静态存储区为其分配存储单元，在整个程序执行期间存储空间始终存在，并不释放。

② 对全局变量用 static 声明，则该变量的作用域只限于本文件模块（即被声明的文件中）。

注意:用 auto、register 和 static 声明变量时,不能单独使用,而是在定义变量的基础上加上这些关键字的。下面的用法是错误的:

```
int x;                          //先定义整型变量 x
static x;                       //企图再将变量 x 声明为静态变量
```

编译时会被认为是"重新定义"。

8.7.3 存储类别小结

对一个数据的定义,需要指定两种属性:数据类型和存储类别,分别使用两个关键字。例如:

```
auto char a;                    //自动变量,在函数内定义
static float b;                 //静态局部变量或静态外部变量
register int c;                 //寄存器变量,在函数内定义
```

此外,可以用 extern 声明已定义的外部变量。例如:

```
extern d;                       //将已定义的外部变量 d 的作用域扩展至此
```

要注意定义和声明的区别。

一个函数一般由两部分组成:声明部分和执行部分。在声明部分要对有关的标识符(如变量、函数、结构体、共用体等)的属性进行声明。函数的声明和函数的定义区别是很明显的。本章 8.3 节已经说明,函数的声明是函数的原型,而函数的定义是对函数功能的定义。对被调用函数的声明是放在主调函数的声明部分的,而函数的定义是一个独立的模块,并不在声明部分的范围内。

但对变量而言,声明和定义的关系比较复杂。在声明部分出现的变量有两种情况:一种是需要建立存储空间的(如"int x;"),另一种是不需要建立存储空间的(如"extern x;")。前者称为**定义性声明**(defining declaration),或简称**定义**(definition);后者称为**引用性声明**(referencing declaration)。广义地说,声明包括定义,但不是所有的声明都是定义。为了叙述方便,把建立存储空间的声明称为定义,而把**不需要建立存储空间的声明称为声明**。

例如:

```
int main()
{
  extern X;                     //是声明,不是定义,声明将已定义的外部变量 X 作用域扩展到此
  …
  return 0;
}
float X;                        //是定义,定义 X 为单精度浮点型外部变量
```

外部变量是在所有函数之外定义的,而且只能定义一次。系统是根据外部变量的定义为其分配存储单元的,而不是根据外部变量的声明。对外部变量赋初值也是在定义时进行的,也只进行一次。

外部变量"声明"的作用是声明该变量是一个已经在其他地方定义的外部变量,仅仅是为了扩展该变量的作用范围而做的"声明"。在同一个文件中,可以多次对同一个外部变量

做声明,它的位置可以是在函数内部,也可以在函数之外。声明后,该变量的作用域就扩展到该声明处。

注意:有一个简单的结论,在函数中出现的对变量的声明(除了用 extern 声明的以外)都是定义,在函数中对其他函数的声明不是函数的定义。

下面从不同角度做些归纳。

(1) 从作用域角度分,变量有局部变量和全局变量两种。它们采用的存储类别如图 8.15 所示。

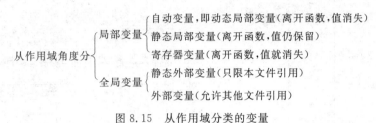

图 8.15 从作用域分类的变量

(2) 从变量存在的时间(生存期)角度分,有动态存储和静态存储两种类型。静态存储是分配给变量的存储单元在整个程序的运行期间都存在,而动态存储是在调用函数时临时给变量分配存储单元,如图 8.16 所示。

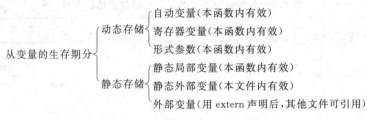

图 8.16 从生存期分类的变量

(3) 从变量值存放的位置来区分,可以分为如图 8.17 所示的几种变量。

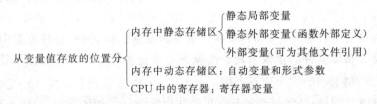

图 8.17 从变量值存放位置分类的变量

(4) 对一个变量的属性可以从两个方面分析:一方面是从空间的角度,分析变量的作用域;另一方面是从时间的角度,分析变量的生存期(即变量值存在的时间)。两者有联系但不是同一回事。

如果一个变量在某个文件或函数范围内是有效的,该范围就是该变量的作用域。在此作用域范围内可以引用该变量,有些书也称变量在此作用域内"可见",这种性质称为变量的可见性。如果一个变量值在某一时刻是存在的,则认为这一时刻属于该变量的生存期,或称该变量在此时刻"存在"。图 8.18 是变量作用域的示意图,图 8.19 是变量生存期的示意图。表 8.2 表示各种类型变量的作用域和存在性情况。

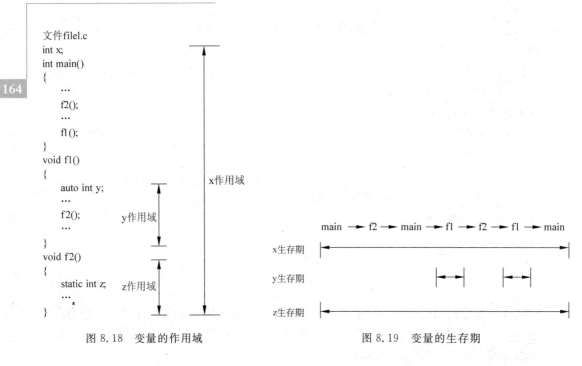

图 8.18　变量的作用域　　　　　　　　　　图 8.19　变量的生存期

表 8.2　各种类型变量的作用域和存在性的情况

变量存储类别	函　数　内		函　数　外	
	作用域	存在性	作用域	存在性
自动变量和寄存器变量	是	是	否	否
静态局部变量	是	是	否	是
静态外部变量	是	是	只限本文件	是
外部变量	是	是	是	是

　　从表 8.2 中可以发现,自动变量和寄存器变量在离开函数后,不能再被其他函数引用,值也不再存在,即它们在函数内外的"可见性"和"存在性"是一致的。静态外部变量和外部变量的可见性和存在性也是一致的,在离开函数后变量的值仍存在,且可被引用,只是静态外部变量只限于被本文件的函数引用。而静态局部变量的可见性和存在性是不一致的,离开函数后,变量值仍存在,但不能被引用。

　　(5) static 声明对局部变量和全局变量的作用不同。对局部变量来说,它使变量由动态存储方式改为静态存储方式。而对全局变量来说,它使变量的作用域只限于本文件,但还是静态存储方式。从作用域角度看,凡是有 static 声明的,其作用域都是局限的,或者是局限于本函数内(静态局部变量),或者局限于本文件内(静态外部变量)。

8.8　内部函数和外部函数

　　C 语言程序由若干个函数组成,这些函数既可在同一文件中,也可以在多个不同的文件中。函数本质上是全局的,因为一个函数要被另外的函数调用,但是也可以指定函数不能被其他文件中的函数调用。根据函数能否被其他源文件调用,可以将函数分为**内部函数**和**外**

部函数。

8.8.1 内部函数

只能在定义它的文件中被调用的函数,称为**内部函数**,或称为静态函数。定义内部函数时,只需在函数名和类型标识符的前面加上 static 关键字,即语法格式为:

static 类型标识符 函数名(形参表列)

例如:

```
static int f(int x, int y)
{
  …
}
```

此时,函数 f 是个内部函数,它的作用范围仅限于定义它的文件,在其他文件中不能调用此函数。

由于内部函数的使用范围只局限于本文件,因此在不同的源文件中定义同名的内部函数不会引起混淆。在一个大程序分为不同的文件模块由若干人分别编写时,不同的人可以分别编写不同的函数,而不用担心所用函数是否会与其他文件中的函数同名。

通常把只能由本文件使用的函数和外部变量放在文件的开头,前面都加上 static 使之局部化,这样其他文件都不能引用,从而提高了程序的可靠性。

8.8.2 外部函数

外部函数是指能为其他文件中的任何函数所调用的函数。在外部函数定义时,在类型标识符前加上关键字 extern。语法格式如下所示:

extern 类型标识符 函数名(形参表列)

例如:

```
extern int f(int x, int y)
{
  …
}
```

此时,函数 f 为外部函数,可以为其他文件调用。

C 语言规定,如果在函数定义时,没有声明 extern 或 static,则系统默认该函数为外部函数。本书前面所用的函数都是外部函数。

在一个源文件的函数中调用其他源文件中定义的外部函数时,应该用 extern 声明被调函数为外部函数。实际上即使在本文件中调用一个函数,也要用函数原型对该函数进行声明。

通过下面的例子,可以具体地了解怎样使用外部函数。

【例 8.18】 有一个字符串,内有若干个字符,现输入一个字符,判断字符串中是否包含该字符,若有则输出该字符在字符串中的位置,否则输出不包含此字符的信息。

解题思路：

用一个字符数组 str 存放一个字符串，然后对数组 str 中的字符逐个检查，若能找到输入的字符就输出它在字符串中的位置，找不到就输出找不到该字符的信息。

可分别定义两个函数用来输入字符串和查找字符。按题目要求把这两个函数分别放在两个文件中，main 函数在另一个文件中，main 函数调用以上两个函数，实现题目的要求。

编写程序：

```
file.c
#include<stdio.h>
int main()
{   extern void input_string(char str[]);           //对函数的声明
    extern void find_string(char str[],char ch);    //对函数的声明
    //以上2行声明在本函数中将要调用的已在其他文件中定义的2个函数
    char c,str[80];
    input_string(str);                              //调用在其他文件中定义的 input_string 函数
    printf("please input a char:");
    scanf(" %c",&c);                                //输入要查找的字符
    find_string(str,c);                             //调用在其他文件中定义的 find_string 函数
    return 0;
}


file2.c
#include<stdio.h>
void input_string(char str[80])                     //定义外部函数 input_string
{   printf("please input a string:");
    gets(str);                                      //向字符数组输入字符串
}
file3.c
void find_string(char str[],char ch)                //定义外部函数 find_string
{   int i,flag = 0;
    for(i = 0;str[i]!= '\0';i++)
    if(str[i] == ch)
    {
        printf(" %c has been found,the position is %d\n",ch,i+1);
        flag = 1;
        break;
    }
    if(flag == 0)
        printf(" %c is not included in given string %s\n",ch,str);
}
```

运行结果：

```
please input a string:I am a boy.
please input a char:m
m has been found,the position is 4
```

程序分析：

输入字符串"I am a boy."给字符数组 str，再输入要查找的字符'm'，程序输出该字符

在字符串的位置。

整个程序由 3 个文件组成。每个文件包含一个函数。主函数是主控函数,在主函数中除了声明部分外,只由 4 个函数调用语句组成。其中 printf 和 scanf 是库函数,另外两个函数是用户自定义的函数。函数 find_string 的作用是根据给定的字符串和要查找的字符,对字符串作查找处理。

程序中两个函数都是外部函数。在 main 函数中用 extern 声明在 main 函数中用到的input_string 和 find_string 是在其他文件中定义的外部函数。

通过这个例子可知,使用 extern 声明能够在本文件中调用在其他文件中定义的外部函数,或者说把该函数的作用域扩展到本文件。extern 声明的形式就是在函数原型基础上加上关键字 extern。

由于函数本质上是外部的,在程序中经常要调用其他文件中的外部函数,因此,为了方便编程,C 语言允许在声明函数时省略 extern。例 8.17 程序中 main 函数中对 power 函数的声明就没有用 extern,但作用相同。一般都省略 extern,例如例 8.18 程序中 main 函数中的第一个函数声明可以写成"void input_string(char str[]);",这就是 8.3 节讲过的函数原型。

所以用函数原型能够把函数的作用域扩展到定义该函数的文件之外,而不必使用extern。只要在使用该函数的每一个文件中包含该函数的函数原型即可。也就是说,函数原型可以通知编译系统,该函数是在本文件中稍后定义的,或者是在另一个文件中被定义的。

使用函数原型扩展函数作用域最常见的例子是 #include 指令的应用。例如,在程序中需要调用 printf 函数,但格式输出函数并不是由用户在本文件中定义的,而是存放在输入/输出函数库中的。若不在本文件中对 printf 进行函数原型声明,就无法调用 printf 函数。printf 函数的原型是"int printf(char * format,args,…);"。

显然,要求程序设计者在调用库函数时先从手册中查出所用的库函数的原型,并在程序中一一写出来是十分麻烦且困难的。所以为了减少程序设计者的困难,在头文件 stdio.h中包括了所有输入/输出函数的原型和其他有关信息,用户只须用以下 #include 指令"#include<stdio.h>",在该文件中就能合法地调用系统提供的各种输入/输出库函数了。

8.9 本章小结

本章主要介绍了函数的定义和函数的使用,具体内容如下:

函数是 C 语言程序中最主要的结构。使用它可以遵循"自顶向下、逐步求精"的结构化程序设计思想,把一个大的问题分解成若干个小的且容易解决的问题,由这些彼此相互独立、相互平行的函数构成了 C 语言的程序,从而实现了对复杂问题的描述和编程。

C 语言中的函数和变量一样具有存储类型和数据类型的描述,定义时有规定的形式,不能嵌套。函数调用时程序从主调函数中转移到被调用函数,被调用函数执行完毕,或遇到被调用函数中的 return 语句,程序控制就返回到主调函数中原来的断点位置继续执行。

函数之间的数据传递有两种方式。值传递方式不会影响主调函数中实参的值,因为主调函数中的实参和被调用函数中的形参占用不同的内存单元;而地址传递方式中,实参和形参都对应着相同的存储空间,所以在被调用函数中对该存储单元的值做出某种变动后,必然会影响到使用该存储空间的主调函数中变量的值。除此之外,利用全局变量也可以实现函数间的数据传递,但这样做削弱了函数的内聚性,从而降低了程序的可靠性和通用性。因此在程序设计中不提倡用这种利用全局变量实现函数间的数据传递方式。

C语言程序在调用函数的过程中,又可以调用其他函数,称为函数的嵌套调用,函数也可以调用自身,称为递归调用。递归通常包含一个容易求解的特殊情况以及解决问题的一般情况,这样才能保证递归调用一定能结束。递归程序的执行通常要花较多的机器时间和占用较大的存储空间,但其程序精炼、简洁。

此外,还讲述了关于各种存储类型的变量的生存期、作用域以及初始值等。

习　题　8

一、单项选择题

1. 在函数间传递数据的 4 种方式中,不能把被调用函数的数据带回到主调函数的是(　　)。

　　A. 值传递　　　　　　B. 地址传递　　　C. 返回值传递　　　D. 全局变量

2. 函数的实参不能是(　　)。

　　A. 变量　　　　　　　　　　　　B. 常量

　　C. 语句　　　　　　　　　　　　D. 函数调用表达式

3. 定义为 void 类型的函数,其含义是(　　)。

　　A. 调用函数后,被调用的函数没有返回值

　　B. 调用函数后,被调用的函数不返回

　　C. 调用函数后,被调用的函数的返回值为任意的类型

　　D. 以上 3 种说法都是错误的

4. C 语言中形参的默认存储类别是(　　)。

　　A. 自动(auto)　　　　　　　　　B. 静态(static)

　　C. 寄存器(register)　　　　　　D. 外部(extern)

5. 以下程序的正确运行结果是(　　)。

```c
int main()
{   void increment();
    increment();
    increment();
    increment();
    return 0;
}
void increment()
{   int x = 0;
    x += 1;
    printf("%d",x);
}
```

　　A. 012　　　　　　　B. 111　　　　　　　C. 123　　　　　　　D. 113

二、写出以下程序的运行结果

1. 程序如下：

```c
#include <stdio.h>
int fun(int s, int t)
{   int a;
    a = s;
    if(s > t) a = 1;
        else if(s == t) a = 0;
                else a = -2;
    return a;
}
int main()
{   int j = 1, y;
    y = fun(j, j + 1);
    printf("%d", y);
    return 0;
}
```

2. 程序如下：

```c
#include <stido.h>
int num()
{   extern int x, y;
    int a = 15, b = 10;
    x = a - b;      .
    y = a + b;
    return 0;
}
int x, y;
int main()
{   int num();
    int a = 7, b = 5;
    x = a + b;
    y = a - b;
    num();
    printf("%d, %d\n", x, y);
    return 0;
}
```

三、程序设计题

1. 编写一个函数，函数的功能是输出一个 200 以内能被 3 整除且个位数为 6 的所有整数，同时编写主函数调用该函数进行验证。

2. 编写程序，用选择法对数组中 10 个整数按由小到大排序。

3. 编写函数"double round (double h)"，函数的功能是对变量 h 中的值保留两位小数，并对第 3 位进行四舍五入（规定 h 中的值为正数）。

例如：h 值为 8.32433，则函数返回 8.32；

  h 值为 8.32533，则函数返回 8.33。

4. 编写一个函数，函数的功能是对长度为 7 个字符的字符串，除首、尾字符外的其余

5 个字符按降序排列。例如,原来的字符串为 CEAedca,排序后输出为 CedcEAa。

5. 编写一个函数,由实参传来一个字符串和一个字符,统计此字符串中该字符出现的次数。在主函数中输入字符串和字符以及输出字符在字符串中的出现次数。

6. 用递归算法编写函数 total,求 1~n 的累加和,同时编写主函数调用 total 进行验证。

7. 一个人赶着鸭子去每个村庄卖,每经过一个村子卖去所赶鸭子的一半又一只。这样他经过了 7 个村子后还剩两只鸭子,问他出发时共赶了多少只鸭子? 请用递归法实现。

8. 从键盘输入一个班(全班最多不超过 30 人)学生某门课的成绩,当输入成绩为负值时,输入结束。分别用几个函数实现下列功能:

(1) 统计不及格人数并打印不及格学生的名单;

(2) 统计成绩在全班平均分及平均分之上的学生人数,并打印这些学生的名单;

(3) 统计各分数段的学生人数及所占的百分比。

第9章 指 针

本章重点：指针变量的定义和使用，指针和数组的关系，指针在函数参数传递中的应用；字符型指针的应用，动态内存分配。

本章难点：指针在函数传递中的应用、字符与指针的关系、动态内存分配。

在前面章节中已介绍过数组、函数及基本数据类型的一般应用，本章将引入在 C 语言中广泛使用的一种数据类型——指针。正确灵活地运用指针，可以有效地表示各种数据结构，可以方便地使用数组和字符串，可以为函数传递参数以及动态地分配内存等。使用指针能像汇编语言一样处理内存地址，编写出高效的程序。学习指针是学习 C 语言中最重要的一个环节，用得也非常多，因此初学者要多上机，并在实践中掌握它的用法。

9.1 指 针 概 述

生活中常见一些找人的例子，如快递员要把物品送到某人手中，他要知道该收货人员所在的街区、姓名和所住的小区，但不知道具体的楼层和房号，也打不通收货人员的电话，该如何去找呢？一般过程是先到该小区的保卫室，告诉保安员你要找的姓名，然后查找到相应的楼层和房号。那么这与指针有什么关系？快递员就相当于一个指针，房号相当于一个地址，他需要的是一个地址，这个地址里有他要找的收货人员。

概括地说，指针就是变量的地址，而变量的地址就是内存地址。内存地址里面存储有内容。

在计算机中，所有的数据都是存放在存储器中的。一般把存储器中的一个字节称为一个内存单元。每个内存单元都有其唯一的内存地址。为了便于管理，必须给每一个内存单元编号，这样就可以根据一个内存单元的编号准确地找到该内存单元。内存单元的编号也称地址。通常也把这个地址称为指针。

计算机所有的数据都是存放内存单元中的，不同的数据类型所占的内存单元数不等，如存储 char 型的变量需要 1B，存储 short int 型的变量需要 2B，存储 int、long 和 float 型的变量需要 4B 等。因此规定程序实体的内存地址就是它们在相应的内存存储区域的第一个字节的编号。

在 C 语言中，指针是一种数据类型，是一个变量在内存中所对应单元的地址。同时它也是用来存放地址的，此地址可以是变量的地址，也可以是数组、函数的首地址，还可以是一个指针变量的地址。假设定义了一个指针变量 pi，并用 pi 来存放一个整型变量 i 的地址，则该指针指向了这个整型变量 i。

变量的存储单元由系统在编译时或程序运行时分配的，因此变量的地址不能人为地确

定,可以通过取地址运算符 & 获取,例如在如下的程序段中:

```
int x;float y; char a;
scanf("%d,%f,%c",&x, &y,&a);
```

由 &x、&y 和 &a 分别得到变量 x、y 和 a 的内存地址。由于常量和表达式没有用户可操作的内存地址,因此 & 不能作用到常量和表达式上。

在 C 语言中,常用的数组或函数都是连续存放的。当通过访问指针变量取得了数组或函数的首地址,也就找到了该数组或函数。由于指针是一个数据结构的首地址,它通常指向一个数据结构,因而常用指针来描述一种数据类型或数据结构。

9.2 指针变量

9.2.1 指针变量的定义

指针是一种存放地址的变量,和其他变量一样,使用前必须先进行定义。

1. 定义指针变量的一般形式

类型说明符   * 指针变量名;

说明:类型说明符为 short、int、long、char、float、double 等数据类型,* 表示这是一个指针变量,变量名即为定义的指针变量名。例如:

```
int * p1;
```

表示 p1 是一个指针变量,它的值是某个整型变量的地址。或者说 p1 指向一个整型变量。再如:

```
float * p2;                    //定义 p2 为指向浮点型变量的指针变量
char * p3;                     //定义 p3 为指向字符型变量的指针变量
```

可以用赋值语句使一个指针变量得到另一个变量的地址,从而使它指向该变量。例如:

```
p_1 = &i; p_2 = &j;
```

2. 定义指针变量的注意事项

(1) * 表示该变量的类型为指针型变量。例如:"int * p;"表示指针变量名是 p,而不是 * p。这与定义整型变量或实型变量的形式不同。

(2) 在定义指针变量时必须指定其类型。因为不同类型的数据在内存中所占的字节数和存放方式是不同的,一个指针变量只能指向同类型的变量。例如:只有整型变量的地址才能放到指向整型变量的指针变量中。假如定义了 p 为指向整型变量的指针变量,那么 p 就只能指向整型变量,而不能是其他类型的变量。

下面的赋值是错误的:

```
int  a; float * pt;
pt = &a;
```

在该赋值语句中,int 型变量的地址不能放到指向浮点型的指针变量。

（3）指针变量中只能存放地址（指针），不要将一个整数赋给一个指针变量。例如：

```
* p = 11;
```

这里，p 是指针变量，11 是整数，不合法。

9.2.2　指针变量的初始化

在定义指针变量的同时给指针变量赋初值，称为指针变量的初始化，其形式为：

类型说明符　　＊指针变量名＝初始地址值；

例如：

```
int * p = &a;                        //a 为整型变量
```

或者间接使用赋值语句进行指针初始化。例如：

```
int a, * p;    p = &a;               //执行了赋值后，变量 a 的地址赋给了指针 p
```

【例 9.1】　通过指针变量访问整型变量，输出两个整数。

编写程序：

```
# include < stdio. h>
int main()
{   int a,b;
    int * p1, * p2;                  //定义指针变量 p1 和 p2 的类型为 int * 类型
    a = 10;b = 12;
    p1 = &a;p2 = &b;                 //p1 指向整型变量 a,p2 指向整型变量 b
    printf(" % d, % d\n",a,b);
    printf(" % d, % d\n", * p1, * p2);  //输出 p1 和 p2 所指向的变量的值
    return 0;
}
```

运行结果：

```
10,12
10,12
```

注意：任何指针变量在使用之前必须进行定义和赋值；再给指针初始化时，要注意类型匹配，可以把同一指针的值赋值给另一个指针，但不能直接用整型数据赋值给指针变量，如例 9.1 第 4 行程序中，若改为"int * p1＝10,p2＝12;"则是错误的。

9.2.3　指针变量的引用

对指针变量的引用包含两个方面：一是对指针变量本身的引用，如对指针变量进行各种运算；二是利用指针变量来访问所指向的目标，对指针的间接引用。

1. 指针变量引用的相关运算符

（1）&：取地址运算符；

（2）*：指针运算符（或称"间接访问"运算符），取其指向的内容。

指针指向的对象可以表示成如下形式：＊指针变量。特别要注意的是，此处 ＊ 是访问

指针所指向变量的运算符,与指针定义时的 * 不同。在定义指针变量时, * 号表示其后是指针变量。在其他位置出现, * 号是运算符。如果与其联系的操作数是指针类型, * 是间接访问(引用)运算符;如果与其联系的操作数是基本类型, * 是乘法运算符。在使用和阅读程序时要严格区分 * 号的含义。

&a 的运算结果是一个指针,指针的类型是 a 的类型加 * ,指针所指向的类型是 a 的类型,指针所指向的地址是 a 的地址。 *p 的运算结果是 p 指向的类型,它所占用的地址是 p 所指向的地址。

例如:

```
int a = 2; int b; int * p; int ** pa;
p = &a;        //&a 的结果是一个指针,类型是 int * ,指向的类型是 int,指向的地址是 a 的地址
 * p = 11;      // * p(等同变量 a)的结果,类型是 int,它所占用的地址是 p 所指向的地址
pa = &p;       //&p 的结果是一个指针,类型是 int ** ,它指向的类型是 p 的类型,这里是 int * ,该指
               //针指向的地址就是指针 p 自己的地址
 * pa = &b;     // * pa 是一个指针,&b 的结果也是一个指针,且这两个指针的类型和所指的类型是一
               //样的,所以用 &b 来给 * pa 赋值是没问题的
 ** pa = 8;     // * pa 的结果是 pa 所指向的对象,在这里是一个指针,对这个指针再做一次运算,结果
               //就是一个 int 类型的变量
```

2. 引用指针变量的注意事项

(1) 取地址运算符 & 是单目运算符,其结合方向为自右至左,其功能是取变量的地址。在 scanf 函数及前面介绍的指针变量赋值中,已使用了 & 运算符。它只能作用于变量,包括基本类型变量和数组的元素、结构体类型变量或结构体的成员,不能作用于数组名、常量或寄存器变量。

(2) 取内容运算符 * 也是单目运算符,是 & 的逆运算。其结合方向为自右至左,用来表示指针变量所指的变量。在 * 运算符之后的变量必须是指针变量。还应注意的是,指针运算符 * 和指针变量说明中的指针说明符 * 不是一回事。在指针变量说明中, * 是类型说明符,表示其后的变量是指针类型。而表达式中出现的 * 则是一个运算符用以表示指针变量所指的变量。

(3) 对 & 和 * 运算符的说明。

如果已执行了语句"p=&a;",那么 & * p 的含义是什么? & 和 * 两个运算符的优先级别相同,但按自右而左方向结合,因此先进行 * p 的运算,它就是变量 a,再执行 & 运算。因此, & * p 与 &a 相同,即变量 a 的地址。

 * &a 的含义是什么?先进行 &a 运算,得 a 的地址,再进行 * 运算。即 &a 所指向的变量,也就是变量 a。因而 * &a 与 a 等价。

3. 指针变量的应用

【例 9.2】 输入 a 和 b 两个数,按先大后小的顺序输出 a 和 b。

解题思路:

先定义两个整数和两个整型指针变量,两个整型指针变量指向两个整数,如果指针指向的两个整数不是先大后小,那么就将两个指针变量互换。

编写程序:

```
# include < stdio. h >
```

```
int main()
{   int a,b;
    int * pa, * pb, * pc;
    printf("输入 a 和 b 的值: ");                //输入两个整数
    scanf("%d,%d",&a,&b);

    pa = &a;                                    //pa 指向整型变量 a
    pb = &b;                                    //pb 指向整型变量 b
    if(a < b)
      { pc = pa;pa = pb;pb = pc;               //pa 和 pb 的值发生互换
      }
    printf("a = %d,b = %d\n",a,b);
    printf("max = %d,min = %d\n", * pa, * pb);  //输出执行交换后 pa 和 pb 所指向的变量的值
    return 0;
}
```

运行结果:

```
输入 a 和 b 的值: 1,2
a = 1,b = 2
max = 2,min = 1
```

程序分析:

从运行结果中可以看出,a 和 b 的值并没有改变,而是 pa 和 pb 的指向发生了改变,即 pa 和 pb 的值发生了改变。即 pa 指向了数值比较大的变量 b,pb 指向了数值比较小的变量 a。所以,在输出 * pa 和 * pb 时,实际上是分别输出了 b 和 a 的值。指针变量交换前的情况和交换后的情况如图 9.1 所示。

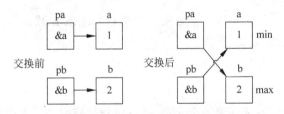

图 9.1　指针变量交换前后

9.2.4　指针变量的运算

指针变量可以进行赋值运算、算术运算以及关系运算。

1. 指针的赋值运算

(1) 把一个指针变量的值赋给指向相同类型变量的另一个指针变量。例如:

```
int x, * ptr_x, * ptr_y;
ptr_x = &x;
ptr_y = ptr_x;
```

指针 ptr_x 的值为变量 x 的地址。赋值语句将指针 ptr_x 的值赋给指针 ptr_y,现在指针 ptr_x 和指针 ptr_y 指向同一个变量 x。

（2）把数组的首地址赋给指针变量。例如：

```
int a[5], * pa;
pa = a;
```

由于数组元素占用内存中一块连续的存储单元，数组名就表示数组的首地址，因此可以将数组名直接赋给一个指向数组的指针变量 pa。注意，在赋值语句的数组名 a 前面不用取地址运算符 &。

2. 指针的算术运算

数值变量可以进行加减乘除算术运算。而对于指针变量，由于它保存的一个内存地址，那么可以想象，对两个指针进行乘除运算是没有意义的。那么指针的算术运算就主要是指指针的移动。即通过指针递增、递减、加上或者减去某个整数值来移动指针指向的内存位置。

（1）使用递增/递减运算符（++和--）将指针递增或递减。例如：

```
int * ptrnum,arr_num[10];
ptrnum = arr_num;
ptrnum++;
```

其中，指针 ptrnum 指向整型数组 arr_num，即存储数组中第一个元素的地址。然后，使用++运算符递增该指针。这意味着，ptrnum 此时指向 arr_num[0]地址之后的下一个连续地址，即数组中下一个元素的地址。应该注意，数组指针变量向前或者向后移动一个位置和地址加 1 或减 1，在概念上是不同的。指针变量加 1，即向后移动 1 个位置表示指针变量指向下一个元素的首地址，而不是在原地址基础上加 1。所以，一个类型为 T 的指针的移动，以 sizeof(T)为移动单位。

（2）将指针加上或者减去某个整数值。当指针加上或者减去某个整数值时，指针向前或者向后移动 n 个数据单元。例如：

```
ptrnum = &arr_num[5];
ptrnum = ptrnum - 2;
```

此处指针首先指向数组的第 6 个元素，然后将指针减去 2。这意味着 ptrnum 此时指向数组的第 4 个元素，即 arr_num[3]。

【例 9.3】 分析下面程序中指针运算的运行结果。

编写程序：

```
# include < stdio. h >
int main()
{   int array[10] = {0,1,2,3,4,5,6,7,8,9},x,y, * pa;
    pa = &array[0];
    printf(" % d  % d\n", * (pa + 2), * (pa + 5));
    x = * pa++;                              //等价于: * (pa++)
    pa = array;
    y = * ++pa;                              //等价于: * (++pa)
    printf(" % d  % d\n",x,y);
    return 0;
}
```

运行结果：

```
2  5
0  1
```

程序分析：

两个指针变量之间的运算，只有指向同一数组的两个指针变量之间才能进行运算，否则运算毫无意义。

＊pa＋＋等价于＊(pa＋＋)，表示先取 p 所指元素的值，再把指针向后调整一个元素。

＊＋＋pa 等价于＊(＋＋pa)，表示先把指针向后调整一个元素，然后再取所指元素的值。

两个指针可以相减，但主要用于同类型的指针变量，并且两个指针变量指向同一个数组中的数组元素。

指针和指针之间若进行加法运算，这在 C 语言中属于非法操作。原因是进行加法运算后，得到的结果是指向一个不知所向的地方，而且毫无意义。但是两个指针可以进行减法运算操作，但是必须类型一致，一般是用在数组方面。

3. 指针的关系运算

两个指向同一组相同类型数据的指针之间可以进行各种关系运算，两个指针之间的关系运算表示它们的目标变量的地址位置之间的关系。指针间的关系运算符有小于＜、大于＞、等于＝＝、大于等于＞＝、小于等于＜＝、不等于！＝。

当指针与 0 进行"＝＝"或"！＝"做比较关系运算时，比较结果可用以判断其是否为空指针。同时两个不同数据类型的指针之间的、指针与一般整数间的关系运算是无意义的。

【例 9.4】 比较两个指针，看它们是否相等，即这两个指针是否指向同一个变量。

编写程序：

```
# include < stdio. h >
int main()
{   int  * ptrnum1,  * ptrnum2;
    int value = 1;
    ptrnum1 = &value;
     value += 10;
    ptrnum2 = &value;
    if (ptrnum1 == ptrnum2)
        printf ("\n 两个指针指向同一个地址\n");
    else
        printf("\n 两个指针指向不同的地址\n");
    return 0;
}
```

运行结果：

两个指针指向同一个地址

程序分析：

程序中，声明了两个指针变量 ptrnum1 和 ptrnum2。另外还声明了一个 int 类型的变量 value,初始值为 1。接着将变量 value 的地址赋给指针 ptrnum1 中。然后将 value 加 10,再将 value 的地址赋给指针 ptrnum2 中。通过 if 语句判断 ptrnum1 和 ptrnum2 是否相等,即判断它们是否指向同一个地址。由于指针 ptrnum1 和 ptrnum2 存储的都是变量 value 的地址,因此即使变量 value 的值增加了 10,地址也仍保持不变,因此相等条件的值为真,输出结果为"两个指针指向同一个地址"。

注意:只有关系运算的两个指针指向同一数组时,方可表示它们所指数组元素的关系,比较才有意义。如 pa 和 pb 指向同一数组 array,并有"pa＝&array[2]; pb＝&array[3];",则:

pa＝＝pb,结果为假,当 pa 和 pb 指向同一数组元素时才为真;

pa＜pb,结果为真,当 pa 指向的变量在 pb 指向的变量之前时为真;

pa＜＝pb,结果为真,当 pa 指向的变量在 pb 指向的变量之前或相同时为真;

pa＞pb,结果为假,当 pa 指向的变量在 pb 指向的变量之后时为真;

pa＞＝pb,结果为假,当 pa 指向的变量在 pb 指向的变量之后或相同时为真;

pa!＝pb,结果为真,当 pa 指向的变量在 pb 指向的变量位置不同时为真。

9.3　指针与数组

9.3.1　数组指针

1. 数组指针的定义与应用

本节讨论指针和数组。通常,一个变量有一个地址,一个数组包含若干个元素,每个数组元素都在内存中占用存储单元,它们都有相应的地址。而指针变量既然可以指向变量,当然也可以指向数组元素(把某一元素的地址放到一个指针变量中)。这时,数组指针就是指数组的起始地址,数组元素的指针是数组元素的地址。

数组指针变量说明的一般形式为:

类型说明符(* 数组名)[常量表达式];

其中,类型说明符表示所指数组的类型。例如:"int(* pa)[10];"表示定义了一个指向数组的指针 pa,pa 指向的数组是一维的长度为 10 的整型数组。又如:

```
int a[5];
int * p;
p = &a[0];
```

本例中,定义 a 为包含 5 个整型数据的数组,p 为一个指向整型变量的指针变量,指针 p 指向数组 a 的第一个元素,即此时 p 的值为数组元素 a[0]的地址,其结构如图 9.2 所示。

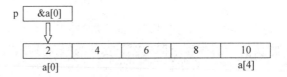

图 9.2　指针指向数组元素

注意：数组名和指针变量是有区别的，指针变量是变量，即指针变量所含的指针值是可以改变的，可对指针变量可以进行赋值和自增操作。而数组名是指针常量，而不是变量。

在 C 语言中，数组表示的数据或相关操作可用指针来实现，一个用数组和下标实现的表达式也可以等价地用指针和偏移量来实现。指针与数组的关系如图 9.3 所示。

下标	数组名	指针	指针下标	四者关系
a[0]	a	p	p[0]	a[0]==*a==*p==p[0]
a[1]	a+1	p+1	p[1]	a[1]==*(a+1)==*(p+1)==p[1]
a[2]	a+2	p+2	p[2]	a[2]==*(a+2)==*(p+2)==p[2]
a[3]	a+3	p+3	p[3]	a[3]==*(a+3)==*(p+3)==p[3]
a[4]	a+4	p+4	p[4]	a[4]==*(a+4)==*(p+4)==p[4]

图 9.3　指针与数组的关系

通过指针引用数组元素 a[i] 有下列方法：

（1）下标法，即用 a[i] 形式访问数组元素，其中 i 是下标。

（2）指针法，即采用 *(a+i) 或 *(p+i) 形式，用间接访问的方法来访问数组元素，其中 a 是数组名，p 是指向数组的指针变量，其初值为 p=a。

【例 9.5】　分别用下标法、指针法等方法访问数组元素。

解题思路：

先定义和初始化一个一维数组，然后声明一个指针变量，可按上述 4 种不同的方法访问并输出数组元素的值。

编写程序：

```c
#include <stdio.h>
int main()
{   int a[5] = {0,1,2,3,4};int *p,i;
    p = a;
    for(i = 0;i < 5;i++){
    printf("%d ",a[i]);          //方法1：用下标法输出数组中的元素
    printf("%d ", *(a + i));     //方法2：通过数组名计算元素的地址，找出元素的值
    printf("%d ",p[i]);          //用下标法输出指针变量所指元素的值
    printf("\n");
}
    for(p = a;p < (a + 5);p++)
      { printf("%d ", *p);       //方法3：用指针变量指向数组元素
      }
    return 0;
}
```

运行结果：

```
0 0 0
1 1 1
2 2 2
3 3 3
4 4 4
0 1 2 3 4
```

程序分析:

方法 1 和方法 2 的执行效率是相同的。C 编译系统是将 a[i]转换为 *（a+i）处理的，即先计算元素地址。方法 3 更快，用指针变量直接指向元素，不必每次都重新计算地址。像 p++这样的自加操作是比较快的。这种有规律地改变地址值(p++)能大大提高执行效率。

用下标法比较直观，能直接知道是第几个元素，例如 a[3]是数组的第 4 个元素。用地址法和指针变量的方法不直观，难以很快地判断当前是第几个元素。

【例 9.6】 有一个一维数组，内放 10 个学生的成绩，用指针法求最高分、平均分、最低分，其中成绩由自己输入。

解题思路:

定义 3 个指向浮点型变量的指针变量 p、max、min。分别输入 10 位学生的成绩。依次循环比较学生的成绩，取成绩最高的赋值给 max，成绩最低的赋值给 min，计算出 10 个学生的总成绩后除于 10 即得到平均分。

编写程序:

```c
#include<stdio.h>
int main()
{  float fen[10], sum = 0,ave = 0;
   float * p = fen;
   float * max = p, * min = p;
   int i;
   printf("请输入 10 个学生的成绩:");
   for(p = &fen[0], i = 0;i<10;i++)
   { scanf("%f",p);
     p++;
   }                       //输入 10 位学生的成绩,通过指针变量 p 自加依次给数组元素赋值
   for(p = fen, i = 0;i<10;i++)
   { if( * max<= * p)    max = p;
     if( * min>= * p)    min = p;
     p++;
   }                       //循环比较学生的成绩,成绩最高的赋值给 max,成绩最低的赋值给 min
   for(p = fen, i = 0;i<10;i++)
   { sum = sum + * p;
     p++;
   }
   ave = sum/10;           //计算所有学生成绩的平均分
   printf("最高分:%2.2f\n", * max);
   printf("平均分:%2.2f\n",ave);
   printf("最低分:%2.2f\n", * min);
   return 0;
}
```

运行结果:

```
请输入 10 个学生的成绩:80.5 78 79.4 65.5 88 90.2 59 71.3 83 93
最高分:93.00
平均分:78.79
最低分:59.00
```

在 C 语言中,数组名作为指向该数组的第一个元素的指针的同义词。例如:

```
int arr[5];
```

为该整型类型的数组分配了 5 个连续的内存空间,其分配的空间在计算机内存的某处。假设起始地址是 1000(也可以是其他任意的地址),则存放整型数组元素的内存空间所在的地址如图 9.4 所示。

首地址 1000	arr[0]
1004	arr[1]
1008	arr[2]
1012	arr[3]
1016	arr[4]

图 9.4 整型数组及存放地址

arr 代表一个数组,也可以直接用作指针值。当它作为指针使用时,arr 定义为数组中第一个元素的地址。对任意数组 arr 及指针变量 p 来说,有如下关系:

```
int * p,arr[5];
p = arr;
```

则 arr 等同于 &arr[0]。

又如:

```
void sort( int arr[ ], int n);
```

假设想要用上面定义的数组 arr 调用函数 sort,那么,传递给函数 sort 的形式参数的值将是数组 arr 中第一个元素的地址。则上面的函数声明写成:

```
void sort( int * arr, int n);
```

该函数也能达到一样的效果。这里的第一个参数被声明为指针,数组 arr 中的第一个元素的地址赋值给了形式参数 *arr,并通过指针运算进行处理。

给定任意数组名,可以将它的地址直接赋给任何指针变量。而数组的数组名其实可以看作一个指针。例如:

```
int arr[6] = {0,1,2,3,4,5},value;
value = arr[0];          //也可以写为: value = * arr;
value = arr[2];          //也可以写为: value = * (arr + 2);
value = arr[3];          //也可以写为: value = * (arr + 3);
```

一般来说,数组名 arr 代表的是数组本身,当把 arr 看作指针时,它指向的是数组的第 0 个单元,类型是 int *。所以 *arr 等于 0 就不奇怪了。同理,arr+2 是一个指向数组第二个单元的指针,故 *(arr+2) 等于 2,其余的以此类推可知。

又如:

```
int array[10];
int ( * pa)[10];
pa = &array;
```

pa 是一个指针,指向有含有 10 个元素的整型数组,可用整个数组的首地址来初始化它,在语句 pa = &array 中,array 代表数组本身。

2. 数组下标和指针运算的关系

声明一个数组 a[5] 和指针 p,a 为数组名,p 为指针变量,其中,数组下标和指针运算之

间具有密切的对应关系。根据定义,数组类型的变量或表达式的值是该数组的第 0 个元素的地址。执行赋值语句:

```
p = &a[0];
```

则 p 和 a 具有相同的值。因为数组名代表的就是该数组最开始的一个元素的地址。故 p=&a[0]也可以写成以下形式:

```
p = a;
```

说明:数组名和指针之间有一个不同之处,那就是指针是一个变量,而数组名不是一个变量。所以在 C 语言中,语句 p=a 和 p++皆是合法的。但类似于 a=p 和 a++形式的语句是非法的。

对数组元素 a[i]的引用也可以写成 *(a+i),在计算数组元素 a[i]的值时,C 语言实际上是先将其转换成 *(a+i)的形式,再进行求值。若对 a[i]和 *(a+i)这两种等价的表示形式分别加上地址运算符 &,那么就可以得出结论:&a[i]和 a+i 的含义是相同的。即 a+i 是 a 之后第 i 个元素的地址。若 p 是一个指针,那么 p[i]与 *(p+i)是等价的。总之,一个通过数组和下标实现的表达式可以等价地通过指针和偏移量实现。

9.3.2 指针数组

指针数组是一组有序的指针组成的数组,即数组的元素值为指针。指针数组的所有元素都必须是具有相同存储类型和指向相同数据类型的指针变量。

指针数组说明的一般形式为:

类型说明符 ＊数组名[数组长度]

其中,类型说明符为指针值所指向的变量的类型。

例如:

```
int *p[4];
```

由于[ ]比 * 优先级高,因此上述定义等价于"int * (p[4])",p 首先与[]结合,即 p 是数组,4 个元素分别为 p[0]、p[1]、p[2]、p[3]。数组每个元素的类型是 int * 。

指针数组定义后,可以使数组元素指向一个变量和其他数组的首地址。

【例 9.7】 应用指针输出一个一维数组元素值及地址。

解题思路:

先定义和初始化 4 个整型变量,然后声明一个指针数组,使数组元素分别指向这些整型变量,最后打印输出数组元素值及其对应的地址关系。

编写程序:

```
#include <stdio.h>
int main()
{    int i = 1,j = 2,k = 3,m = 4;
     int *p[4],n;                        //声明指针数组
     p[0] = &i; p[1] = &j; p[2] = &k; p[3] = &m;    //数组 p 元素指向一个变量
     for(n = 0;n < 4;n++)
```

```
        printf("%d", *p[n]);                    //输出数组元素值
    if((p[2] - p[3] == p[1] - p[2])&&(p[1] - p[2] == p[0] - p[1]))
        printf("输出的数组地址连续");            //输出数组地址
        return 0;
    }
```

运行结果：

```
1 2 3 4 输出的数组地址连续
```

程序分析：

由于每个数组元素相当于一个变量，因此指针变量可以指向数组中的元素，也就是可以用指针方式访问数组中的元素。定义一个数组时，编译系统会按照其类型和长度在内存中分配一块连续的存储单元。数组名的值为数组在内存中所占用单元的起始地址。也就是说，数组名代表了数组的首地址。指针数组对应的地址及元素值如图 9.5 所示。

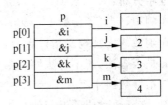

图 9.5　指针数组对应的地址及元素值

【例 9.8】 用指针数组实现，输入月份的阿拉伯数字 1～12，输出对应季节的英文名称。

解题思路：

输入描述输入一个整型数字 n 输出描述输出 1～n 月的英文字母排序顺序，对应的季节换行输出，若 n 不合法，则输出"Illegal Season"。

编写程序：

```
#include < stdio. h >                    //头文件
#include < stdlib. h >
char * cseason(int month);               //函数声明
int main()
{   int i;
    printf("输入月份数字:");
    scanf("%d",&i);                      //输入月份
    printf("%2d月份所在季节为:%s\n",i,cseason(i));
    return 0;
}
char * cseason(int month)                //自定义函数
{   char * p, * pSeason[] = {"Spring","Summer","Autumn","Winter","Illegal Season"};
    //表示 4 季的指针数组
    switch (month)
    { case 3:
      case 4:
      case 5:   p = pSeason[0];  break;   //春季
      case 6:
      case 7:
      case 8:   p = pSeason[1];  break;   //夏季
      case 9:
      case 10:
      case 11:  p = pSeason[2];  break;   //秋季
      case 12:
      case 1:
```

```
        case 2:    p = pSeason[3];  break;              //冬季
        default:   p = pSeason[4]; break;               //无效的月份
    }
    return  p;
}
```

运行结果:

输入月份数字: 6
6 月份所在季节为: Summer

程序分析:

本例中,定义了函数 cseason,该函数需要一个整型变量作为实参,返回一个字符型指针。在函数体内部定义指针数组,数组中的每个指针指向一个字符串常量。然后,判断实参 month 是否合法,若不合法则将第一个元素赋值给字符指针变量 p,这样,指针变量 p 中的值就与指针数组中第一个元素中的值相同,即指向字符串常量"Illegal Season",当输入月份为 6 时,字函数对应的返回值是指字符串常量"Summer"的指针。

main 函数中,在 printf 函数输出列表中包括 cseason 函数的返回值(其返回值是一个字符串的首地址),printf 函数的格式字符%s 从该首地址开始输出字符串。

9.3.3 指向多维数组的指针

用指针变量可以引用一维数组,也可以指向多维数组,对于一个指向 N 维数组的指针可以这样定义:

类型说明符 (* 指针变量名)[长度] [长度]…[长度]

其中,类型说明符为所指数组的数据类型。* 表示其后的变量是指针类型。长度表示 N 维数组分解为多个 N−1 维数组时,N−1 维数组的长度。应注意"(* 指针变量名)"两边的括号不可少。例如,以下为指向二维数组 s 的指针变量 p 定义:

```
int s[3][4] = { {0,1,2,3},{4,5,6,7},{8,9,10,11} };
int ( * p)[4];
p = a;
```

程序中假设数组 s 的开始地址为 1000,则该地址代表了二维数组的首地址,也即是二维数组第 0 行的首地址。数组存储及数组元素和指针的对应关系如图 9.6 所示。

表示形式	含义	地址
s	二维数组名,数组首地址,0 行首地址	1000
s[0], * (s+0), * s	第 0 行第 0 列元素地址	1000
s+1,&s[1]	第 1 行首地址	1008
s[1], * (s+1)	第 1 行第 0 列元素地址	1008
s[1]+2, * s(+1)+2,&s[1][2]	第 1 行第 2 列元素地址	1012

图 9.6   数组存储及数组元素和指针的对应关系

C语言允许把一个二维数组分解为多个一维数组来处理。因此数组 s 可分解为 3 个一维数组，即 s[0]、s[1]、s[2]。每一个一维数组又含有 4 个元素。

把二维数组 s 分解为一维数组 s[0]、s[1]、s[2]之后，设 p 为指向二维数组的指针变量。可定义为 int (* p)[4]，它表示 p 是一个指针变量，指向二维数组 s 或指向第一个一维数组 s[0]，其值等于 s、s[0]或 &s[0][0]等。而 p+i 则指向一维数组 s[i]。从前面的分析可得出 * (p+i)+j 是二维数组 i 行 j 列的元素的地址，而 * (* (p+i)+j)则是 i 行 j 列元素的值。指针变量指向二维数组的过程如图 9.7 所示。

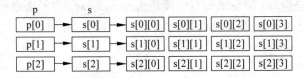

图 9.7　指针变量指向二维数组的过程

注意：图 9.7 中，二维数组 s 所占存储区域的首地址有 4 种表示方式，它们是 s、s[0]、&s[0][0]和 * s。这 4 种地址表示形式的地址级别是不同的，其中 s 表示二级地址，其地址单位是二维数组中一行数据所占据的存储单元字节数；其余 3 个都表示一级地址，其地址单位为一个数组元素所占据的存储单元字节数。所以，若要用指针来表示二维数组的地址关系，需要注意对应的地址级别。

【例 9.9】　请输入某一年具体的年月日，将其转换成该年的第几天并输出。

解题思路：

首先列出每个月的天数表，由于存在闰年和非闰年的情况，可把此表设置成为一个 2 行 13 列的二维数组，其中第 1 行对应的每列（设 1～12 列有效）元素是非闰年各月的天数，第 2 行对应的是闰年每月的天数。

编写程序：

```
# include < stdio. h>
int main()
{ static int   monthdays[2][13] = {{0,31,28,31,30,31,30,31,31,30,31,30,31},
                                   {0,31,29,31,30,31,30,31,31,30,31,30,31}};
    int y,m,d;
    int day_num(int * p, int year, int month, int day);
    printf("请输入具体的年月日:");
    scanf("%d%d%d", &y, &m, &d);
    printf("这是该年的第%d天\n",day_num(monthdays[0],y,m,d));    //实参为二维数组名
    return 0;
}
int day_num(int * p,int year,int month,int day)    //指针变量 p 作为函数的形式参数
{ int i,j;
    i = (year % 4 == 0&&year % 100!= 0)||year % 400 == 0;
    for (j = 1; j < month;j++)
        day += * (p + i * 13 + j);                 //对二维数组中元素进行地址变换
    return day;
}
```

运行结果：

输入具体的年月日：2016 12 12
这是该年的第 347 天

程序分析：

程序中，使用表达式(year%4＝＝0&&year%100!＝0) || year%400＝＝0判断年份是否为闰年，如 i＝1 则为闰年，i＝0 则为非闰年；这里，在函数 day_num 里引用了一个指针作为其形式参数，并应用 for 循环语句对二维数组 monthdays 中元素进行地址变换，同时将1、2、3、…、i−1月的各月天数累加，再加上指定的日，最后返回计算结果 day(天数)的值给day_num。

9.4　指针与字符串

在数组一章，已经介绍了用字符数组存放字符串。与其他类型的数组不同，存放字符串的字符数组在初始化时，系统会自动接一个'\0'到字符串的末尾。在 C 语言中，许多字符串的操作都由指向字符数组的指针及指针的运算来实现的。因为对字符串来说一般都是严格顺序存取，使用指针可以打破这种存取方式，使字符串的处理更加灵活。

9.4.1　字符型指针

在 C 语言中，字符串可以是以常量的形式出现，也可以是以字符数组的形式出现。对于这两种形式，可以定义一个字符型指针去指向它。

定义指针变量，使其指向字符串常量，有下面两种格式：

(1) 带初始化的，char ＊ 指针变量＝字符串常量。

(2) 不带初始化的，char ＊ 指针变量。

对于第二种不带初始化的，必须先进行赋值后才能使用。该赋值语句的格式为：

指针变量＝字符串常量

例如：

```
char ＊ p1 = "hello", ＊ p2, ＊ p3;
p2 = "world";
```

上述例子定义了指针变量 p1、p2 和 p3，其中第一个语句通过初始化方式使指针 p1 指向字符串"hello"，而第二个语句用赋值方式，使指针 2 指向字符串"world"。此外还有一个已经定义了但未赋值的指针 p3。

【例 9.10】　请利用字符指针输出字符串"Good"和"luck to you"的后 3 个字符。

编写程序：

```
# include < stdio. h>
int   main()
{   char ＊ s1 = "Good";            //定义字符型指针变量 s1 且取得字符串首地址
    char str[] = "luck to you", ＊ s2 = str;   //定义字符型指针变量 s2 且取得字符数组的首地址
```

```
        s2 = s2 + 7;
        printf("% s % s\n",s1,s2);
        return 0;
    }
```

运行结果：

Good you

程序分析：

定义并初始化了一个字符型指针变量 s1，使其指向字符串常量"Good"，此外还定义了字符型指针变量 s2，再给它赋值"luck to you"，将 s2 加上一个 7，便可以使其指向"luck to you"的后 3 个字符的首字符的地址，结果就输出了"you"。

【例 9.11】 编写一个函数，求字符串的长度。

编写程序：

```
# include < stdio. h >
int  strlen(char * s)                          //字符型指针变量 s 作为函数 strlen 的形式参数
{   char * p = s;
    while( * p)
      { p++;}
    return (p - s);
}
int  main()
{   char a[40];                                //定义数组元素个数为 40 的字符数组
    printf("输入字符串：\n");
    scanf("% s",a);
    printf("字符串的长度为：% d\n",strlen(a));
    return 0;
}
```

运行结果：

输入字符串：
Helloworld
字符串的长度为:10

程序分析：

由于字符串是连续存放的，且都以'\0'字符为结束标志，输入字符串"Helloworld"时，编译器自动会在字符串后面加 0，因此函数 strlen 中 while(* p)为字符型指针 p 指向的值为 0 时退出循环，而字符串长度则为指针自加后地址偏移值减去首字符"H"的地址。

9.4.2 通过指针引用字符串

在 C 程序中，字符串是存放在字符数组里的，访问字符串的有如下两种方法：
(1) 用字符数组实现。通过数组名和格式声明%s 输出字符串，例如：

```
int  main(void)
```

```
{    static char string [ ] = " I have an Apple iPhone!";
     printf(" % s\n",string);
     return 0;

}
```

运行时输出:

I have an Apple iPhone!

和前面介绍的数组属性一样,string 是数组名,它代表字符数组的首地址。string[4]代表数组中序号为 4 的元素(v),实际上 string[4]就是 * (string+4),string+4 指向字符"v"指针。

(2)用字符指针实现。通常用字符串指针变量指向字符串常量。可以不定义字符数组,而定义一个字符指针,用字符指针指向字符串中的字符。例如:

```
int main(void)
{ char * string = "I have an Apple iPhone!";
  printf(" % s\n",string);
  return 0;
}
```

在这里没有定义字符数组,但 C 语言对字符串常量是按字符数组处理的,实际上在内存开辟了一个字符数组用来存放字符串数组。在程序中定义了一个字符指针变量 string。并把字符串首地址(即存放字符串的字符数组的首地址)赋给它。有人认为 string 是一个字符串变量,以为定义时把"I have an Apple iPhone!"赋给该字符串变量,这是不确切的。定义 string 的部分:

```
char * string = "I have an Apple iPhone!";
```

等价于下面两行:

```
char * string;
string = "I have an Apple iPhone!";
```

可以看到,string 被定义为一个指针变量,它指向字符型数据,请注意只能指向一个字符变量或其他字符类型的数据,而不能同时指向多个字符数据,更不可以把"I have an Apple iPhone!"这些字符存放到 string 中。只是把"I have an Apple iPhone!"的首地址赋给指针变量 string(不是把字符串赋给 * string)。因此不要认为上述定义行等价于:

```
char * string;
* string = "I have an Apple iPhone!";
```

在输出时,用:

```
printf(" % s\n",string);
```

%s 表示输出一个字符串,给出字符指针变量名 string,则系统先输出它所指向的一个字符,然后自动使 string 加 1,使之指向下一个字符,然后再输出一个字符,如此直到遇到字符串结束标志'\0'为止。

【例9.12】 用指针方法实现输入两个字符串,将这两个字符串连接起来并输出,再将连接后的字符串反序输出。

编写程序:

```
# include < stdio.h>
int main()
{   char s[80],t[80],tt;              //定义两个字符数组及一个字符变量
    char * p1 = s, * p2 = t;          //定义两个字符指针且取得字符数组的首地址
    printf("输入第一个字符串:");
    gets(s);                          //调用头文件 stdio.h 中 gets()函数从键盘读取字符串直到回车结束
    printf("输入第二个字符串:");
    gets(t);
    while( * p1)p1++;
    while( * p2) * p1++ = * p2++;
    * p1 = 0;
    p2 = s;
    p1 -- ;
    while(p2 < p1)
        {tt = * p2; * p2 = * p1; * p1 = tt;p2++;p1 -- ;}
    printf("输出反序字符串:");
    puts(s);                          //调用 stdio.h 头文件中 puts 函数输出字符串 s
    return 0;
}
```

运行结果:

```
输入第一个字符串:xyz
输入第二个字符串:123
输出反序字符串:321zyx
```

注意:在内存中,字符串的最后被自动加了个'\0',因此在输出时能确定字符串的终止位置。通过字符数组名或字符指针变量可以输出一个字符串。而对一个数值型数组,是不能用数组名输出它的全部元素的。但可以把字符串作为一个整体来处理,可以对一个字符串进行整体的输入输出。对字符串中字符的存取,可以用下标方法,也可以用指针方法。

9.4.3 指针处理字符串应用举例

由于使用指针编写的字符串处理程序比使用数组方式处理字符串的程序更简洁、更方便,因此在 C 语言中,大量使用指针对字符串进行各种处理。在处理字符串的函数中,一般都使用字符指针作为形参。由于数组名代表着数组的首地址,因此在函数之间可以采用指针传递整个数组,这样在被调用函数的内部,就可以用指针方式访问数组中的元素。下面是几个使用指针处理字符串的应用举例。

1. 指针处理字符串比较

【例9.13】 编写函数,通过指针,实现两个字符串的比较。

编写程序:

```
# include< stdio.h>
```

```
int  main()
{   int m;
    char str1[30],str2[30];
    char * p1, * p2;                    //定义两个指针变量
    int bijiao(char * p1,char * p2);
    printf("输入两个字符串: \n");
    scanf(" % s",str1);
    scanf(" % s",str2);
    p1 = &str1[0];
    p2 = &str2[0];
    m = bijiao(p1,p2);
    printf("结果为: % d\n",m);
    return 0;
}
int bijiao(char * p1,char * p2)         //定义字符串比较函数
{   int i = 0;
    while( * (p1 + i) == * (p2 + i))
        if( * (p1 + i++) == '\0')
        return (0);                     //相等时返回结果 0
    return ( * (p1 + i) - * (p2 + i));  //不等时返回结果为第一个不等字符 ASCII 码的差值
}
```

运行结果：

```
输入两个字符串：
how
you
结果为：- 17
```

程序分析：

设 p1 指向字符串 str1,设 p2 指向字符串 str2。要求当 str1 和 str2 相等时,返回值为 0；若当 str1 和 str2 不相等时,返回二者第一个不同字符的 ASCII 码差值(如"bBs"与 "bAe",第二个字符不一样,"B"和"A"之差为 66-65=1)；如果 str1>str2,则输出正值,如果 str1<str2,则输出负值。

2. 指针处理字符串排序

【例 9.14】 按英语字典的顺序输出某班所有人的名单。

解题思路：

一组测试数据,第一行为一个整数 N,表示本班有 N 个人(N≤30),接下来的 N 行中每行一个人名(人名均由小写字母组成,并且名字长度小于 20)。按字典顺序排列人员名单。每个人名占一行,排序过程比较字符串先后次序调用 string. h 中的 strcmp 函数。

编写程序：

```
# include < stdio. h >
# include < stdlib. h >
# include < string. h >
int main()
{   char * names[30];                   //字符指针数组,用于存储字符串
```

```
        int n,i, j,flag;
        printf("请输入该班人数:");
        scanf(" % d",&n);
        printf("请输入该班 % d 个人的姓名:",n);
        for (i = 0;i < n;i++)
          {   names[i] = (char * ) malloc(30 * sizeof(char));
              scanf(" % s",names[i]);
          }
        for (i = 0;i < n;i++)
          {   flag = 0;
              for (j = 0;j < n - i - 1;j++)
               {  if (strcmp(names[j],names[j + 1]) > 0)   //比较相邻字符的大小
                  {  char * temp = names[j];
                     names[j] = names[j + 1];
                     names[j + 1] = temp;
                     flag = 1;
                   }
               }
              if(!flag)
              {
               break;
              }
          }
        printf("按字典的排列顺序为:");
        for (i = 0;i < n;i++)
          {
             printf(" % s ",names[i]);
          }
        return 0;
    }
```

运行结果:

> 请输入该班人数:6
> 请输入该班 6 个人的姓名:xiaoming lihong wuxi huangbing wanghong lijia
> 按字典的排列顺序为:huangbing lihong lijia wanghong wuxi xiaoming

3. 指针处理字符串加密

【例 9.15】 编写程序,用加密函数实现一个字符串加密。

解题思路:

加密变换是将一个字符数组中的元素通过一定的加密方式进行加密,使得原本清晰的一句话,变成不知所云。程序可利用随机函数来产生加密数字,如果产生的数字是 5,而原字符为"b",那么变换的结果为字符"b"后的"g",即在原字符的基础上加上 5,但如果原字符为"y",则加密后的结果是"d",即为循环方式加密,且加密的只有其中的英文字符。

编写程序:

```
# include < stdio. h >
# include < string. h >
# include < stdlib. h >
```

```
void Encryption(char * p)              //定义一个加密函数,指针变量作为函数的参数
{   int len = strlen(p);
    int i,n;
    char c;
    for(i = 0;i < len;i++)
    {   c = p[i];
        n = rand() % 11;                          //随机函数产生加密密码
      if((c>= 'a'&&c<= 'z')||(c>= 'A'&&c<= 'Z'))  //字符加密
        {
          if(c<'Z'&&c+n>'Z'||c<'z'&&c+n>'z') p[i] = c + n - 26;
          else p[i] = c + n;
        }
    }
}
int main()
{   char  * pa, str[] = "This Is An Encryption Example";
    pa = str;
    printf("加密前的字符串: % s\n",pa);
    Encryption(pa);
    printf("加密后的字符串: % s\n",pa);
    return 0;
}
```

运行结果:

加密前的字符串:This Is An Encryption Example
加密后的字符串:Bqrt Nx Bn Lskxfsarqu Mhgtxqk

程序分析:

程序是一个简单的加密变换,其中用了伪随机数产生变换密码,但其实这个密码可以设计得比较复杂,而这里变换的只是英文字符,并没有变换其他字符,因此相对简单,但加密后的结果也很难找到规律,因为同一个字符变换的结果也不相同。

9.5 指针与函数

9.5.1 函数指针

1. 函数指针的定义

指针变量可以指向变量地址、数组、字符串、动态分配地址,同时也可指向函数,每一个函数在编译时,系统会分配给该函数一个入口地址,函数名表示这个入口地址,这个入口地址就称为**函数的指针**,而这个指针称为**指向函数的指针变量**。

函数指针定义的一般格式为:

类型说明符 (* 标识符)(形式参数表);
{
    声明部分;
    语句;
}

其中,类型说明符是函数返回值类型(即函数返回的指针指向的类型),形式参数表表示指针变量指向的函数所带的参数列表,其括号为函数调用运算符,在调用语句中,即使函数不带参数,其参数表的一对括号也不能省略。标识符即为指向函数的指针变量名。指针的声明必须和它指向函数的声明保持一致。指针名和指针运算符外面的括号改变了默认的运算符优先级。如果没有括号,就变成了一个返回某类型指针的函数的原型声明。

例如:

```
int( * fp)(int x);
```

定义了一个函数指针变量 fp,函数返回一个整型值,该函数有一个类型为 int 的参数 x。

这里,可声明一个函数:

```
int Function(int x);
```

则函数 Function 的地址赋值给函数指针 fp,可以采用下面两种形式:

```
fp = &Function;
fp = Function;
```

取地址运算符 & 不是必需的,因为单一个函数标识符就表示了它的地址,如果是函数调用,还必须包含一个圆括号括起来的参数表。

通过指针调用函数常用的格式:

```
x = ( * fp)();
```

其前缀运算符星号 * 表示此函数为指针型函数,其函数值为指针,即它带回来的值的类型为指针,当调用这个函数后,将得到一个指向返回值为声明类型的指针(地址)。

2. 函数指针的应用

在程序中,应用函数指针是为了方便地调用函数,减少代码的复杂度,便于维护,所以先将各个函数存储起来,如用数据结构将相关函数的名字和指针存储起来,用的时候根据函数名,取出相应的函数指针,然后就可以调用了。同时,函数指针并不是指函数的地址可以被随便赋值,而是指将函数的固定地址赋给指针变量,从而用指针来代替函数名来操作。下面是函数指针的主要应用形式。

(1) 指针作为函数参数。

在 C 语言中,指针的一个重要作用就是在函数间传递数值。在函数一章可知,函数参数传递一般为值传递,这种传递在改变被调函数形参的值同时,不影响调用函数的实参。函数值传递到调用函数主要是通过 return 语句,如果需要多个返回值,则需要用到全局变量。由于指针可以直接操作内存中的数据,用指针作为函数参数,可以方便地用来修改实参,即通过函数调用改变主调函数中指针变量所指向变量的值。

指针作为函数参数,在调用时传递的是地址,传递地址的方法有 4 种:形参和实参都用数组名;形参和实参都用指针变量;形参用数组名,实参用指针变量;形参用指针变量,实参用数组名。

定义函数的指针类型参数与定义指针类型的变量类似。

【**例 9.16**】 用字符型指针作为函数参数,输出一个字符串"Hello World!"。

编写程序:

```
# include < stdio. h >
int   main()
{   char * p;                  //定义指向字符串的指针变量
    int disp(char * q);        //定义被调函数 disp,形参 * q 指向字符型指针变量
    p = "Hello World!";        //将字符串 Hello World! 的首地址赋给 p
    disp(p);                   //调用子函数 disp,指针 p 为实参
    return 0;
}
 int disp(char * q)
{   printf(" % s\n",q);
    return 0;
}
```

运行结果:

```
Hello World!
```

程序分析:

函数调用时把字符型指针 p(实参)的值传递给字符型指针 q(形参),最终指针 p 和 q 指向同一地址。

【**例 9.17**】 分别用整数和整数型指针作为函数参数,比较交换两个整数的值并输出。

编写程序:

```
# include < stdio. h >
void swap1( int x, int y)              //用两个整数作为函数参数
{   int temp;
    temp = x; x = y; y = temp;
}
void swap2( int * x, int * y)          //用两个整数型指针作为函数参数,交换两个整数的值
{   int temp;
    temp = * x; * x = * y; * y = temp;
}
int   main()
{   int * p1, * p2,a, b,c,d;
    a = 2; b = 4; c = 6;d = 8;
    p1 = &c;p2 = &d;
    swap1(a, b);
    printf("a = % d, b = % d\n", a, b);
    swap2(p1, p2);
    printf("c = % d, d = % d\n",c,d);
    return 0;
}
```

运行结果:

```
a = 2, b = 4
c = 8, d = 6
```

程序分析:

在函数 swap1 中,已经将 a 和 b 的值对调,但由于主函数 main 对该函数 swap1 的调用传递的是数值而非地址,所以调用函数 swap1 后,主函数中 a 和 b 的值仍然不变,没有达到交换的目的。

swap2 函数的形参为指向整数型的指针,调用 swap2 函数的实参为整型变量的地址。

调用函数 swap2 后,c 的地址被传递给指针变量 x,同样,变量 d 的地址传递给指针变量 y,指针变量 x 指向变量 c,指针变量 y 指向变量 d。主函数 main 中,c 和 d 的值发生了改变,达到交换的目的。函数 swap1 与 swap2 参数传递比较如图 9.8 所示。

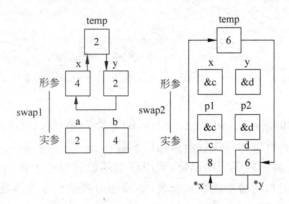

图 9.8　整数及整型指针作为函数参数传递比较

实参指针变量的值传递给形参指针变量后,在子函数中没有给形参指针变量赋值,因而,实参指针变量和形参指针变量所存储的地址值相同,即指向同一个变量。形参指针变量所指向的变量中内容的变化,就是实参指针变量所指向的变量中内容的变化。这样,利用指针参数返回了运算结果。虽然调用函数不能改变实参指针的变量的值,但是可以改变实参指针变量所指的变量的值。

(2) 指针变量调用函数。

用函数指针变量调用函数时,一般按以下步骤操作:

① 先定义函数指针变量;

② 将被调函数的首地址(函数名)赋予函数指针变量;

③ 用函数指针变量调用函数。其中,用指针调用函数的一般形式为:

(＊指针变量名)(实参表)

例如:

z = (＊p)(x,y);

【例 9.18】　通过函数指针变量调用函数,求 3 个数的最大值。

编写程序:

```
#include<stdio.h>
int max(int x,int y)
{    return (x>y)? x:y;
}
```

```
int main()
{   int ( * p)(int,int);              //定义函数指针变量
    int a,b,c,d,e;
    p = max;                          //将被调函数 max 的首地址赋予函数指针变量
    scanf("%d,%d,%d",&a,&b,&d);
    c = ( * p)(a,b);                  //通过函数指针变量调用函数
    e = ( * p)(c,d);
    printf("a = %d,b = %d,d = %d,max = %d\n",a,b,d,e);
    return 0;
}
```

运行结果:

```
2,36,9
a = 2,b = 36,d = 9,max = 36
```

程序分析:

* p 为指向函数的指针,语句 c=(* p)(a,b)等价于 c=max(a,b),所以,当指针指向函数时,可以通过访问指针来访问指针所指向的函数。

一个指针可以先后指向不同的函数,调用哪个函数就取决于该指针赋予了哪个函数的地址,即是该指针当时指向哪个函数。但是,必须用函数的地址为函数指针赋值,因此,不能用函数指针进行算术运算。

函数指针变量与数组指针变量不同的。数组指针变量加减一个整数可使指针移动指向后面或前面的数组元素,而函数指针的移动是毫无意义的。函数调用中"(* 指针变量名)"的两边的括号不可少,其中的 * 不应该理解为求值运算,在此处它只是一种表示符号。

【例 9.19】 用函数型指针控制模拟单片机控制点亮信号灯。

编写程序:

```
#include <stdio.h>
int   ledcode[] = {1,2,3,4};         //流水灯信号控制码,该数组被定义为全局变量
void  delay(void)                    //函数 delay 功能:延时函数,延时若干毫秒
{   int m,n;
    for(m = 0;m < 20000;m++)
        for(n = 0;n < 25000;n++)
        ;
}
void led_flow(void)                  //函数 led_flow 功能:流水灯左移
 { int i;
    for(i = 0;i < 4;i++)             //4 位控制码
    {   printf("点亮第 %d 盏控制灯!\n",ledcode[i]);
        delay();
     }
}
int   main()
{ void ( * p)(void);                 //定义函数型指针,所指函数无参数,无返回值
  p = led_flow;                      //将函数的入口地址赋给函数型指针 p
  ( * p)();                          //通过函数的指针 p 调用函数 led_flow
  return 0;
}
```

运行结果：

点亮第 1 盏控制灯!
点亮第 2 盏控制灯!
点亮第 3 盏控制灯!
点亮第 4 盏控制灯!

程序分析：

该程序为实现 4 盏 LED 灯点亮的模拟程序,这里定义了函数型指针 p 调用函数 led_flow 实现信号灯的依次点亮,点亮过程调用了延时函数 delay,该延时函数通过执行两次循环的空语句来实现程序的延时,从而达到 1~4 盏 LED 灯依次点亮的延时控制效果。

例 9.19 中,使用函数指针变量调用一个函数,体现不出使用函数指针变量的优点。使用函数指针变量可在不同的情况下调用不同的函数。

【例 9.20】 用指针形式实现对函数调用,求两个数之间的最大数、最小数及两数之和。

编写程序：

```c
#include <stdio.h>
int max(int a,int b)
{   return a>b ? a : b;
}
int min(int a,int b)
{   return a<b ? a : b;
}
int add(int a,int b)
{   return a+b;
}
int main(){
    int max(int a,int b);
    int min(int a,int b);
    int add(int a,int b);
    int(*p)(int,int);                //定义函数指针变量
    int x,y,i,j,k;
    printf("输入两个数字:");
    scanf("%d%d",&x,&y);
    p=max;                           //把被调函数 max()的入口地址赋给函数指针变量 p
    i=(*p)(x,y);                     //函数指针变量 p 调用函数 max()
    p=min;                           //把被调函数 min()的入口地址赋给函数指针变量 p
    j=(*p)(x,y);                     //函数指针变量 p 调用函数 min()
    p=add;                           //把被调函数 add()的入口地址赋给函数指针变量 p
    k=(*p)(i,j);                     //函数指针变量 p 调用函数 add()
    printf("最大数是: %d\n最小数是: %d\n两数之和是: %d",i,j,k);
    return 0;
}
```

运行结果：

输入两个数字:78 87
最大数是: 87
最小数是: 78
两数之和是: 165

程序分析:

程序中,先定义函数指针变量 p,分别把被调用的不同的函数的入口地址(函数名)赋给该函数指针变量,然后用函数指针变量 p 分别调用函数 max、min、add,并取得相应的返回值(结果)i、j、k,最后打印输出结果。

(3) 函数指针作为函数参数。

既然函数指针变量是一个变量,当然也可以作为一个参数传递给另外一个函数。一个函数用函数指针做参数,意味着这个函数的一部分工作需要通过函数指针调用另外的函数来完成,这被称为回调(callback)。处理图形用户接口的许多 C 库函数都用函数指针做参数,因为创建显示风格的工作可以由这些函数本身完成,但确定显示内容的工作需要由应用程序完成。

【例 9.21】 函数指针作为函数参数的应用,求最值和平方差。

编写程序:

```c
# include <stdio.h>
int  maxvalue(int m, int n)
{   printf("最大值 = [%d]\n", m>n ? m : n);
    return 0;
}
int  minvalue(int m, int n)
{   printf("最小值 = [%d]\n", m<n ? m : n);
    return 0;
}
int  pfc(int m, int n)
{   printf("平方差 = [%d]\n", m * m - n * n);
    return 0;
}
//以下定义一个用函数指针做参数的函数
void  handle(int num1, int num2, int(* pt)(int, int))
{
    (* pt)(num1, num2);
}
int  main(void)
{   int x, y, i;
    int (* arr[3])(int,int) = {maxvalue, minvalue, pfc};   //定义一个函数指针类型的数组
    printf("请输入 x 和 y 的值: ");
    scanf("%d, %d", &x, &y);
    //用法一
    handle(x, y, maxvalue);          //将函数 maxvalue 的地址作实参数
    handle(x, y, minvalue);          //将函数 minvalue 的地址作实参数
    handle(x, y, pfc);               //将函数 pfc 的地址作实参数
    printf("\n");
    //用法二
    for (i = 0; i < 3; i++) {
    arr[i](x, y);                    //循环调用 3 个函数
    }
    return 0;
}
```

运行结果：

```
请输入 x 和 y 的值：66,55
最大值=[66]
最小值=[55]
平方差=[1331]

最大值=[66]
最小值=[55]
平方差=[1331]
```

程序分析：

例 9.21 中定义一个函数指针类型的数组。＊pt 两边的括号是定义函数指针的标志。（＊pt）前面的 int 数据类型是函数的返回值的类型，不是任意指定的，是函数指针指向的函数的返回值的数据类型，（＊pt）后面的括号是函数参数。在程序第 15 行，定义了一个函数指针 pt 作为函数 handle 的形式参数。在用法一时，函数 maxvalue、minvalue、pcf 的地址分别作为被调用函数 handle 的实参数。在用法二时，用函数指针类型的数组循环调用 3 个函数。

【例 9.22】 输入的两个数，可根据不同的情况分别调用完成加、减、乘、除的运算。

编写程序：

```
# include<stdio.h>                          //头文件
# include<stdlib.h>
int  main()
{   int cpf(int(＊pf)(int,int),int x,int y);   //函数声明,函数的第一个形式参数为函数指针
    int(＊pf)(int x,int y);
    int add(int x, int y);
    int sub(int x, int y);
    int mul(int x, int y);
    int div1(int x, int y);
    int a,b,c;
    printf("请输入两个整数:");
    scanf("%d%d",&a,&b);                    //输入数字
    c=cpf(add,a,b);                          //求和
    printf("两数之和为:%d\n",c);
    c=cpf(sub,a,b);                          //求差
    printf("两数之差为:%d\n",c);
    c=cpf(mul,a,b);                          //求积
    printf("两数之积为:%d\n",c);
    c=cpf(div1,a,b);                         //求商
    printf("两数之商为:%d\n",c);
    return 0;
}
int  cpf(int(＊pf)(int,int),int x,int y)      //自定义一个用函数指针做参数的函数
{   int f;
    f=(＊pf)(x,y);
    return f;
}
int  add(int x,int y)                        //求和
{   return x+y;
}
```

```
int   sub(int x, int y)                        //求差
{    return x - y;
}
int   mul(int x, int y)                        //求积
{    return x * y;
}
int   div1(int x, int y)                       //求商
{    if(y)
          return x/y;
      else
          return - 1;
}
```

运行结果:

```
请输入两个整数: 5    9
两数之和为: 14
两数之差为: - 4
两数之积为: 45
两数之商为: 0
```

程序分析:

程序中定义了 add、sub、mul、div1 4 个函数,其返回值分别为函数两个参数进行加、减、乘、除的运算结果。程序中,自定义了一个函数 cpf,在该函数的第一个形参为函数指针变量,调用该函数时需指定一个函数名作为实参,即使用该函数指针变量调用对应的函数。

在 main 主函数中,首先是声明函数原型。接着,要求用户输入两个整数值。然后调用 cpf 函数,将函数名 add 作为实参,将函数 add 的入口地址传到 cpf 函数的函数指针变量 pf 中,在 cpf 函数中将调用 add 函数进行运算,并返回相加的结果。接着调用 cpf 函数,将函数名 sub 作为实参,在 cpf 函数中将调用 sub 函数进行运算,并返回相减的结果。

9.5.2 指针函数

一个函数可以返回一个整型值、字符值、实型值等,也可以返回指针型的数据,即地址。这种返回指针值的函数成为指针函数。也就是定义该函数的类型为指针类型,该函数就一定有相应指针类型的返回值。返回值必须用同类型的指针变量来接收。

指针函数定义形式为:

类型说明符   ∗ 函数名(形式参数表);
{
      声明部分;
      语句;
}

例如:

```
int  ∗ a(int x, int y);
```

说明:

(1) ∗ 说明函数返回值为指针类型,它指向的数据类型与函数名前的类型名一致。

（2）除函数名前的 * 外，返回指针的函数与其他函数的定义形式相同。

（3）指针函数不能把在它内部说明的局部变量的地址作为返回值。因为局部变量所占用的内存空间在执行完 return 语句后会被释放，并可能被重新分配使用，这样，即使把它的地址返回给被调用的函数，该地址的数据也可能已经被修改或丢失。

注意：函数指针变量和指针型函数两者在写法和意义上的区别。例如：

```
int( * p)();
int * p();
```

是两个完全不同的量。第一个语句是定义一个变量，变量 p 是一个指向函数入口的指针变量，该函数的返回值是整型量，(* p)两边的括号不能少。第二个语句不是定义变量，而是定义声明一个函数的原型（后面有分号，若无分号则定义函数头）。因为括号的优先级更高，因此 p 和()结合，说明这是一个函数，左侧的返回值类型 int * ，说明函数的返回值是一个指针型数据（即函数 p 是一个指针型函数）。

【例 9.23】 计算三角形面积的程序。

编写程序：

```
# include < stdio. h>
# include < math. h>
# define S (p[0] + p[1] + p[2])/2      //定义一个常量 S
float * area(float * p)
{
    float b[3], * q = b;                //定义一个浮点型数组及指针
    * q = sqrt(S * (S - p[0]) * (S - p[1]) * (S - p[2]));
    return q;
}
int main()
{
    float a[3];
    int i;
    printf("请输入三角形 3 个边的边长:");
    for(i = 0;i < 3;i++)
    scanf(" % f",&a[i]);               //键盘读入三角形 3 边边长值,分别赋值给 a[0]、a[1]、a[2]
    if(a[0] + a[1]> a[2]&&a[2] + a[1]> a[0]&&a[2] + a[0]> a[1])
    printf("三角形的面积是: % f", * area(a));
    return 0;
}
```

运行结果：

```
请输入三角形 3 个边的边长:3.3 4.5 5.8
三角形的面积是: 7.398648
```

【例 9.24】 将给定字符串的第一个字母变成大写字母，其余的变成小写字母。

编写程序：

```
# include < stdio. h>
char  * str(char * s)                  //定义一个指针函数,同时定义指针变量作为该函数参数
```

```
{       int i = 1;
        if( * s>= 'a'&& * s<= 'z')
        * s = * s - 32;
        while( * (s + i)!= '\0')
        {   if( * (s + i)>= 'A'&& * (s + i)<= 'Z')
                * (s + i) = * (s + i) + 32;  //用指针变量实现字符的大小写转换
        i++;
        }
        return s;
}
int  main()
{   char string[40];
    printf("原始字符串为: ");
    gets(string);                      //输入一个字符串
    printf("修改后的字符串为: % s\n",str(string));
    return 0;
}
```

运行结果：

原始字符串为: heLLo World
修改后的字符串为: Hello world

程序分析：

由于同一字母大小写的 ASCII 码值相差 32，因此，加或减 32 就实现了大小写字母的转换，子函数返回了一个地址。

9.5.3 带参的 main 函数

在操作系统下为执行某个程序或命令而输入的一行字符称为命令行，通常命令行含有可执行文件名及若干个参数，并以回车结束。例如：

C:\> xcopy test d:\> test/r/m

处理这些参数用指针数组比用二维数组会更简洁、方便。此时指针数组的重要应用是作为 main 函数的形参。main 函数既可以是无参函数，也可以是有参的函数。对于有参的形式来说，就需要向其传递参数。但是其他任何函数均不能调用 main 函数，当然也无法向 main 函数传递，main 函数可用指针数组接收命令行参数。

main 函数的带参的形式如下：

main(int argc, char * argv[ ])
{
.../ * 函数体 * /
}

其中，agrc 与 argv 是 main 函数的两个形参。main 函数是由系统调用，形参的值是由命令行参数给出，形参 argc 是统计命令行参数的个数，所以它是整型数据，形参 argv 是指针数组，它的每个元素指向命令行对应以字符串表示的参数，其元素个数由 argc 确定。

对 main 函数，既然不能由其他函数调用和传递参数，就只能由系统在启动运行时传递参数了。在操作系统环境下,一条完整的运行命令应包括两部分:命令与相应的参数。

命令行的格式为:

命令名 参数 1 参数 2 … 参数 n

此格式也称命令行。命令行中的命令就是可执行文件的文件名,其后所跟参数需用空格分隔,并为对命令的进一步补充,也即是传递给 main 函数的参数。

命令行与 main 函数的参数存在如下关系:设命令行为"program str1 str2 str3 str4 str5",其中 program 为文件名,也就是一个由 program.c 经编译、链接后生成的可执行文件 program.exe,其后各跟 5 个参数。对 main 函数来说,它的参数 argc 记录了命令行中命令与参数的个数,共 6 个,指针数组的大小由参数 argc 的值决定,即为 char * argv[6]。

数组的各指针分别指向一个字符串。应当引起注意的是,接收到的指针数组的各指针是从命令行的开始接收的,首先接收到的是命令,其后才是参数。

【例 9.25】 下列程序的可执行文件名为 Mp.exe,该程序根据输入的命令行参数将其转换为整数。

编写程序:

```
# include < stdafx.h>
# include < string.h>
# include < stdio.h>
# include < stdlib.h>
# include < math.h>
int main(int argc, char * argv[])
{   int i;
    printf("对 main 函数来说,它的参数 argc 记录了命令行中命令与参数的个数,\n\
argv[0] -- 命令 -- 文件名.exe\n\
    argv[1] -- 第一个参数\n\
    argv[n] -- 第 n 个参数\n\
参数间用空格隔开\n");
    printf("请在 dos 下输入命令,如: Mp.exe 11 22.3 \n");
    printf("These are the % d command - line arguments passed to \main:\n\n",argc);
    for(i = 0;i <= argc;i++)
    {   printf("argv[ % d]:% s\n",i,argv[i]);
        printf("将输入参数转换为整数:\n");
    }
 for(i = 0; i < argc;i++)
    {   printf("argv[ % d]:% d\n",i,atoi(argv[i]));
    }
    return 0;
}
```

在操作系统提示符下,输入如下命令行:

C:\> Mp.exe 11 22.3

运行结果:

对 main 函数来说,它的参数 argc 记录了命令行中命令与参数的个数,
      argv[0] -- 命令 -- 文件名.exe

```
        argv[1] -- 第一个参数
        argv[n] -- 第 n 个参数
参数间用空格隔开
请在 dos 下输入命令,如: Mp.exe 11 22.3
These are the 3 command - line argumentspassed to main:
argv[0]: Mp.exe
argv[1]: 11
argv[2]: 22.3
argv[3]: (null)
将输入参数转换为整数:
argv[0]: 0
argv[1]: 11
argv[2]: 22
```

9.6　多重指针

指针的应用很灵活,可以定义指针来访问数组元素。指针可以指向某个变量(如数组、指针变量)的地址,而数组中的每个元素、指针变量等在内存中都占据了一个内存地址,因此,也可以定义一个指针来指向这个地址。

如果指针变量存储的是其所指向的内存地址,而指针变量本身也占有一个内存空间,则可以声明指针的指针,就是指向指针变量的指针变量来存储指针所使用到的内存地址与存取变量的值,或者可称为多重指针。

指向指针的指针变量定义如下:

类型标识符 ** 指针变量名

例如,"float ** ptr;"其含义为定义一个指针变量 ptr,它指向另一个指针变量(该指针变量又指向一个实型变量)。由于指针运算符 * 是自右至左结合,所以上述定义相当于"float * (* ptr);"。

利用指针变量访问一个变量值,称为间接访问,又称单级间址;利用指向指针的指针变量访问一个变量值称为间接的间接访问,称为二级间址。以此类推可以延伸更多的多级间址,即多重指针。多重指针示意图如图 9.9 所示。

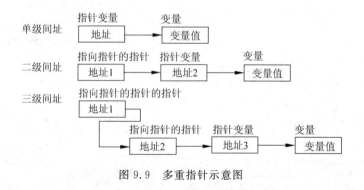

图 9.9　多重指针示意图

若定义：

char ∗ p;

p 是指向字符串的指针，它可以存放字符型变量的地址，并可以用它对所指向的变量进行访问。

若进行进一步定义：

char ∗∗ p;   //相当于 ∗（∗p）

这就是指向字符串的指针，即指向指针的指针。

【例 9.26】 多重指针的运算，一个指针数组的元素指向整型数据。

编写程序：

```
# include < stdio. h >
int   main()
{   int i[ ] = {10,20,30,40,50};          //定义一维数组
    int ∗ pa[ ] = {i, i + 2, i + 1, i + 4, i + 3};  /∗ 表示 pa 是一个数组指针，其中 pa[0], pa[1]…
                                分别执行 i 数组的某一个元素的地址 ∗/
    int ∗∗ p = pa;                      //表示 p 是一个指向指针的指针，初值为 pa
    printf("Initial ∗∗p = % d\n", ∗∗p);
    p++;
    printf("After p++, the ∗∗p = % d\n", ∗∗p);
    ++ ∗ p;
    printf("After ++ ∗ p, the ∗∗p = % d\n", ∗∗p);
    ∗∗ p++;
    printf("After ∗∗p++, the ∗∗p = % d\n", ∗∗p);
    ++ ∗∗ p;
    printf("After ++ ∗∗ p, the ∗∗p = % d\n", ∗∗p);
    return 0;
}
```

运行结果：

```
Initial ∗∗p = 10
After p++, the ∗∗p = 30
After ++ ∗ p, the ∗∗p = 40
After ∗∗p++, the ∗∗p = 20
After ++ ∗∗ p, the ∗∗p = 21
```

程序分析：

程序中，p++表示指针变量 p 往前一个元素。++∗p 中，++和∗具有相同的运行优先级，结合性由右至左，等于++（∗p）。因此，是∗p 所指地址加 1。∗∗p++等于∗∗（p++），虽然 p++先做，但是此处++为后继加，所以要先处理∗∗，再执行加 1。此语句最终将 p 的地址指向下一个。"++∗∗p;"等于++（∗∗p），即 p 指向的数值加 1。

【例 9.27】 使用指向指针的指针输出 5 个字符串。

编写程序：

```
# include < stdio. h >
```

```
int  main()
{char * city[ ] = {"Beijing","Shanghai","Hangzhou","Guangzhou","Chongqing"};
    char ** p;
    int i;
    for (i = 0; i < 5; i++)
    {   p = city + i;
        printf(" % s\n", * p);
     }
    return 0;
}
```

运行结果:

```
Beijing
Shanghai
Hangzhou
Guangzhou
Chongqing
```

程序分析:

先定义指向指针 char * 数据的指针变量 p,p 指向 city 数组的第一个元素 city[0], * p 是 city[0]的值,执行 for 循环 5 次,依次输出 5 个城市名。指针变量 p 指向指针数组元素的过程如图 9.10 所示。

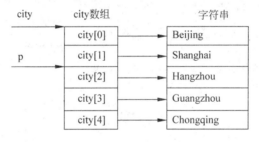

图 9.10 指针变量 p 指向指针数组元素的过程

9.7 动态内存分配与指向它的指针变量

9.7.1 内存的分配

在操作系统中,内存分配主要以下面 3 种方式存在。

(1) 静态存储区域分配。内存在程序编译的时候或者在操作系统初始化的时候就已经分配好,这块内存在程序的整个运行期间都存在,而且其大小不会改变,也不会被重新分配。例如全局变量,static 变量等。

(2) 栈上的内存分配。栈是系统数据结构,对于进程/线程是唯一的,它的分配与释放由操作系统来维护,不需要开发者来管理。在执行函数时,函数内局部变量的存储单元都可以在栈上创建,函数执行结束时,这些存储单元会被自动释放。栈内存分配运算内置于处理器的指令集中,效率很高,不同的操作系统对栈都有一定的限制。

（3）堆上的内存分配，也称动态内存分配。程序在运行的期间用malloc申请的内存，这部分内存由程序员自己负责管理，其生存期由开发者决定：在何时分配，分配多少，并在何时用free来释放该内存。这是唯一可以由开发者参与管理的内存。使用的好坏直接决定系统的性能和稳定。

堆区存储的数据有以下特点：

（1）一般变量无法访问到堆区存储的数据的，必须利用指针变量。

（2）操作符new，malloc，delete和free实现了堆区数据的自主产生和释放。

（3）采用delete和free对指针进行释放时，指针必须是指向堆区数据的，delete和free操作只能对堆区数据进行释放，不能改变指针的值。

从以上3种方式可知，内存分配主要为动态分配内存和非动态分配内存。这两个分配方式在操作系统编译运行时存在明显差别，两者之间的比较关系如表9.1所示。

表9.1　动态分配内存和非动态分配内存的比较

动态分配内存	非动态分配内存
大小在编译时确定	大小在运行时确定
编译器分配内存	操作系统参与分配
分配在数据段和栈内	分配在堆里
由操作系统自动释放	手动显示释放

在数组一章中，曾介绍过数组的长度是预先定义好的，在整个程序中固定不变。C语言中不允许动态数组类型。例如：

```
int n;
    scanf(" % d",&n);
int a[n];
```

用变量表示长度，想对数组的大小做动态说明，这是错误的。但是在实际的编程中，往往会发生这种情况，即所需的内存空间取决于实际输入的数据，而无法预先确定。对于这种问题，用数组的办法很难解决。为了解决上述问题，C语言提供了一些内存管理函数，这些内存管理函数可以按需要动态地分配内存空间，也可把不再使用的空间回收待用，为有效地利用内存资源提供了手段。

C语言编译系统的库函数提供了3个常用的内存管理函数，即malloc函数、calloc函数和free函数，在头文件stdlib.h中包含有关信息。

（1）分配内存空间函数malloc。

调用形式如下：

（类型说明符 * ）malloc(size)

功能：在内存的动态存储区中分配一块长度为size字节的连续区域。函数的返回值为该区域的首地址。"类型说明符"表示把该区域用于何种数据类型。（类型说明符 * ）表示把返回值强制转换为该类型指针。size是一个无符号数。

例如：

```
pc = (char * )malloc(100);
```

表示分配 100 个字节的内存空间,并强制转换为字符数组类型,函数的返回值为指向该字符数组的指针,把该指针赋予指针变量 pc。

在 molloc 函数分配内存时,会从内存中提取一块合适大小的内存,并返回该块内存的首地址,这块内存并没有被初始化。对于这种方法,必然会有问题出现,就是可用内存的大小不能满足请求所需要的内存,此时,malloc 函数返回 NULL。所以,使用 malloc 函数分配内存之后,并不能保证内存分配成功,在使用的时候,应该先判断指针是否为 NULL,如果不为 NULL,则说明分配成功,可以使用。反之,则表示分配不成功。

【例 9.28】 使用 malloc 函数动态分配空间。

编写程序:

```c
# include < stdio. h >
# include < stdlib. h >
int   main()
{   int * i = (int * )malloc(sizeof(int));          //分配空间
    * i = 100;                                        //使用该空间保存数据
    printf(" % d\n", * i);                            //输出数据
    return 0;
}
```

运行结果:

```
100
```

(2) 分配内存空间函数 calloc。

calloc 也用于分配内存空间。

调用形式如下:

(类型说明符 *)calloc(n, size)

功能:在内存动态存储区中分配 n 块长度为 size 字节的连续区域。函数的返回值为该区域的首地址。(类型说明符 *)用于强制类型转换。

calloc 函数与 malloc 函数的区别仅在于一次可以分配 n 块区域。

例如:

ps = (struet stu *)calloc(2, sizeof(struct stu));

其中,sizeof(struct stu)是求 stu 的结构长度。因此,该语句的意思是:按 stu 的长度分配两块连续区域,强制转换为 stu 类型,并把其首地址赋予指针变量 ps。

calloc 函数所需要的参数是元素的个数和元素的字节长度,之所以要这两个参数,是因为使用 calloc 函数在分配内存时,会对内存进行初始化,如果要初始化,就需要知道一个元素是多大,为了计算总的内存大小,还应该知道元素的个数。

calloc 函数与 malloc 函数的主要差别就是在返回首地址的指针之前,对内存进行了初始化,如果在程序只是想将一些值存放到数组中,那么这个初始化就纯属浪费了。

【例 9.29】 使用 calloc 分配数组内存。
编写程序：

```
#include<stdio.h>
#include<stdlib.h>
int   main()
{    int * p;                              //定义指针
     int i;                                //循环控制变量
     p = (int * )calloc(3,sizeof(int));    //数组内存
     for(i = 1;i < 4;i++)                  //使用循环对数组进行赋值
     {    * p = 10 * i;                     //赋值
          printf("NO% d is: % d\n",i, * p);  //显示结果
          p += 1;                          //移动指针到数组下一个元素
     }
     return 0;
}
```

运行结果：

```
NO1   is: 10
NO2   is: 20
NO3   is: 30
```

(3) 释放内存空间函数 free。
其函数原型为：

```
void free(void * ptr);
```

功能：释放 ptr 所指向的一块内存空间,ptr 是一个任意类型的指针变量,它指向被释放区域的首地址。被释放区应是由 malloc 或 calloc 函数所分配的区域。

free 函数所需要的参数是一个指针,功能是将指针指向的内存区域释放(通过修改标记实现),以便内存可以重新使用。

free 函数释放的只是指针指向的内存,指针所占用的空间并未被改变,调用 free 函数之后,指针所指向的地址仍然不变,如果在程序的后面,重新分配到了该指针指向的内存,使用现在的指针也可访问,但是不安全。此时,该指针被叫作野指针。为了避免野指针,应在调用 free 函数之后,将指针的值置为 NULL。

【例 9.30】 使用 free 函数释放内存空间。
编写程序：

```
#include<stdio.h>
#include<stdlib.h>
int   main()
{    int * p;                           //整型指针
     p = (int * )malloc(sizeof(p));     //分配整型空间
     * p = 100;                          //赋值
     printf(" % d\n", * p);              //将值进行输出
     free(p);                           //释放该内存空间
     printf(" % d\n", * p);              //将值进行输出
     return 0;
}
```

运行结果：

```
100
- 572662307
```

9.7.2 动态创建数组

首先，为什么要使用动态数组呢？在实际的编程中，往往会发生这种情况，即所需的内存空间取决于实际输入的数据，而无法预先确定。对于这种问题，用静态数组的办法很难解决。为了解决上述问题，C语言提供了一些内存管理函数，这些内存管理函数结合指针可以按需要动态地分配内存空间，来构建动态数组；也可把不再使用的空间回收待用，为有效地利用内存资源提供了手段。

动态创建数组的格式为：

类型名 * malloc(size_t size);

说明：

(1) size_t 是在< stddef. h >中定义的数据类型，就是一个 unsigned int。

(2) 向系统申请大小为 size 的内存块，把指向首地址的指针返回。如果申请不成功（如空间不足），返回 NULL。

【例 9.31】 建立动态数组，输入 n(n 由用户输入)个学生的成绩，另外用一个函数输出不合格的成绩。

解题思路：

先输入学生人数，然后用 malloc 函数开辟一个动态内存区来存放相应学生的成绩，并得到该区域首字节地址(void * 型)，用一个 int 型指针变量指向动态数组各元素，经过从分配空间返回的指针类型转化后输出结果。

编写程序：

```c
#include< stdio. h >
#include< stdlib. h >
#include< malloc. h >
void check( int * p, int n)
{    int i;
     printf("\n 不合格的成绩是:");
     for ( i = 0; i < n; i++)
     {    if (p[i] < 60)
          printf(" % d ", p[i]);
     }
     printf("\n");
}
int   main()
{    int * ps, i, n;
     printf("请输入学生人数: ");
     scanf(" % d", &n);
     ps = (int * )malloc(n * sizeof(int));        //开辟动态自由内存区,将起始地址存放
     if (NULL == ps)
     {    printf("Error: Out of memory!\n");
```

```
        exit(1);
    }
    printf("请输入%d个成绩,用空格隔开: ", n);
    for (i = 0; i < n; i++)
        scanf("%d", ps + i);                      //输入n个学生成绩
    check(ps, n);
    free(ps);                                     //释放所占用的自由动态区
    ps = NULL;
    return 0;
}
```

运行结果:

请输入学生人数: 5
请输入5个成绩,用空格隔开: 55 89 76 56 77
不合格的成绩是: 55 56

9.8 本 章 小 结

本章所涉及的指针是C语言中最重要的内容之一,也是学习C语言的重点和难点。在C语言中使用指针进行数据处理十分方便灵活和高效,而且在实际的编程过程中也大量使用指针。指针与变量、函数、数组、结构、文件等都有着密切的联系,因此,要学好指针必须从基本概念入手。

本章涉及的主要内容有:

(1) 指针的基本概念。包括变量的地址和变量的值、指针变量的定义、指针变量的初始化、指针变量的引用、指针的基本运算(赋值运算、算术运算和关系运算)、变量与指针的关系等。

(2) 指针与数组之间的关系。包括数组指针的定义与应用、数组下标和指针运算的关系、指针数组、指向多维数组的指针。

(3) 指针与字符串之间的关系。包括字符型指针、通过指针引用字符串。

(4) 指针与函数之间的关系。包括函数指针的定义、指针作为函数参数在函数之间传递、指针变量调用函数、函数指针作为函数参数在函数之间传递、指针函数、带参的main函数。

(5) 指针的其他应用:多重指针、动态内存分配、动态创建数组。

习 题 9

一、单项选择题

1. 设"int a＝8, ＊p＝&a;",则"printf("%d",＋＋＊p);"的输出是(   )。
   A. 7   B. 8   C. 9   D. 地址值

2. 定义一个函数实现交换x和y的值,并将结果正确返回。能够实现此功能的是(   )。
   A. swap(int x, int y){ int t; t＝x; x＝y; y＝t; }
   B. swap(int ＊x, int ＊y){ int t; t＝x; x＝y; y＝t; }

C. swap(int ＊ x, int ＊ y){ int t; t＝＊x; ＊x＝＊y; ＊y＝t; }

D. swap(int ＊ x, int ＊ y){ int ＊ t; t＝x; x＝y; y＝t; }

3. 已知"int a[4][3]＝{1,2,3,4,5,6,7,8,9,10,11,12}; int (＊ptr)[3]＝a, ＊p＝a[0];"，则以下能够正确表示数组元素 a[1][2]的表达式是（　　　　）。

    A. ＊(＊(a＋1)＋2)　　　　　　　　B. ＊(＊(p＋5))

    C. (＊ptr＋1)＋2　　　　　　　　　D. ＊((ptr＋1)[2])

4. 设"int(＊p)[4];"其中的标识符 p 是（　　　　）。

    A. 4 个指向整型变量的指针变量

    B. 指向 4 个整型变量的函数指针

    C. 一个指向具有 4 个整型元素的一维数组的指针

    D. 具有 4 个指向整型变量的指针元素的一维指针数组

5. 设有以下函数：

```
void fun( int n,char ＊ s) { … }
```

则下面对函数指针的定义和赋值均是正确的是（　　　　）。

    A. void (＊pf)(); pf＝fun;

    B. void ＊ pf(); pf＝fun;

    C. void ＊ pf(); ＊pf＝fun;

    D. void (＊pf)(int,char);pf＝&fun;

二、写出以下程序的运行结果

1. 下面程序的运行结果是_____。

```
# include＜stdio.h＞
int  main()
{   int a,b,k＝4,m＝6, ＊ p1＝&k, ＊ p2＝&m;
    a＝p1＝＝&m;
    b＝( ＊ p1)/( ＊ p2)＋7;
    printf("a＝ %d,",a);
    printf("b＝ %d\n",b);
    return 0;
}
```

2. 以下程序的输出结果是_____。

```
# include＜stdio.h＞
void fun(char ＊ t,char ＊ s)
{while( ＊ t!＝0)t++;while(( ＊ t++ ＝ ＊ s++)!＝0);}
 int main()
{char ss[10]＝"abc",aa[10]＝"efg";
 fun(ss,aa);
 printf(" %s, %s\n",ss,aa);
 return 0;
}
```

3. 以下程序的输出结果是_____。

```
#include<stdio.h>
void swap(int * a, int * b)
{   int * t; t = a; a = b; b = t; }
int main()
{   int i = 3, j = 5, * p = &i, * q = &j;
    swap(p, q);
    printf(" % d % d\n", * p, * q);
    return 0;
}
```

三、程序设计题

1. 编写一个程序,在已知两个从小到大有序的数表中寻找都出现的第一个元素的指针。

2. 输入一个 2×3 的整数矩阵和一个 3×4 的整数矩阵,用指针数组实现这两个矩阵的相乘。

3. 用一维数组和指针变量做函数参数,编程打印某班一门课成绩的最高分和学号。

4. 编写一个程序,输入 10 个字符串,对其进行排序(由小到大)后输出。

5. 用指针实现模拟彩票的程序,在 1~45 的 45 个数中随机产生 6 个数字与用户输入的数字进行比较,输出它们相同的数字个数。

6. 输入一个字符串,内有数字和非数字字符,例如 a123x456 1860 212yz789。将其中连续的数字作为一个整数,依次存放到一维数组 a 中,例如 123 放在 a[0],456 放在 a[1]……以此类推,请统计共有多少个整数,并输出这些整数。

7. 编写程序设计一个"万年历",通过键盘输入任一年,输出该年的所有月份日期,对应的星期;第一行显示星期(从周日到周六),第二行开始显示日期从 1 号开始,并按其是周几与上面的星期数垂直对齐(注意闰年情况)。

8. 编写替换字符的函数 replace(char * str, char * fstr, char * rstr),将 str 所指字符串中凡是与 fstr 字符串相同的字符替换成 rstr(rstr 与 fstr 字符长度不一定相同);从主函数中输入原始字符串、查找字符串和替换字符串,调用函数得到结果。

第 10 章　结构体、共用体和枚举类型

本章重点：结构体变量的定义、使用，结构体数组的应用，结构体结合共用体、枚举类型的应用。

本章难点：指向结构体变量的指针的应用、指向结构体数组的指针的应用、链表的应用。

在前面章节中已介绍过整型、浮点型和字符型等基本数据类型，由同类型的数据元素构成的数组，以及上述数据类型的指针。然而，在实际运用中，计算机所处理的对象往往是由多个不同类型的数据合成一个有机的整体，这些组合在一个整体中的数据之间存在着某种互相联系。例如一位学生的信息管理，它可能包括学生的学号、姓名、性别、年龄、多门课的成绩、毕业学校等数据项，其中，学号、年龄用整型数据表示，姓名、性别和毕业学校用字符数组表示，成绩用浮点型数据表示等。若把这些数据分别定义为独立的简单变量，程序会显得松散、复杂、难以反映它们之间的内在联系，而各数据类型又不同，数组技术也无能为力。为此，C语言允许用户"构造"数据类型，该类型能将各个数据组合在一起，以一个整体形式对对象进行描述，这种数据类型就是构造型数据类型。

构造型数据类型分为 3 种：数组、结构体（structure）、共用体（union），数组在第 7 章已介绍，因枚举类型的定义、使用与结构体、共用体相似，所以在本章一并介绍，因此本章介绍结构体、共用体和枚举类型这 3 种数据类型的定义和使用以及与结构体紧密相连的链表。

10.1　结　构　体

结构体数据类型（简称结构体）是由若干个成员组成，每一个成员相当于数组中的数组元素，成员之间的数据类型可以不同，成员可以是一个或多个基本数据类型，也可以是一个构造类型。

在定义结构体时，C 开发环境并不分配空间给结构体，只有定义了结构体变量后，才给每个结构体变量按结构的模式分配空间。而每个结构体变量的内容是一片连续的结构空间，这片空间内存储不同数据类型的数据。

10.1.1　结构体的定义

结构体既然是一种由不同数据类型数据构造而成的数据类型，那么在使用之前必须先定义它，也就是定义结构体的名称以及构成它的各个成员的名称及其类型。

结构体的定义形式有以下两种。

1. 定义一个结构体的一般形式

struct 结构体名
{
数据类型成员名1;
数据类型成员名2;
…
数据类型成员名n;
};

例如：

```
struct Student
{   int num;
    char name[20];
    char sex[3];
    int age;
    float score;
    char school[20];
    char add[30];
};
```

上例由程序设计者指定了一个结构体 Student，它包括 num、name、sex、age、score、school、add 等不同类型的成员，其结构如图 10.1 所示。

图 10.1　struct Student 的结构

说明：

(1) struct 是结构体的标识，是一个 C 语言关键字。

(2) Student 是结构体名，命名规则与变量命名规则相同。在本书中结构体名、共用体名和枚举类型名的第一个字母习惯用大写表示，以区别系统提供的类型名。

(3) 成员名的命名应符合标识符的命名规定。

(4) 只有结构体变量才分配地址，结构体定义并不分配内存空间。

(5) 结构体中各成员的定义与前面的变量定义一样，但在定义时也不分配内存空间。

(6) 相同类型的成员可以合在同一个类型下进行说明。例如：

```
struct Student
{   int num,age;
    char name[20],sex[3],school[20],add[30];
    float score;
};
```

(7) }后一定要以分号结束，表示类型定义结束。

(8) 结构体可以嵌套定义，即成员可以属于另一个结构体。例如：

```
struct Date                    //定义一个结构体 Date
{   int year;                  //年
```

结构体、共用体和枚举类型

```
        int month;                    //月
        int day;                      //日
    };
    struct Student                   //定义一个结构体 Student
    {   int num;
        char name[20];
        char sex[3];
        int age;
        struct Date birthday;        //成员 birthday 属于 Date
        float score;
        char school[20];
        char add[30];
    };
```

此时,结构体 Student 包含了一个结构体成员 birthday,该成员的数据类型为另一个结构体 Date。因此,Date 必须在结构体 Student 之前定义。Student 的结构如图 10.2 所示。

num	name	sex	age	birthday			score	school	add
				year	month	day			

图 10.2   struct Student 的结构(成员含有另一个结构体)

(9) 结构体也有作用范围,即它与变量一样,有全局和局部之分。在一个函数中定义的结构体是局部的,只能用在该函数中定义的结构体变量;在函数之外定义的结构体是全局的,可用在其后定义的结构体的全局和局部变量中。

2. 用宏定义的形式

```
#define 宏名结构体名
宏名
{
    数据类型成员名 1;
    数据类型成员名 2;
    …
    数据类型成员名 n;
};
```

例如,前面定义的 struct Student 也可进行如下定义:

```
#define STU struct Student
STU
{   int num;
    …
};
```

10.1.2   结构体变量的定义

结构体的定义仅仅指明了该数据类型的名称,是对数据类型的一种抽象的说明。只有定义了结构体变量,才能真正存储数据。编译时,对结构体的定义并不分配存储单元,对结构体变量才按其数据结构分配相应的存储空间。

1. 结构体变量的定义

结构体变量的定义有 3 种方法,以前面定义的结构体 Student 为例加以说明。

(1) 间接定义——先定义结构体,再定义结构体变量。

例如:

```
struct Student stu1,stu2;
```

此例说明了结构体 Student 的两个变量 stu1 和 stu2,这样 stu1 和 stu2 就具有 Student 结构体的结构。假设两个变量 stu1 和 stu2 具有初值,则它们的结构如图 10.3 所示。

stu1:	1211101	张志	男	19	670	东山中学	梅江区
stu2:	1211102	曾玲	女	18	560	丰顺中学	汤坑路

图 10.3　结构体变量结构示意图

注意:在定义结构体变量时,不仅要使用结构体的类型名,在类型名前面还要加上 struct 关键字。

也可以用宏定义用一个符号常量来表示一个结构类型。例如:

```
#define STU struct Student
STU
{   int num;
    …
};
STU stu1,stu2;
```

此方式特点:定义类型和定义变量分离,在定义类型后可以随时定义变量,比较灵活。

(2) 在定义结构体的同时定义结构体变量。

这种方式在定义结构体的同时紧接着定义该类型的变量,即结构体的定义和结构体变量的定义合并进行。其一般形式如下:

```
struct 结构体名
{ …
}变量名 1,变量名 2,…,变量名 n;
```

例如:

```
struct Student
{   int num;
    …
}stu1,stu2;
```

此方式特点:定义结构体和定义变量放在一起定义,能直接看到结构体的结构,比较直观。在编写小程序时比较方便,但编写大程序时,往往要求对类型的定义和变量的定义分别放在不同的位置,以使程序结构清晰,也便于维护,所以在编写大程序时一般不多用这种方式。

注意:在"}"外没有";",而是在结构体变量名后面加";"表示结构体变量定义的结束。

(3) 直接定义结构体变量而不指定结构体名。

这种形式的一般形式如下:

```
struct
{ …
}变量名 1,变量名 2,…,变量名 n;
```

例如:

```
struct
{    int num;
     …
}stu1,stu2;
```

此方式特点: 不出现结构体名,因此不能用此结构体去定义其他变量。此方式用得不多。

说明:

① 结构体与结构体变量是不同的概念,只能对变量赋值、存取或运算,而不能对一个类型赋值、存取或运算。在编译时,对类型是不分配空间的,只对变量分配空间。

② 结构体中的成员名可以与程序中的变量名相同,但二者不代表同一对象。

③ 对结构体变量中的成员(即"域"),可以单独使用,它的作用与地位相当于普通变量。

2. 结构体变量的存储

为结构体变量分配空间时,需要给它的每一个成员分配相应类型所需的存储单元,分配时按类型定义中成员定义的顺序依次分配。一个结构体变量所分配到的存储空间是连续的,并且这片连续空间的长度是它的所有成员所占存储空间长度之和。

在程序执行期间,一个结构体变量的所有成员都驻留在内存中,除非释放该结构体变量。

一个结构体变量所占用内存空间的字节数可以用长度运算符 sizeof 求出,它的一般形式为:"sizeof(变量名或类型标识符)"。例如,前面定义的结构体变量 stu1:

```
struct Student
{    int num;
     char name[20];
     char sex[3];
     int age;
     float score;
     char school[20];
     char add[30];
}stu1;
```

那么 sizeof(stu1)的值是多少?

分析:根据结构体的存储形式可知,sizeof(stu1)的值也就是 struct Student 中各成员所占空间之和,在 Visual C++中所占空间为 $4+20+3+4+4+20+30=85(B)$[①]。

---

① 计算机对内存的管理是以"字"为单位,如果在 Visual C++中输出 sizeof(stu1)的值,则 sizeof(stu1)的值为 88,原因: 计算机对内存的管理是以"字"为单位(许多计算机系统以 4B 为一个"字"),存储时内存对齐,各个子项的对齐系数为自己长度,也就是每一个数据的存放是从 4 的倍数地址开始,具体的存放情况与成员顺序有关。

10.1.3 结构体变量的使用

结构体变量的使用主要是通过结构体变量成员的操作来实现的,主要有结构体变量的引用、初始化、赋值、输入和输出。

1. 结构体变量的引用

在程序中使用结构体变量时,不能把它作为一个整体来使用,只能利用变量名对结构体成员进行引用。引用结构体变量成员的情况和形式分以下两种:

(1) 成员不属于另一个结构体,只是普通的变量,其形式如下:

结构体变量名.成员名

其中,“.”是成员运算符,在所有运算符中优先级最高。

例如,stu1.num 表示 stu1 的学号,stu2.name 表示 stu2 的姓名。

(2) 成员本身又是一个结构体,则要用若干个“.”,必须逐级找到最低级的成员才能使用,其形式如下:

结构体变量名.成员名.成员名[.成员名]

例如,stu1.birthday.month 表示 stu1 的出生日期的月份,不能用 stu1.birthday 来访问 stu1 变量中的成员 birthday,因为 birthday 本身是一个结构体成员,它不是最低一级的成员。

2. 结构体变量的初始化

和其他类型变量一样,对结构体变量可以在定义时进行初始化。根据结构体变量定义的 3 种方法,其中一种方法定义的变量初始化形式如下:

struct 结构体名 结构体变量名 = {初始值 1,初始值 2,…,初始值 3,初始值 n};

例如:

```
struct Date
{   int year;
    int month;
    int day;
};
struct Student
{   int num;
    char name[20];
    char sex[3];
    int age;
    struct Date birthday;
    float score;
    char school[20];
    char add[30];
}stu1;
struct Student stu1 = {1211101,"张志","男",19,1990,10,21,670,"东山中学","梅江区"};
```

注意:

① 初始化时各成员的值需符合相应的数据类型的格式。

② 在对结构体变量初始化时,C 编译程序根据每个成员在结构体中的顺序一一赋初

值,不允许跳过前面的成员直接给后面的成员赋初值,但可以只给前面若干个成员赋初值。对于后面未赋值的成员,如果是数值型成员,系统会自动赋初值0;如果是字符型成员,系统自动赋初值为 NULL,即 '\0',字符型数据可用%d 或%f 输出结果。

例如,定义一个结构体 Worker 如下:

```
struct Worker
{ int age;
  float salary;
  char sex;
};
```

则

```
struct Worker wk = {30};          //正确,wk. age = 30,wk. salary = 0.000000,wk. sex = 0
struct Worker wk = {30,5000};     //正确,wk. age = 30,wk. salary = 5000.000000,wk. sex = 0
struct Worker wk = {30,,M};       //错误,因为没有初始化 wk. salary
```

3. 结构体变量的赋值

结构体变量的赋值就是给各成员赋值,可通过输入语句或赋值语句来完成,同时允许具有相同类型的结构体变量相互赋值。

(1) 对单个成员进行赋值。例如,对于 stu1 结构体变量部分成员赋值的语句如下所示:

```
stu1. num = 1211101;
strcpy(stu1.name,"张志");
stu1. birthday. year = 1990;
```

注意:只能对最低一级成员赋值。如 stu1 中 birthday 成员本身是一个结构体变量,不是最低一级成员,所以以下赋值是错误的:

```
stu1.birthday = {1990,10,21};
```

对结构体变量的成员可以像普通变量一样进行运算(根据各成员自己的类型决定可以进行的运算)。如前面定义的两个结构体变量 stu1 和 stu2,可进行以下运算:

```
stu1.num++;
ave = (stu1.score + stu2.score)/2;
```

其中,stu1. num＋＋不是对 num 增 1,而是对成员 stu1. num 进行增 1 运算,等价于(stu1. num)＋＋。由于"."运算符的优先级别高于"＋＋"运算符,因此括号可省略。

(2) 结构体变量之间进行赋值。当两个结构体变量的类型相同时,相互之间可以进行整体的赋值。如前面定义的 stu1、stu2,假设 stu1 已有初值,则可编写语句"stu2＝stu1;",执行此语句后,stu2 中各成员的值与 stu1 中各成员的值完全一致。也就是说,相同类型的结构体变量的赋值实际上是成员之间一一对应的赋值。

注意:结构体变量之间除了整体赋值外,其他的整体运算都不允许,如以下运算是错误的:

```
stu1++;
stu1 == stu2;
```

4. 结构体变量的输入与输出

(1) 结构体变量的输入。若结构体变量的值不是赋值获得,而是由程序运行时由键盘输入,而结构体变量的输入只能对最低一级的成员进行。

例如,对于 stu1 结构体变量的部分成员由键盘输入为:

```
scanf("%d%s",&stu1.num,stu1.name);
scanf("%d%d%d",&stu1.birthday.year,&stu1.birthday.month,&stu1.birthday.day);
```

注意:

① 对结构体变量全部成员的输入可以由多个 scanf 函数完成,也可以由一个 scanf 函数完成,各成员输入格式要符合各成员类型格式,如 int 型要用"%d",而且在成员名前要加"&",如 &stu1.num。

② 不能引用结构体变量的地址整体输入结构体变量所有成员的值,如以下语句是错误的:

```
scanf("%d%s%s%d%d%d%d%f%s%s",&stu1);
```

(2) 结构体变量的输出。结构体变量的输出同样只能对最低一级的成员进行。

例如,对于 stu1 结构体变量的部分成员输出为:

```
printf("%-5d%s\n",stu1.num,stu1.name);
printf("%-5d%-5d%-5d\n",stu1.birthday.year,stu1.birthday.month,stu1.birthday.day);
```

注意:

① 对结构体变量全部成员的输出可以由多个 printf 函数完成,也可以由一个 printf 函数完成,各成员输出格式要符合各成员类型格式。

② 结构体变量的输出同样只能对最低一级成员进行,也不能引用结构体变量整体输出。如以下语句是错误的:

```
printf("%d%s %s %d %d %d %d %f%s %s",stu1);
```

【例 10.1】 输入两位学生的学号、姓名和成绩,输出成绩较高学生的学号、姓名和成绩。

解题思路:

(1) 定义两个结构相同的结构体变量 stu1 和 stu2。

(2) 分别输入两位学生的学号、姓名和成绩。

(3) 比较两位学生的成绩,如果学生 1 的成绩高于学生 2,就输出学生 1 的全部信息;如果学生 2 的成绩高于学生 1,就输出学生 2 的全部信息;如果二者相等,输出两位学生的全部信息。

编写程序:

```
# include < stdio.h>
int main()
{struct Student
    {   int num;
        char name[20];
        float score;
    }stu1,stu2;
    printf("请输入第 1 个学生的学号、姓名、成绩:\n");
    scanf("%d%s%f",&stu1.num,stu1.name,&stu1.score);      //输入学生 1 的数据
    printf("请输入第 2 个学生的学号、姓名、成绩:\n");
    scanf("%d%s%f",&stu2.num,stu2.name,&stu2.score);      //输入学生 2 的数据
```

结构体、共用体和枚举类型

```
    printf("成绩较高的学生的学号、姓名和成绩是:\n");
    if (stu1.score > stu2.score)            //如果学生1的成绩高于学生2,就输出学生1的全部信息
      printf("% - 5d % - 5s % - 6.2f\n",stu1.num,stu1.name, stu1.score);
    else if (stu1.score < stu2.score)       //如果学生2的成绩高于学生1,就输出学生2的全部信息
      printf("% - 5d % - 5s % - 6.2f\n",stu2.num,stu2.name, stu2.score);
    else                                    //如果二者相等,输出2位学生的全部信息
      {printf("% - 5d % - 5s % - 6.2f\n",stu1.num,stu1.name, stu1.score);
    printf("% - 5d % - 5s % - 6.2f\n",stu2.num, stu2.name, stu2.score);
    }
    return 0;
}
```

运行结果:

请输入第1个学生的学号、姓名、成绩:
1211101 张志 95
请输入第2个学生的学号、姓名、成绩:
1211102 曾玲 90
成绩较高的学生的学号、姓名和成绩是:
1211101 张志 95.00

10.1.4　结构体数组

在 C 语言中,数组是具有相同数据类型的数据序列,而结构体是不同数据类型的数据序列,但这两种"数据"是不同的,前者是数据元素,后者是数据域,数组常在结构体中应用。

在前面章节中,在定义结构体时使用了数组作为结构体的成员变量,即结构体成员可以是数组。此外,具有相同类型的结构体变量本身也可以构成数组,称为结构体数组。

1. 结构体数组的定义、引用和初始化

在实际应用中,经常用结构体数组来表示具有相同数据结构的一个群体,如一个班的学生档案,一个学校老师的工资表等。

(1) 结构体数组的定义。定义结构体数组的方法和定义结构体变量相似,根据结构体变量定义的 3 种方法,只需说明它为数组类型即可,其中一种方法定义的形式如下:

```
struct 结构体名 结构体数组名[元素个数];
```

例如:

```
struct Student
{   int num;
    char name[20];
    float score[3];
 };
struct Student stu[3];
```

定义了一个结构体数组 stu,共有 3 个元素:stu[0]～stu[2]。每个数组元素都具有 struct Student 的结构形式。

(2) 结构体数组的引用。引用结构体变量中的数组成员的形式如下:

```
结构体变量名[下标].成员[[下标]]
```

其中,下标为任何整型表达式,成员[[下标]]中的第一个[]表示可选。

例如,前面定义的结构体数组 stu[3],用 stu[0].num 表示第一位学生的学号。

(3) 对结构数组可以作初始化。初始化格式如下:

struct 结构体名 结构体数组名[n] = {{初始值1},{初始值2},…,{初始值n}};

例如,有3位学生的成绩表如表10.1所示。

表 10.1　学生的成绩表

学　　号	姓　　名	C 语言成绩	高等数学成绩	英 语 成 绩
1211101	张志	89	95	90
1211102	曾玲	95	88	85
1211103	刘玉兰	93	90	95

根据表10.1的信息,可设计和初始化结构体数组为:

```
struct Score
{   int num;
    char name[20];
    float C_program,math,English;
};
struct Score stu[3] = {{1211101,"张志",89,95,90},{1211102,"曾玲",95,88,85},{1211103,"刘玉兰",93,90,95}};
```

经过设计后表10.1可描述为表10.2。

表 10.2　结构体数组的值

	num	name	C_program	math	English
stu[0]	1211101	张志	89	95	90
stu[1]	1211102	曾玲	95	88	85
stu[2]	1211103	刘玉兰	93	90	95

这个数组在内存中占用连续的一段内存单元,内存中各元素存放的示意图如图10.4所示。其中数组名 stu 为结构体数组在内存中的首地址。每个元素占用字节数相同,为 sizeof(stu[0])字节,共占用 sizeof(stu)字节。

注意:*结构体数组要在定义时就直接初始化。如以下先定义后赋初值的形式是错误的:*

```
struct Score stu[3];
stu[3] = {{1211101,"张志",89,95,90},{1211102,"曾玲",95,88,85},{1211103,"刘玉兰",93,90,95}};
```

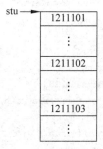

图 10.4　结构体数组在内存中的存放

说明:

① 结构体数组常用的第二种初始化方式是在定义结构体数组的同时进行初始化。例如:

结构体、共用体和枚举类型

```
struct Score
{   int num;
    char name[20];
    float C_program,math,English;
}stu[3] = {{1211101,"张志",89,95,90},{1211102,"曾玲",95,88,85},{1211103,"刘玉兰",93,90,
95}};
```

② 当对全部元素做初始化赋值时,也可不给出数组长度。如上例的长度 3 可以不写。

③ 数组长度较常使用宏定义。

此外,结构体数组的赋值、输入、输出与结构体变量相似,只是引用成员时有所不同。下面通过例 10.2 对结构体数组的定义等操作进行应用。

2. 结构体数组的应用

【例 10.2】 输出表 10.3 中学生表的有关信息。要求如下:

(1) 除了"总分"列外,其他信息要求用键盘输入;

(2) 编写代码计算"总分"列;

(3) 输出全部信息。

表 10.3　学生的成绩表

学　号	姓　名	C 语言成绩	高等数学成绩	英语成绩	总　分
1211101	张志	89	95	90	274
1211102	曾玲	95	88	85	268
1211103	刘玉兰	93	90	95	278

解题思路:

(1) 设计并定义结构体数组,数组长度采用宏定义。

(2) 分别初始化或输入相应的信息。

(3) 统计并输出各学生的"总分"。

编写程序:

```
# include < stdio. h >
# define N 3
struct Score
{
  int num;
  char name[20];
  float C_program,math,English,total;
}stu[N];
int main()
{   int i = 0;
    for (i = 0;i < N;i++)
    {
        printf("请输入第 % 2d 个学生的学号、姓名、C语言成绩、高等数学成绩、英语成绩:\n",i + 1);
        scanf(" % d % s % f % f % f",&stu[i]. num, stu[i]. name, &stu[i]. C_program, &stu[i]. math,
&stu[i]. English);
    }
    printf("\n 学号\t 姓名\tC语言成绩\t 高等数学成绩\t 英语成绩\t 总分\n");
```

```
for (i = 0;i < N;i++)
{
    stu[i].total = stu[i].C_program + stu[i].math + stu[i].English;
                        //统计总分,并存放到各元素的 total 成员中
    printf("%d\t%s\t%-10.1f\t%-10.1f\t%-10.1f\t%-10.1f\n",stu[i].num,
    stu[i].name,stu[i].C_program,stu[i].math,stu[i].English,stu[i].total);
}
return 0;
}
```

运行结果:

请输入第 1 个学生的学号、姓名、C 语言成绩、高等数学成绩、英语成绩:
1211101 张志 89 95 90
请输入第 2 个学生的学号、姓名、C 语言成绩、高等数学成绩、英语成绩:
1211102 曾玲 95 88 85
请输入第 3 个学生的学号、姓名、C 语言成绩、高等数学成绩、英语成绩:
1211103 刘玉兰 93 90 95

学号	姓名	C 语言成绩	高等数学成绩	英语成绩	总分
1211101	张志	89.0	95.0	90.0	274.0
1211102	曾玲	95.0	88.0	85.0	268.0
1211103	刘玉兰	93.0	90.0	95.0	278.0

程序分析:

本例程序中定义了一个外部结构体数组 stu,共 3 个元素。在 main 函数中用 for 语句逐个输入各元素的成员值;之后再用 for 语句逐个统计总分并输出相应数据。当然,总分的统计也可以设计在第一个 for 语句的 scanf 语句之后,也就是输入 3 门课成绩后,马上统计总分。

10.1.5　结 构 体 与 指 针

在前面章节中,使用了基本类型、数组和已定义的结构体来定义结构体的成员,那么,指针也可以用来定义成员。此外,结构体变量的起始地址还可以存放在一个指针变量中。所以,指针在结构体中的应用主要有两方面:一是结构体成员中应用;二是在结构体变量中应用。

1. 结构体成员是指针类型的变量

结构体成员是指针类型变量,又简称结构体成员指针变量,它的定义与普通变量的定义一样。如前面定义的 Student 结构体成员中表示家庭地址的成员 add 定义为 30 个字符来存储信息,但是实际应用中,每位学生的家庭地址长短不一,若用字符数组实现,则在定义时要选择家庭地址最大长度,造成空间的浪费;若用字符指针实现,并使指针指向的空间是动态分配的,则可按家庭地址所需的实际长度来分配存储空间。

现通过一个简单例子例 10.3 来说明指针在结构体成员中的应用。

【例 10.3】 现有教师信息表,包含编号、姓名、性别和家庭地址,要求家庭地址用指针表示。由键盘输入 3 位教师的信息并输出。

解题思路：

(1) 设计并定义结构体数组,其中家庭地址用指针表示。

(2) 分别输入相应的信息。

(3) 输出相应的信息。

编写程序：

```c
# include < stdio. h >
# include < stdlib. h >
# include < string. h >
# define N 3
struct Teacher
{    int num;
     char name[20];
     char sex[3];
     char * addr;                        //地址用指针变量,不是用字符串
}tea[N];
int   main()
{    int i = 0;
     char s[30];
     for (i = 0;i < N;i++)
     {
         printf("请输入第 % 2d 位教师的编号、姓名、性别、家庭地址:\n",i + 1);
         scanf(" % d % s % s",&tea[i].num,tea[i].name,tea[i].sex);
         getchar();
         gets(s);
         tea[i].addr = (char * )malloc(strlen(s) + 1);
                       //动态分配 strlen(s) + 1 字节的空间,首地址给 tea[i].addr 指针变量
         strcpy(tea[i].addr,s);        //将串 s 赋值给 tea[i].addr
     }
     printf("教师信息如下: \n");
     printf("编号\t 姓名\t 性别\t 家庭地址\n");
     for (i = 0;i < N;i++)
         printf(" % d\t % s\t % s\t % s\n",tea[i].num,tea[i].name,tea[i].sex,tea[i].addr);
   return 0;
}
```

运行结果：

```
请输入第 1 位教师的编号、姓名、性别、家庭地址:
2061601 钟兴 男 江南梅龙路
请输入第 2 位教师的编号、姓名、性别、家庭地址:
2061602 冯红 女 新县城
请输入第 3 位教师的编号、姓名、性别、家庭地址:
2061603 陈王强 男 月梅碧桂园 3 号 204 房
教师信息如下:
编号      姓名      性别      家庭地址
2061601  钟兴      男        江南梅龙路
2061602  冯红      女        新县城
2061603  陈王强    男        月梅碧桂园 3 号 204 房
```

程序分析：

上例中结构体成员 addr 就是指向字符串的指针变量。输入的某一教师家庭地址暂存于字符数组 s 中，通过对 s 串长度来决定分配空间的大小。输出时格式符为"％s"，其所对应的是字符串的首地址 tea[i]. addr，前面不加"＊"运算符。

2. 指向结构体变量的指针

一个结构体变量的指针就是该变量所占据的内存段的起始地址。当一个指针变量用来指向一个结构体变量时，称为结构体指针变量。结构体指针变量中的值是所指向的结构体变量的首地址。通过结构体指针即可访问该结构体变量，这与数组指针和函数指针的情况是相同的。

（1）结构体指针变量的定义。

结构体指针变量定义的一般形式如下：

struct 结构体名 ＊结构体指针变量名

例如，在前面的例题中定义了 Student 这个结构体，如要说明一个指向 Student 的指针变量 p，可写为"struct Student ＊p；"。

当然也可在定义 Student 结构体的同时定义 p。与前面讨论的各类指针变量相同，结构体指针变量也必须要先赋值后才能使用。

赋值是把结构体变量的首地址赋予该指针变量，不能把结构体名赋予该指针变量。例如前面定义的 stu 为 Student 结构体的结构体变量名，则"p＝&stu；"是正确的，而"p＝&Student；"是错误的。原因是：Student 是结构体的名称，而 stu 才是结构体变量，p 只能存储结构体变量的地址。结构体名和结构体变量是两个不同的概念，不能混淆。结构体名只能表示一个结构形式，编译系统并不对它分配内存空间。只有当某变量被说明为这种类型结构体时，才对该变量分配存储空间。因此"&Student"这种写法是错误的，不可能去取一个结构体名的首地址。

（2）结构体指针变量访问结构体变量成员。有了结构体指针变量，就能更方便地访问结构体变量的各个成员。

其访问的一般形式为以下两种：

① （＊结构体指针变量）. 成员名。

② 结构体指针变量—＞成员名。

例如，结构体指针变量 p 访问结构体变量的成员 num，有如下两种形式：（＊p）. num 或者 p—＞num。

注意：＊p 两侧的括号不可少，因为成员符"."的优先级高于"＊"。如去掉括号写作＊p. num 则等效于＊（p. num），这样表达的意义就完全不对了。

下面利用例 10.1 所定义的结构体，通过例 10.4 来说明结构体指针变量的应用。

【例 10.4】 定义一个结构体，包含有学生的学号、姓名和成绩并赋值，利用结构体指针变量输出该学生的相关信息。

解题思路：

（1）定义结构体 Student，并定义结构体变量 stu 和结构体指针变量 p。

（2）对 stu 的成员（学号、姓名和成绩）赋值。

结构体、共用体和枚举类型

(3) 关键是通过 p 访问 stu 中的成员并输出。

编写程序：

```c
#include<stdio.h>
#include<string.h>
int main()
{
    struct Student
     {
         int num;
         char name[20];
         float score;
    }stu, * p;
    p = &stu;
    stu.num = 1211101;
    strcpy(stu.name,"张志");
    stu.score = 95.5;
    printf("                                学号\t姓名\t成绩\n");
    printf("1.结构体变量名.成员名方式输出结果是：%d\t%s\t%-6.2f\n",stu.num,stu.name,
stu.score);
    printf("2.(*结构体指针变量名).成员名方式输出结果是：%d\t%s\t%-6.2f\n",(*p)
.num,(*p).name,(*p).score);
    printf("3.结构体指针变量名->成员名方式输出结果是：%d\t%s\t%-6.2f\n",p->num,
p->name,p->score);
    return 0;
}
```

运行结果：

		学号	姓名	成绩
1.结构体变量名.成员名	方式输出结果是：	1211101	张志	95.50
2.(*结构体指针变量名).成员名	方式输出结果是：	1211101	张志	95.50
3.结构体指针变量名->成员名	方式输出结果是：	1211101	张志	95.50

程序分析：

本例程序定义了一个结构体 Student，定义了结构体变量 stu 和一个指向 stu 的指针变量 p。本程序用 3 种形式输出 stu 的各个成员值以对结构体指针变量加以对比理解。从运行结果可以看出，访问结构体变量的成员有以下 3 种形式：

① 结构体变量.成员名。

② (*结构体指针变量).成员名。

③ 结构体指针变量->成员名。

这 3 种用于表示结构成员的形式是完全等效的。

说明：对于(*p).num 和 p->num，同样可以像 int 型的变量一样进行自增或自减运算。例如(*p).num++、p->num++，表示得到 p 所指向的成员 num 的值，用完后 num 的值加 1，如例 10.4，得到的值是 1211101，之后加 1，得到的值是 1211102。又如++(*p).num、++p->num，表示得到 p 所指向的成员 num 的值加 1，再使用它，如例 10.4，num 的值 1211101 加 1 是 1211102，再使用。

3. 指向结构体数组的指针

结构体指针变量可以指向一个结构体数组,这时结构体指针变量的值是整个结构体数组的首地址。结构体指针变量也可指向结构体数组的一个元素,这时结构指针变量的值是该结构体数组元素的首地址。

设 ps 为指向结构体数组的指针变量,则 ps 也指向该结构体数组的 0 号元素,ps+1 指向 1 号元素,ps+i 则指向 i 号元素。这与普通数组的情况是一致的。

下面通过成例 10.5 来说明利用结构体指针变量访问结构体数组元素的成员。

【例 10.5】 有 3 位学生的成绩信息,包含学号、姓名、C 语言成绩、高等数学成绩、英语成绩,把这些信息放在结构体数组中,输出全部学生的信息。要求用指向结构体数组的指针处理。

解题思路:

(1) 声明 struct Score,并定义结构体数组、初始化。

(2) 定义指向 struct Score 类型指针 p。

(3) 使 p 指向数组首元素,输出第一个元素的信息。

(4) p 自增 1,使它指向结构体数组的下一个元素,输出它指向的元素中的有关信息。

编写程序:

```
# include < stdio.h>
# define N 3
struct Score
{ int num;
  char name[20];
  float C_program,math,English;
};
struct Score stu[N] = {{1211101,"张志",89,95,90},
 {1211102,"曾玲",95,88,85},{1211103,"刘玉兰",93,90,95} };   //定义结构体数组并初始化
int main()
{   struct Score * p;
    printf("学号\t姓名\tC语言成绩\t高等数学成绩\t英语成绩\n");
    for (p = stu;p < stu + 3;p++)                          //p指向结构体数组的首地址
printf("%d\t%s\t%-10.1f\t%-10.1f\t%-10.1f\n",p->num,p->name,p->C_program,
p->math,p->English);
    return 0;
}
```

运行结果:

学号	姓名	C 语言成绩	高等数学成绩	英语成绩
1211101	张志	89.0	95.0	90.0
1211102	曾玲	95.0	88.0	85.0
1211103	刘玉兰	93.0	90.0	95.0

程序分析:

p 是指向 struct Score 结构体数据的指针变量。在 for 语句中先置 p 的初值为 stu,也就是数组 stu 第一个元素的起始地址,如图 10.5 中 p 的指向。当第一次循环输出 stu[0]的

结构体、共用体和枚举类型

各个成员值后,执行 p++,使 p 自增 1,也就意味着 p 所增加的值为结构体数组 stu 的一个元素所占的字节数,此时的 p 值等于 stu+1,也就指向 stu[1],如图 10.5 中的 p'。以此类推,p"是指向 stu[2]。当 p 的值变为 stu+3,已不再小于 stu+3,退出循环。

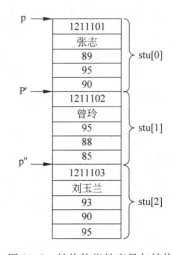

图 10.5　结构体指针变量与结构体数组的指向关系

4. 结构体指针变量作为函数参数

将一个结构体变量的值传递给另一个函数,有 3 种方法。

(1) 用结构体变量的成员作参数。例如,用 stu[0].num 或 stu[1].name 作函数实参,将实参值传给形参。其用法和用普通变量作为实参是一样的,属于值传递方式。应当注意实参与形参的类型保持一致。

(2) 用结构体变量作为实参。用结构体变量作为实参时,将结构体变量所占的内存单元的内容全部按顺序传递给形参,形参也必须是同类型的结构体变量。在函数调用期间形参也要占用内存单元。这种传递方式在空间和时间上开销较大,在执行被调用函数期间改变形参(也是结构体变量)的值,该值不能返回主调函数。一般较少用这种方法。

(3) 用指向结构体变量(或数组元素)的指针作为实参,将结构体变量(或数组元素)的地址传给形参。这种方式由实参传向形参的只是地址,从而减少了时间和空间的开销。因此最好的办法就是使用指针,即用结构体指针变量作为函数参数进行传送。

【例 10.6】 有一个学生学籍信息表,内含 n 位学生学号、姓名、性别和年龄。要求输入 n 位学生相关信息(如输入格式为:1211101 李琳 F 18,其中用 M 表示男,用 F 表示女),找出第一位女生并输出该生的信息。要求用结构体指针变量作为函数参数进行处理。

解题思路:

本例的目的是找到符合要求的结构体数组元素,并返回该地址,之后按照该地址输出相应信息。因此,将 n 位学生的数据表示为结构体数组。按照将功能函数化的思想,分别用 3 个函数来实现不同的功能:

(1) 用 input 函数输入数据。

(2) 用 search 函数找出第一位女生。

(3) 用 output 函数输出第一位女生的信息。

在主函数中先后调用这 3 个函数,用指向结构体变量的指针作为参数,得到结果。

编写程序:

```c
#include<stdio.h>
#define N 3
struct Stu_info
{ int num;
  char name[20],sex;
  int age;
};
void input(struct Stu_info stud[],int n)      //输入学生信息
```

```
{    int i;
     printf("请输入%2d位学生的学号、姓名、性别、年龄:\n",N);
     for (i = 0;i < n;i++)
     {    scanf("%d%s",&stud[i].num,stud[i].name);
          getchar();                            //此作用是去掉输入时多余的一个字符,如空格
          scanf("%c%d",&stud[i].sex,&stud[i].age);
     }
}
struct Stu_info search(struct Stu_info stud[],int n)   //查找第一位女学生
{    int i;
     for(i = 0;i < n;i++)
       if(stud[i].sex == 'F' || stud[i].sex == 'f')
       { return stud[i];
         break;                                 //找到第一个符合要求的信息就退出循环
       }
}
void output(struct Stu_info fstud)             //输出第一位女学生信息
{    printf("\n第一位女生的信息是:");
     printf("\n学号\t姓名\t年龄\n");
     printf("%d\t%s\t%d\n",fstud.num,fstud.name,fstud.age);
}
int   main()
{    struct Stu_info stu[N], * p = stu;
     input(p,N);
     output(search(p,N));
     return 0;
}
```

运行结果:

```
请输入3位学生的学号、姓名、性别、年龄:
1211101 张志 M 19
1211102 曾玲 F 18
1211103 刘玉兰 F 18

第一位女生的信息是:
学号      姓名      年龄
1211102 曾玲      18
```

程序分析:

以上3个函数的调用,情况各不相同。

调用input函数时,实参是指针变量p,形参是结构体数组,传递的是结构体元素的地址,函数无返回值。在此,结构体指针变量p作为实参。

调用search函数时,实参是指针变量p,形参是结构体数组,传递的是结构体元素的地址,函数的返回值是结构体数据,即结构体数组的某个元素。

调用output函数时,实参是结构体变量(结构体数组元素),形参是结构体变量,传递的是结构体变量中各成员的值,函数无返回值。

10.1.6 结构体综合举例

【例 10.7】　（返回类型为结构体或结构体成员的应用）编写一个程序,计算某个不同尺寸不同材料的长方体箱子的造价。要求用函数完成以下功能：输入其尺寸及其材料单位面积价格（如每平方米多少钱）,计算该箱子造价并输出相关信息。

解题思路：

(1) 设计箱子结构体,其成员有长方体的长、宽、高和材料单位面积价格。

(2) 使用 3 个函数分别用于输入相关信息、计算价格、输出相关信息。

进一步细化：

(1) 输入函数 input 的参数可以设计为结构体变量或者结构体变量的指针进行信息的传递,输入函数返回类型为 void；也可以返回类型为结构体,参数为空,通过返回类型传递值。

(2) 计算造价 value 的设计与 input 相似。

(3) 输出函数 output 的参数设计为结构体变量或者结构体变量的指针进行信息的传递,输出函数返回类型为 void。

在此采用返回类型为结构体的形式进行。

编写程序：

```
# include < stdio. h>
struct Box_type
{   float length, width, high;              //箱子的长、宽、高
    float per_price;                        //材料单位价格
    float total_price;                      //箱子总价格
};
int main()
{   struct Box_type input();
    float value(struct Box_type box);
    void output(struct Box_type box);
    struct Box_type box;
    box = input();
    box. total_price = value(box);
    output(box);
    return 0;
}
//输入箱子信息
struct Box_type input()
{   struct Box_type box1;
    printf("请输入箱子的长、宽、高和材料单位价格: \n");
    scanf(" % f % f % f % f", &box1. length, &box1. width, &box1. high, &box1. per_price);
    return box1;
}
//计算箱子造价
float value(struct Box_type box)
{   float area;                             //箱子表面积
    area = (box. length * box. width + box. length * box. high + box. width * box. high) * 2;
    box. total_price = area * box. per_price;
```

```
        return box. total_price;
}
//输出箱子信息
void output(struct Box_type box)
{    printf("箱子的长、宽、高、单价、总造价为：\n");
     printf("长\t宽\t高\t单价\t造价\n");
     printf("%.1f%8.1f%8.1f%8.1f%10.1f\n", box. length, box. width, box. high, box. per_
price, box. total_price);
}
```

运行结果：

```
请输入箱子的长、宽、高和材料单位价格：
30 20 10 10.5

箱子的长、宽、高、单价、总造价为：
长       宽       高       单价     造价
30.0     20.0     10.0     10.5     23100.0
```

程序分析：

本例的 input 函数采用返回值形式，与前面一些例子有所不同，采用返回类型为结构体的方式进行所有成员数据的传递，获得结构体成员的值；value 函数返回的是结构体成员的类型，也就是返回"造价"成员的值；output 函数采用常用的方式，即结构体变量作为参数。

当然，本例还可以用结构体指针变量来实现，具体程序请看习题。

从本例可知，结构体的应用是非常灵活的，不但可以作为实参、形参，还可以像基本类型一样作为返回值，其成员还可单独返回值。

【例 10.8】 （结构体数组结合函数的应用）在例 10.2 的基础上进行改进程序，即将学生成绩表（见表 10.3）按总分降序排列。

解题思路：

本例的目的是学会结构体数组的定义和使用，因为已学习了结构体与数组的关系，故要学会用结构体数组作为参数传递数据。

（1）设计并定义结构体数组。

（2）用 input 函数输入相应的信息并计算出总分。

（3）用 sort 函数按总分进行降序排序，排序方法采用前面所学的选择法。

（4）用 output 函数输出成绩表。

编写程序：

```
#include<stdio.h>
#define N 3
struct Score
{
    int num;
    char name[20];
    float C_program, math, English, total;
};
void input(struct Score stud[], int n)          //输入学生成绩
```

```
{
    int i;
    printf("请输入%2d个学生的学号、姓名、C语言成绩、高等数学成绩、英语成绩:\n",N);
    for (i = 0;i < N;i++)
{   scanf("%d%s%f%f%f",&stud[i].num,stud[i].name,&stud[i].C_program,&stud[i].math,
&stud[i].English);
    stud[i].total = stud[i].C_program + stud[i].math + stud[i].English;
    }
}
void sort(struct Score stud[ ],int n)              //根据总分降序排序,采用选择法
{
    int i,j,k;
    struct Score temp;
    for(i = 0;i < n − 1;i++)
      { for(k = i,j = i + 1;j < n;j++)
      if (stud[k].total < stud[j].total) k = j;
        if(i!= k)
          { temp = stud[k];stud[k] = stud[i];stud[i] = temp;}
      }
}
void output(struct Score stud[ ],int n)          //输入学生成绩
{
    int i;
    printf("学号\t姓名\tC语言成绩\t高等数学成绩\t英语成绩\t总分\n");
    for (i = 0;i < N;i++)
    {
      stud[i].total = stud[i].C_program + stud[i].math + stud[i].English;
      printf("%d\t%s\t%−10.1f\t%−10.1f\t%−10.1f\t%−10.1f\n",stud[i].num,
stud[i].name,stud[i].C_program,stud[i].math,stud[i].English,stud[i].total);
    }
  }
int main()
{
    struct Score stu[N];
    input(stu,N);
    printf("\n*********************排序前学生成绩*********************\n");
    output(stu,N);
    sort(stu,N);
    printf("\n*********************排序后学生成绩*********************\n");
    output(stu,N);
return 0;
}
```

运行结果:

请输入3个学生的学号、姓名、C语言成绩、高等数学成绩、英语成绩:
1211101 张志 89 95 90
1211102 曾玲 95 88 85
1211103 刘玉兰 93 90 95

*********************排序前学生成绩*********************
学号   姓名   C语言成绩   高等数学成绩   英语成绩   总分

1211101	张志	89.0	95.0	90.0	274.0
1211102	曾玲	95.0	88.0	85.0	268.0
1211103	刘玉兰	93.0	90.0	95.0	278.0

*******************排序后学生成绩*******************

学号	姓名	C语言成绩	高等数学成绩	英语成绩	总分
1211103	刘玉兰	93.0	90.0	95.0	278.0
1211101	张志	89.0	95.0	90.0	274.0
1211102	曾玲	95.0	88.0	85.0	268.0

【例 10.9】 （指向结构体变量的指针的应用）有 n 个结构体变量,内含学生学号、姓名和 3 门课程的成绩。要求输出平均成绩最高的学生的信息（包括学号、姓名、3 门课程成绩和平均成绩）。

解题思路:

用指向结构体变量的指针处理。

(1) 用 input 函数来输入数据,同时求各学生的平均成绩。

(2) 用 max 函数来查找平均成绩最高的学生,因为要输出该生的信息,所以函数的返回类型设为结构体;在查找平均成绩最高值的过程中,用一个临时变量 m"记住"最大值的下标,最后返回 m 所对应的记录即可。

(3) 用 print 函数来输出平均成绩最高的学生的信息。

编写程序:

```
# include < stdio.h >
# define N 3                         //学生数为 3
struct Student                       //建立结构体类型 struct Student
{ int num;                           //学号
  char name[20];                     //姓名
  float score[3];                    //3 门课成绩
  float aver;                        //平均成绩
};

int main()
{void input(struct Student stu[]);        //函数声明
 struct Student max(struct Student stu[]); //函数声明
 void print(struct Student stu);          //函数声明
 struct Student stu[N], * p = stu;         //定义结构体数组和指针
 input(p);                                 //调用 input 函数
 print(max(p));                            //调用 print 函数,以 max 函数的返回值作为实参
 return 0;
}

void input(struct Student stu[])          //定义 input 函数
{int i;
 printf("请输入各学生的信息: 学号、姓名、3 门课成绩:\n");
 for(i = 0;i < N;i++)
 {scanf(" % d % s % f % f % f",&stu[i].num,stu[i].name,
    &stu[i].score[0],&stu[i].score[1],&stu[i].score[2]);   //输入数据
```

```
        stu[i].aver = (stu[i].score[0] + stu[i].score[1] + stu[i].score[2])/3.0;  //求各人平均成绩
        }
    }

struct Student max(struct student stu[])        //定义 max 函数
{int i,m = 0;                                   //用 m 存放成绩最高的学生在数组中的序号
    for(i = 0;i < N;i++)
        if (stu[i].aver > stu[m].aver) m = i;   //找出平均成绩最高的学生在数组中的序号
    return stu[m];                              //返回包含该生信息的结构体元素
}

void print(struct Student stud)                 //定义 print 函数
{ printf("\n平均成绩最高的学生是:\n");
    printf("学号\t 姓名\t 成绩 1\t 成绩 2\t 成绩 3\t 平均成绩\n");printf("%d\t%s\t%.1f
\t%.1f\t%.1f\t%.1f\n",stud.num,stud.name,stud.score[0],stud.score[1],stud.score[2],
stud.aver);
    }
```

运行结果：

```
请输入各学生的信息:学号、姓名、3 门课成绩:
1211101 张志 89 95 90
1211102 曾玲 95 88 85
1211103 刘玉兰 93 90 95

平均成绩最高的学生是:
学号      姓名      成绩 1      成绩 2      成绩 3      平均成绩
1211103 刘玉兰   93.0        90.0        95.0        92.7
```

10.2 链 表

链表是一种常见的重要的数据结构。它是动态地进行存储分配的一种结构，可以根据需要动态地进行存储空间的分配与回收。它可以存储大量的数据，数据元素之间的关系是通过链接的形式来体现的，因此，链表必须利用指针变量才能实现。

10.2.1 链表基本结构与定义

由前面章节内容可知，用普通数组或结构体数组存放数据时，必须事先定义固定的数组长度。例如，要开发一个学院各班学生信息系统，有些班级有 60 人，有些有 30 人，若用数组先后存放不同班级的学生数据，必须定义长度为 60 的数组。如果事先难以确定一个班的最多人数，则必须把数组定义得足够大，以便能存放任何班级的学生数据，而且当学生留级、退学之后也不能把该元素占用的空间从数组中释放出来，显然这将造成内存的浪费且操作不方便。用链表可以很好地解决这些问题。

每一个数组元素(包括普通的数组元素和结构体数组中的元素)以一个"节点"的形式存在，每一个节点上有"数据域"和"指针域"两大部分。数据域根据定义形式可以由一个或多个数据组成，指针域存储与该节点链接的下一个节点的起始地址。根据指针域中指针的个

数,链表可以分为由一个指针构成的单(向)链表、由两个指针构成的双(向)链表等。本节将以单链表为例介绍关于链表的基本知识,为后续课程"数据结构"打基础。图 10.6 是单链表的结构示意图。

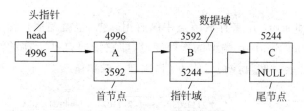

图 10.6　单链表结构示意图

一般单链表的构成如下。

1. 节点

在链表中每一个元素称为节点。其中第一个节点称为首节点,最后一个节点称为尾节点。每一个节点包括两部分:数据域和指针域。

(1) 数据域:存放用户需要的各种实际的数据(如 A、B、C 值)。

(2) 指针域:存放下一节点的首地址(如节点 B 中的 5244 是节点 C 的首地址),尾节点的指针域值为 NULL,此时整个链表结束。

说明:尾节点的指针域 NULL 是必须有的,否则链表将无法正常结束,NULL 是一个空指针常量,常常用 ∧ 来表示 NULL,它的值为 0,使用该常量时应该包含头文件 stdio.h。整个链表通过指针顺序链接的,常用带箭头的短线(→)来明确表示这种链接关系。

2. 指针

头指针:不存放数据,只存放地址,该地址指向第一个元素,即存放的是首节点的地址,一般取名为 head。在对链表进行操作时,这个指针是必须有的,而且不能丢失,否则无法确定整个链表。

尾指针:指向尾节点,即存放的是尾节点的地址,一般取名为 rear。有时是为了链表操作方便而设置的。

链表中的每一个节点都是同一种结构类型。从图 10.6 可知,head 指向第一个节点,第一个节点又指向第二个节点,……,直到最后一个节点,该节点不再指向其他元素。

链表中各节点在内存中的地址可以是不连续的。要找到某一节点,必须先找到上一个节点,根据它提供的下一节点的地址才能找到下一个节点。链表如同一条铁链,一环扣一环,中间是不能断开的。就像一队小朋友由老师带领玩游戏,老师牵第一个小朋友的手,第一个小朋友的另一只手牵第二个小朋友……这就是一条"链",最后一个小朋友有一只手牵着,他就是"链尾"。要找到这个队伍,必须先找到老师,然后按顺序找到每一个小朋友。

显然,链表必须利用指针变量才能实现,即一个节点中应包含一个指针变量,用前面介绍的结构体变量去建立链表最合适,这个结构体变量可包含若干成员,但其中一个成员(指针域)必须指向自己所在结构体类型的变量。例如前面的结构体,为描述方便,假设学生信息只包含学号和成绩,可设计这样一个结构体:

```
struct Student
{ int num;
```

```
        float score;
        struct Student * next;
    };
```

其中：

（1）成员 num 和 score 用来存放节点中的有用数据，也就是用户需要用到的数据；

（2）next 是 struct Student 类型的指针变量，即它指向自己所在的结构类型的变量，用这种方法就建立了链表。假设成员已存在值，则建立的单链表如图 10.7 所示。

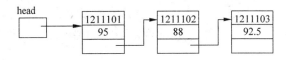

图 10.7　Student 结构体单链表结构示意图

在图 10.7 中，1211101 等是 num 的值，95 等是 score 的值。

注意：上面只是定义了一个 struct Student 类型，并未实际分配存储空间，只有定义了变量才分配存储单元。

10.2.2　链表基本操作

链表的基本操作主要有以下几种：

（1）建立链表，实际上是输入链表；

（2）查找；

（3）插入一个节点；

（4）删除一个节点；

（5）遍历链表，实际上是输出链表。

链表是实用但有一定深度的内容，是计算机专业人员应该掌握的内容，作为初学者，学习有一定难度，非专业的初学者有一定了解即可。因此，本书只介绍链表的建立和输出操作，对于链表的查找、插入、删除等操作，在此不做详细介绍，如读者有需要或有兴趣，可以自行完成，也可以参考本章课后习题。

结构体与指针相结合的应用很广，除了单链表外，还有双链表、环形链表、队列、栈、图等的操作与应用。由于这些问题的算法在后续课程"数据结构"中详细学习，在此不做详述。

为方便描述链表的建立与输出，本节用到的例子的结构体名为 struct Student，成员为学号、成绩。也就是说，链表中的数据域均简单地用学号、成绩两项表示。在实际应用中，只要把数据域加以扩展多几项即可，如加姓名、年龄、计算机成绩等。结构体 struct Student 的定义如下：

```
struct Student
    { int num;
      float score;
      struct Student * next;
    };
```

10.2.3 建立动态链表

所谓建立动态链表是指在程序执行过程中从无到有地建立起一个链表,即一个一个地开辟节点和输入各节点数据,并建立起前后链接的关系。

链表的建立方法有两种。

(1) 头插入法。从空表开始,生成一个新节点,放置数据域,将新节点插入到当前链表的表头上。特点是生成的链表中节点的顺序与输入的数据的顺序相反。

(2) 尾插入法。从空表开始,生成一个新节点,放置数据域,将新节点插入到当前链表的表尾上。特点是生成的链表中节点的顺序与输入的数据的顺序相同,在生成链表过程中需要增加一个指针。

由于用尾插入法生成的数据顺序与输入的顺序相同,因此很多链表的算法较常用尾插入法。在此也介绍尾插入法。

尾插入法的基本步骤如下:

步骤1:生成新的节点,输入相关的数据值。

步骤2:链接新节点到已有链表的最后一个节点。

步骤3:指针跳到新节点。

步骤4:重复步骤1~步骤3,直到所有节点建立完毕,转到步骤5。

步骤5:设置尾节点的指针域为 NULL。

下面通过例 10.10 来说明建立动态链表的过程。

【例 10.10】 写一函数建立某个班学生成绩的单链表,假设输入成绩表只含学号和成绩两项,当输入学号为 0 时,结束链表的建立。

解题思路:

根据链表尾插入法的基本步骤和题意,可得本题的 N-S 图如图 10.8 所示。

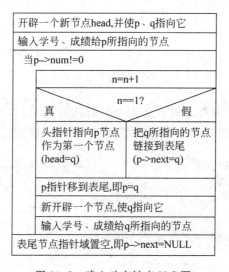

图 10.8 建立动态链表 N-S 图

其中:

(1) creat 函数用于建立一个链表,该链表可含有多个节点;因为链表的操作是离不开

结构体、共用体和枚举类型

头指针的,所以设计它有返回值,返回的指针是指向 Student 结构体数据。

(2)在函数体里,根据分析定义 3 个指针变量:head、p 和 q。它们都是用来指向 struct Student 类型数据,head 是头指针,p 指向当前链表的尾节点,q 指向新开辟的节点。

(3)在执行过程中,head 头指针是不变化的,p 总在 q 的前面。当输入学号非零时,进行以下循环:用 malloc 函数建立长度与 Student 结构体长度相等的空间为新的节点,并使 q 指向它;之后输入学号、成绩;把 q 的值赋给 p 所指节点的指针域 next,至此完成了新节点与链表的链接。最后,所有需要输入的数据输入完毕后,再输入零表示结束,链表创建完毕,此时把 p 的指针域置为 NULL。

(4)creat 函数采用空形参。编写一个简单的 main 函数调用 creat 函数就可以完成动态链表的建立,其建立的过程如图 10.9 所示。其中图 10.9(a)表示第一个节点 head 建立后,用 p=q=head 实现 p 和 q 的指向;图 10.9(b)表示开辟第二个节点,由 q 指向;图 10.9(c)表示完成第一个节点和第二个节点的链接,用语句 p—> next＝q;实现;图 10.9(d)表示 p 指针转移指向,指到 q 节点处,用语句 p=q;实现;图 10.9(e)表示开辟第三个节点。

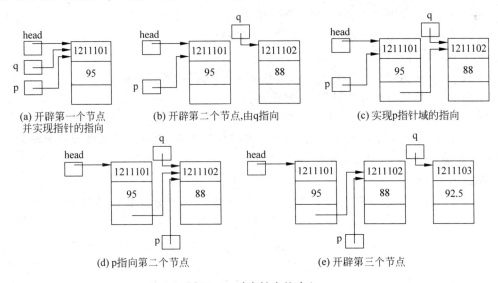

图 10.9　动态链表的建立

(5)在构思过程中,因为考虑到节点为一个时的特殊情况,所以引用全局变量 n,其作用为:一是方便统计链表的节点个数,为后面的链表的操作做铺垫;二是统计节点为一个时的特殊处理。

编写程序:

```
# include<stdio.h>
# include<malloc.h>
# define LEN sizeof(struct Student)
struct Student
{ int num;
  float score;
  struct Student * next;
};
int n;                      //定义一个全局变量的计数器 n,作用是计算链表节点个数
```

```
struct Student * creat()
{ struct Student * head;
  struct Student * q, * p;
  printf("请输入学生的学号、成绩,当输入学号为 0 结束。\n");
  n = 0;
  q = p = ( struct Student * ) malloc(LEN);
  scanf("%d%f",&q->num,&q->score);
  head = NULL;
  while(q->num!= 0)
  { n = n + 1;
    if(n == 1)head = q;
    else p->next = q;
    p = q;
    q = (struct Student * )malloc(LEN);
    scanf("%d%f",&q->num,&q->score);
  }
  p->next = NULL;
  return (head);
}
int main()
{ struct Student * head;
  head = creat();                    //函数返回链表第一个节点的地址
  printf("\n 第一个节点的学号是:%d\n 成绩是:%5.1f\n", head->num, head->score);
  //简单输出,只输出第一个节点的成员值
  return 0;
}
```

运行结果:

```
请输入学生的学号、成绩,当输入学号为 0 结束。
1211101 95
1211102 88
1211103 92.5
0 0

第一个节点的学号是:1211101
成绩是:95.0
```

以上对动态链表做了较详细的介绍,读者如果对链表的建立过程比较清楚,那么对链表的其他操作也比较容易学习。

10.2.4 输出链表

链表的输出是指将链表中各节点的数据依次输出。

输出链表的基本步骤如下:

步骤 1:定义一个指针 p 指向头节点。

步骤 2:若 p 的指针域为空,转到步骤 5;否则转到步骤 3。

步骤 3:输出 p 所指向节点数据域中的数据。

步骤 4:p 指针移到下一个节点,转到步骤 2。

结构体、共用体和枚举类型

步骤 5：结束。

由单链表的特征可知，要输出单链表，必须确定单链表的头指针，所以涉及输出的算法时，要从其他操作中接收头指针。

下面通过例 10.11 来说明输出链表的过程。

【例 10.11】 写一函数，输出例 10.10 所建立的链表。

解题思路：

根据输出链表的基本步骤和题意，可得本题的 N-S 图如图 10.10 所示。

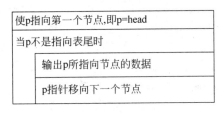

图 10.10 输出链表 N-S 图

其中：

(1) print 函数用于输出链表，是为链表的其他操作服务，它是从第一个节点开始输出数据值，要从其他操作的函数中获得头指针，因此形参用结构体。

(2) 因为要输出每个节点的值，所以输出当前节点的值后，要把 p 指针往其下一个节点移动，每次都是重复输出、移动的动作，所以用循环语句，结束条件为 p 指针所指向的节点是最后一个节点，因此循环结束条件是 p＝NULL。

(3) print 函数的执行过程可用图 10.11 所示。其中图 10.11(a)表示 head 头指针从实参接收了链表的第一个节点的起始地址，把它赋给 p，也就是 p 指向第一个节点；图 10.11(b)表示 p 指向第一个节点的下一个节点，也即执行 p＝p—> next；直到最后一个节点。

(4) 链表的输出要考虑指针的移动及结束条件。

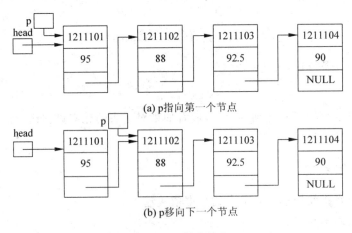

图 10.11 输出链表

编写程序：

```
# include < stdio. h>
```

```
# include < malloc.h>
# define LEN sizeof(struct student)
struct Student
{
    int num;
    float score;
    struct Student * next;
};
int n;                              //全局变量 n

void print(struct Student * head)    //定义 print 函数
{
    struct Student * p;              //在函数中定义 struct student 类型的变量 p
    printf("\n 链表中有 %d 条记录:\n",n);
    p = head;                        //使 p 指向第一个节点
    while(p!= NULL)                  //当不是空表
    {
        printf("学号 %d,成绩 %5.1f\n",p-> num,p-> score);//输出当前节点中的学号与成绩
        p = p-> next;                //p 指向下一个节点
    };
}
```

【例 10.12】 把例 10.10 和例 10.11 合并,加上 main 函数,组成一个简单的链表的建立、输出的程序。

添加的 main 函数:

```
int main()
{ struct Student * head;
  head = creat();
  print(head);
  return 0;
}
```

运行结果:

```
请输入学生的学号、成绩,当输入学号为 0 结束。
1211101 95
1211102 88
1211103 92.5
0 0

链表中有 3 条记录:
学号 1211101,成绩 95.0
学号 1211102,成绩 88.0
学号 1211103,成绩 92.5
```

从以上链表的学习可知,链表的操作很灵活,特别是指针的应用。在学习链表知识时,画一些链表示意图来辅助学习较容易掌握。

结构体、共用体和枚举类型

10.3 共 用 体

在进行某些算法编程时,需要使几种不同类型的变量存放到同一段内存单元中。例如,把一个整型变量(占 4B)、一个字符型变量(占 1B)、一个双精度浮点型变量(占 8B)放在同一个地址开始的内存单元中,其结构如图 10.12 所示。以上 3 个变量在内存中占的字节数不同,但都从同一地址开始(图中设地址为 4900)存放,也就是它们的存储使用覆盖技术,几个变量互相覆盖。在 C 语言中,这种使几个不同的变量共同占用一段内存的结构,被称作共用体类型结构,简称共用体。

图 10.12 共用体存储示意图

注:在某些书籍中可能称之为联合体,但是共用体更能反映该类型在内存的特点。

10.3.1 共用体的定义

共用体定义的一般形式如下所示:

```
union 共用体名
{
数据类型成员名 1;
数据类型成员名 2;
…
数据类型成员名 n;
};
```

其中,union 是关键字,标识共用体定义的开头。共用体与结构体相似,也是由若干成员组成。例如:

```
union Numbers
{int i;
 char ch;
 float f;
};
```

10.3.2 共用体变量的定义和使用

1. 共用体变量的定义

共用体变量的定义也有 3 种方法。

(1) 间接定义——先定义共用体,再定义共用体变量。

其定义形式如下:

```
union 共用体名
{ …
};
union 共用体名    变量名 1,变量名 2, … ,变量名 n;
```

例如：

```
union Numbers
{
 int i;
 char ch;
 float f;
};
union Numbers a,b,c;
```

作用：定义 3 个共用体变量 a、b 和 c。

此方式特点：定义类型和定义变量分离,在定义类型后可以随时定义变量,比较灵活。

注意：在定义共用体变量时,不仅要使用共用体的类型名,在类型名前面还要加上 union 关键字。

（2）在定义共用体的同时定义共用体变量。

这种方式在定义共用体的同时紧接着定义该类型的变量,即共用体的定义和共用体变量的定义合并进行。其一般形式如下：

```
union 共用体名
{ …
}变量名 1,变量名 2, … ,变量名 n;
```

例如：

```
union Numbers
{
 int i;
 char ch;
 float f;
}a,b,c;
```

作用：定义 3 个共用体变量 a、b 和 c。

此方式特点：定义共用体和定义变量放在一起定义,能直接看到共用体的结构,比较直观。

注意：在“}”外没有“；”,而是在共用体变量名后面加“；”表示共用体变量定义的结束。

（3）不指定类型名而直接定义共用体变量。

这种形式的说明的一般形式如下：

```
union
{ …
}变量名 1,变量名 2, … ,变量名 n;
```

例如：

```
union
```

结构体、共用体和枚举类型

```
{
  int i;
  char ch;
  float f;
}a,b,c;
```

作用：定义 3 个共用体变量 a、b 和 c。

此方式特点：此方式不出现共用体名，因此不能用此共用体去定义其他变量，也就是无法重复使用。此方式用得不多。

说明：

① 从定义形式上看，共用体变量与结构体变量的定义极为相似，所不同的是它说明的几个成员不像结构体那样存储，而是叠放在同一个地址开始的空间上。

② 共用体的长度为最大成员所点空间的长度。如前面的 union Numbers 类型的共用体变量 a、b、c 各占 8B，而不是各占 13(4+1+8)B。

③ 共用体变量也可以定义成数组或指针。如"union Numbers num[3], * p;"。

④ 共用体的成员可以是简单变量，也可以是数组、指针、结构体和共用体。

2. 共用体变量的使用

定义了共用体变量后就可以使用，它的使用主要是通过共用体变量成员的操作来实现的。跟结构体一样，共用体变量的使用主要有引用、初始化、赋值、输入和输出，因输入输出较简单，与结构体一样，在此略讲。

(1) 共用体变量的引用。只有先定义了共用体变量才能在后续程序中引用它，有一点需要注意：不能引用共用体变量，而只能引用共用体变量中的成员。其引用方式与结构体变量一样，只能逐个引用共用体变量的成员。其引用方式一般有以下两种：

```
共用体变量名.成员名
共用体指针变量名->成员名
```

说明：

① 当共用体变量定义成指针时，常用->符号来访问共用体中的成员。例如：

```
union Numbers a, * pu;
pu = &a;
```

对 a 成员的引用可以是 a.i 或 pu->i。

② 共用体成员是另一个共用体时，要用若干个"."或"->"，必须逐级找到最低级的成员。

例如，前面定义的共用体变量 a,b,c，下面的引用方式是正确的：

```
a.i                          //引用共用体变量中的整型变量 i
a.ch                         //引用共用体变量中的字符变量 ch
a.f                          //引用共用体变量中的浮点型变量 f
```

而不能只引用共用体变量，例如，下面的引用是错误的：

```
printf("%d",a);              //这种用法是错误的
```

因为 a 的存储区内有好几种类型的数据,分别占用不同长度的存储区,这些共用体变量名 a,难以使系统确定究竟输出的是哪一个成员的值,因此应该写成"printf("%d",a.i);"或"printf("%c",a.ch);"。

(2) 共用体变量的初始化。对于共用体变量,在定义的同时可以初始化,但初始化只能对第一个成员初始化,其他成员的值默认为零,即数值型默认是 0,字符默认是'\0',字符串默认是空串。

例如:

```
union Numbers a = {10};
```

执行

```
printf("a = % d,ch = % c,f = % f\n",a.i,a.ch,a.f);
```

的结果是:

```
a = 10,ch =
,f = 0.000000
```

另外,C 99 允许对指定的一个成员初始化,例如"union Numbers   a={a.ch='A'};"。

(3) 共用体变量的赋值。可以对共用体成员赋值,例如 a.ch='A'。

同类型的共用体变量之间可以互相赋值。

例如:

```
union Numbers   a,b = {10};
a = b;
```

共用体数据还有很多特殊性,其他更详细的说明见 10.3.3 节内容。

10.3.3 共用体数据的特点

共用体因其定义的特殊性,在使用时应注意以下特点:

(1) 同一个内存段可以用来存放几种不同类型的成员,但是在每一瞬间只能存放其中的一种,而不是同时存放几种。换句话说,每一瞬间只有一个成员起作用,其他的成员不起作用。例如定义如下的共用体变量并赋值:

```
union Numbers
{
   int i;
   char ch;
   float f;
};
union Numbers  a;
a.i = 65;
```

将整数 65 存放在共用体变量 a 的成员 i 中,执行"printf("a=%d,ch=%c,f=%f\n",a.i,a.ch,a.f);"后得到的结果为"a=65,ch=A,f=0.000000"。原因:a.i 获得的值是 65,按整型的形式存储在变量单元中,最后一个字节是 65 的二进制"01000001"。在输出时用"%c"格式输出 a.ch 时,系统把存储单元中的"01000001"按字符形式输出字母'A';而用

结构体、共用体和枚举类型

"%f"格式输出 a.f 时按浮点型形式处理,数值部分为 0,输出时保留小数 6 位有效位,结果是 0.000000。

(2) 可以对共用体变量初始化,但初始化表中只能有一个常量。

(3) 在共用体变量赋值时,最后一次被赋值的成员值有效,其他成员的值被取代,也就是被覆盖。例如:

```
a.i = 65;
a.ch = 'A';
a.f = 100.5;
```

覆盖的顺序是:a.ch 覆盖 a.i,a.f 覆盖 a.ch。被覆盖的数据无意义,只有 a.f 的数据有意义。如果使用 a.i 或 a.ch,它们存放着成员 a.f 的部分内容。如果占字节短的成员覆盖了占字节长的成员,则未覆盖部分的数据无意义。例如:

```
a.f = 100.5;
a.ch = 'A';
```

那么成员 a.ch 有效,未覆盖部分的数据无使用价值。

(4) 共用体变量的地址和它的各成员的地址都是同一地址。例如,&a、&a.i、&a.ch、&a.f 都代表同一地址值,只是类型不一样。

(5) 共用体的不能赋值特性,主要有以下几点:

① 对共用体变量不能赋值,只能对共用体变量成员赋值。如"a='A';"是错误的,但"a.ch='A';"是正确的。

② 共用体变量不能向其他变量赋值,除非是同类型的共用体变量。如"m=a;"是错误的,但"a=b;"是正确的,其中 b 与 a 都是同一个共用体的变量。

③ 不能利用初始化向共用体全体成员赋值。如语句"union Numbers a={10,'A',100.5};"是错误的。

(6) 以前的 C 规定不能把共用体变量作为函数参数,C 99 允许用共用体变量作为函数参数和返回值。

(7) 可以使用指向共用体变量的指针作函数参数,使用时注意指针类型的一致性。例如:

```
int * p;
p = &a.i;                        //a.i 是 int 型,p 指向的变量也应是 int 型
```

(8) 共用体可以出现在结构体的定义中,也可以定义共用体数组。反之,结构体也可以出现在共用体的定义中,数组也可以作为共用体的成员。使用时,要注意共用体数据的成员不能同时在内存中存在的特点。

共用体常用在两类以上最少有一项信息是不同的情况,而不同信息可以通过相同信息中某一项来加以区分。

10.3.4 共用体举例

现通过例 10.13 来说明共用体如何实现内存的共用。

【例 10.13】 要记录某个学院的师生情况,要求设计教师与学生通用的表格。教师的数据包括编号、姓名、性别、职业、职称,学生的数据包括学号、姓名、性别、职业、成绩。

解题思路：

（1）设计数据类型。教师和学生的数据项目多数是相同的，只有最后一项不同，但是可以由职业来确定最后一项是职称还是成绩，而且要求把它们放在同一表格中，因此设计出如图 10.13 所示的共用表，其中不同项用共用体实现，整个数据表用结构体和共用体结合来实现。

num	name	sex	job	score / position
1211101	张志	M	s	95
2061602	冯红	F	t	教授

图 10.13　教师学生信息共用表

（2）输入数据。根据分析，如果输入的 job 项为 s，表示输入的是学生信息，则第 5 项为 score，需要输入数值型表示成绩；如果输入的 job 项为 t，表示输入的是教师信息，则第 5 项为 position，需要输入字符串表示职称。

（3）输出相应信息。与输入数据相似，根据 job 项来输出相应的信息。

根据以上分析获得 N-S 图如图 10.14 所示。为程序运行的方便，假设有两个人，分别表示学生和教师的数据。

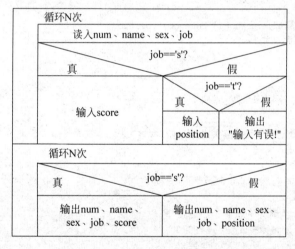

图 10.14　例 10.13 的 N-S 图

编写程序：

```
# include < stdio. h >
# define N 2
struct
{
    int num;                        //编号或学号
    char name[10];                  //姓名
    char sex;                       //性别
    char job;                       //职业,输入值为's'或't'
    union
    {float score;                   //成绩
```

```
      char position[10];                  //职称
     }category;
}person[N];
int main()
{int i;
  printf("请输入编号、姓名、性别、职业(输入字母's'表示学生或't'表示教师)、成绩或职称\n<如:
  1211101 zhang M s 98.5>:\n");
  for(i=0;i<N;i++)
  {scanf("%d %s %c %c", &person[i].num, person[i].name,&person[i].sex, &person[i].job);
    if(person[i].job=='s')
       scanf("%f", &person[i].category.score);
    else if(person[i].job=='t')
       scanf("%s", person[i].category.position);
    else
    printf("输入有误,请根据提示输入!");
}
    printf("\n编号\t姓名\t性别\t职业\t成绩|职称\n");
    for(i=0;i<N;i++)
  { printf("%d\t%s\t%c\t%c\t",person[i].num, person[i].name,person[i].sex, person[i]
.job);
    if (person[i].job == 's')
    printf("%-10.2f\n",person[i].category.score);
    else
    printf("%10s\n", person[i].category.position);
}
    return 0;
}
```

运行结果:

请输入编号、姓名、性别、职业(输入字母's'表示学生或't'表示教师)、成绩或职称
<如: 1211101 zhang M s 98.5>:
1211101 张志 M s 95
2061602 冯红 F t 教授

编号	姓名	性别	职业	成绩|职称
1211101	张志	M	s	95.00
2061602	冯红	F	t	教授

程序分析:

(1) 在 main 函数之前定义了外部的结构体数组 person,在结构体声明中包括了共用体,category(分类)是结构体中一个成员名,在这个共用体中成员为 score 和 position,前者为浮点型(存放"成绩"值),后者为字符数组(存放"职务"值)。当然,也可以把共用体定义在结构体之前,即

```
union Category
{ float score;                  //成绩
  char position[10];            //职称
};
struct
```

```
{
    int num;                            //编号或学号
    char name[10];                      //姓名
    char sex;                           //性别
    char job;                           //职业,输入值为's'或't'
    union Category categ;               //成员 categ 是共用体 union Category 类型的数据
}person[N];
```

（2）在输入语句中,先输入前 4 项的值,因为前 4 项是存储在各自的存储单元中;之后根据 job 的值来输入教师或学生第 5 项的值。scanf 函数中的格式符之间用空格符,运行时输入各数据时也是空格符隔开各数据。

（3）输出形式与输出相似,输出时结合转义字符"\t"及附加字符,使得输出的数据整齐。

（4）本例子的程序编写比较简单,可以进行改进,如使用输入函数完成输入,使用输出函数完成输出,然后在主函数中调用输入函数和输出函数,函数的参数用结构体。

（5）通过此例可以看到,根据题目情况,善于利用共用体,将使程序的功能变得更加丰富灵活。

10.4 枚 举 类 型

从前面所学的数据类型知道,数据类型往往决定了两个问题:一是数据的取值范围;二是该类型的数据能够进行的操作。本节介绍另一种数据类型——枚举类型。

枚举类型是 ANSI C 新标准所增加的。所谓枚举是指将变量的值一一列举出来,变量的值只限于列举出来的值的范围内。枚举类型的应用情况主要是:当一个变量只有几种可能的值时,定义为枚举类型。实际上,枚举类型数据本身只是整型数据的一个缩写。

10.4.1 枚举类型的定义

枚举类型定义基本上同结构体和共用体的定义相同,它的一般形式如下:

```
enum 枚举类型名
{ 枚举常量 1 = [序号 1],
  枚举常量 2 = [序号 2],
  …
  枚举常量 n = [序号 n]
};
```

其中:

（1）enum 是关键字,表示定义的是枚举类型。

（2）花括号内列出的所有可用值,这些值也称枚举元素或简称枚举值。

（3）枚举常量是一种符号常量,要符合标识符的命名规则。

（4）序号是枚举常量所对应的整数值,可以省略,当省略掉序号时,则从第一个枚举常量开始,依次赋序号 0,1,2……。但当枚举中的某个元素被赋值后,其后的元素按依次加 1 的规则确定其值。

（5）枚举常量之间由",”间隔,而不是用";”,最后一个枚举元素的后面无",”。

例如,星期一至星期日这 7 天可以用枚举类型表示,可定义为:

enum Weekday{sun,mon,tue,wed,thu,fri,sat};

说明:该枚举类型名为 Weekday,枚举值共有 7 个,凡被说明为 Weekday 类型变量的取值只能是这 7 个值中的某一个。由于省略了序号,系统默认从 0 开始连续排序,即:sun 对应 0,mon 对应 1,…,sat 对应 6。

10.4.2 枚举类型变量的定义和使用

1. 枚举变量的定义

如同结构体和共用体一样,枚举变量也可用不同的方式定义,一般有以下 3 种方式:

(1) 间接定义——先定义枚举类型,再定义枚举变量。

其一般形式如下:

enum 枚举类型名
{ … };
enum 枚举类型名 变量名 1,变量名 2,…,变量名 n;

例如:

enum Weekday{sun,mon,tue,wed,thu,fri,sat};
enum Weekday today,workday,restday;

作用:定义了 3 个枚举型变量 today,workday,restday。

(2) 在定义枚举类型的同时定义枚举变量。

这种方式在定义枚举类型的同时紧接着定义该类型的变量,即枚举类型的定义和枚举变量的定义合并进行。其一般形式如下所示:

enum 枚举类型名
{…}变量名 1,变量名 2,…,变量名 n;

例如:

enum Weekday{sun,mon,tue,wed,thu,fri,sat} today,workday,restday;

作用:定义了 3 个枚举型变量 today,workday,restday。

(3) 定义无名枚举类型的同时定义枚举变量。

这种形式的一般形式如下:

enum {…}变量名 1,变量名 2,…,变量名 n;

例如:

enum {sun,mon,tue,wed,thu,fri,sat} today,workday,restday;

作用:定义了 3 个枚举型变量 today,workday,restday。但此方式只能在定义类型的同时定义变量,由于没有类型名,因此不能用此枚举类型去定义其他变量,也就是无法重复使用。此方式用得不多。

2. 枚举变量的使用

定义了枚举变量后就可以使用,枚举变量的使用主要有引用、赋值、输出等,因枚举类型的特殊性,所以在使用方面有差别,在使用过程中要特别注意。

(1) 枚举变量的引用、赋值。

由于枚举元素是整数,因此枚举变量实质上就是整型变量,只是它的值是由代表整数的符号表示。

在定义枚举类型时,可以给枚举常量赋初值,具体方法是在枚举常量后面写上"＝整型常量"。例如,下面是一个表示三基色的枚举类型:

```
enum Color {red = 2,green = 4,blue = 6};
```

如此赋值后,枚举元素 red 的值是 2,green 的值是 4,blue 的值是 6。

在给枚举常量赋初值时,如果有枚举元素改变序号,则序号从被改变位置开始连续递增。例如,把前面的枚举类型改为下面的形式:

```
enum Weekday{sun,mon = 6,tue,wed,thu = 15,fri,sat};
```

则 7 个枚举元素的序号依次是:0、6、7、8、15、16、17。

(2) 枚举变量的输出。

枚举元素的序号值可以输出。例如前面的 restday 枚举变量,经过赋值语句"restday＝sat;"后,restday 的值为 6,这个值可以输出,执行的语句是"printf("%d",restday);",运行结果是整数 6。

10.4.3　枚举类型数据的特点

枚举类型因其定义的特殊性,在使用时应注意以下特点:

(1) 枚举元素不是字符常量也不是字符串常量,使用时不要加单、双引号。

(2) 不能对枚举元素赋值,因为枚举元素是常量。例如:"sum＝3;fri＝6;"是错误的。

(3) 枚举值可以用来做判断比较。例如:

```
if(workday == mon) …
if(workday > sun) …
```

枚举值的比较规则是按其在定义时的顺序号比较。如果定义时未人为指定,则第一个枚举元素的值认作 0。故 mon>sun,sat>fri。

(4) 一个整数不能直接赋给一个枚举变量。如"workday＝2;"是不正确的。它们属于不同的类型。应先进行强制类型转换才能赋值。如"workday＝(enumWeekday)2;",它相当于将顺序号为 2 的枚举元素赋给 workday,相当于"workday＝tue;"。

该整数也可以是表达式。如"workday＝(enum Weekday)(5−3);"。

(5) 枚举常量不是字符串,不能用字符串的格式输出。

10.4.4　枚举类型举例

下面通过实例来掌握枚举类型数据的应用。

【例 10.14】　口袋中有红、黄、蓝、白、黑 5 种颜色的球若干个。每次从口袋中先后取出 3 个球,问得到 3 种不同颜色的球的可能取法,输出每种排列的情况。

解题思路：

每次取出的球只能是 5 种颜色之一，而且要求不能相同颜色，因此用枚举类型变量处理，定义的枚举类型为 enum Color{red,yellow,blue,white,black}。根据题意，要解决以下问题：

(1) 3 次取出的球的颜色不相同，要使用三重循环。设 i、j、k 分别代表 3 次取出的球的颜色，要保证取出不同的球，判断条件是 i≠j,k≠i,k≠j。

(2) 需要列出全部排列，采用穷举法，把每一种组合进行检验，符合条件的就输出相应的 i、j、k。

(3) 要统计总的排列数，用计数器 n 进行累计。

综合以上 3 点，问题的具体描述为：n 的初值为 0，第一重循环是使取出的第 1 个球的颜色 i 从 red 变化到 black，第二重循环是使取出的第 2 个球的颜色 j 从 red 变化到 black。如果两次取球颜色不同，即 i≠j，进行第三重循环，此时取出来的第 3 个球的颜色 k 有 5 种可能(从 red 变化到 black)，但由于 k 的值不能跟 i、j 相同，即 k≠i,k≠j。符合以上条件的 3 个球就是一种排列。之后 n 累加 1。重复判断，直到第一重循环执行完毕。最后输出 n 值。具体算法如图 10.15(a)所示。

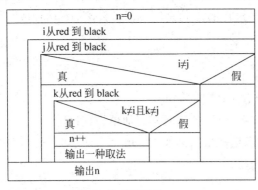

loop从1到3		
loop的取值		
1	2	3
pri=i	pri=j	pri=k
pri的取值		
red	yellow	blue	white	black
输出"红"	输出"黄"	输出"蓝"	输出"白"	输出"黑"

(a) 总流程图   (b) 输出排列流程图

图 10.15　取出 3 种不同颜色球的流程图

(4) 如何输出每一种排列呢？也就是如何输出 red、black 等颜色呢？在此采用 switch 语句，因为每次取球有 5 种可能，因此设计 5 个 case 语句，分别是输出五种颜色。输出时不能用"printf("%s",red);"来输出红色，因为 red 是枚举值，不能当作字符串。其流程图如图 10.15(b)所示。

编写程序：

```
# include < stdio.h>
int main()
{   enum Color {red,yellow,blue,white,black};        //定义 5 种颜色的枚举类型
    enum Color i,j,k,pri;                            //定义枚举变量
    int n,loop;
    n = 0;                                           //定义计数器 n
    for(i = red; i <= black; i++)
      for(j = red; j <= black; j++)
        if(i!= j)                                    //如果第 1 次和第 2 次取出的球不同颜色
```

```
        { for(k = red;k < = black;k++)
          if((k!= i)&&(k!= j))                    //如果第 3 次取出的球不同于前 2 次
        { n = n + 1;                              //符合要求,n 加 1
            printf(" % 2d: ",n);
            for(loop = 1;loop < = 3;loop++)       //依次对 3 个球进行处理
            { switch(loop)
                {case 1:pri = i; break;           //loop = 1 时,把第 1 个球的颜色赋给 pri
                 case 2:pri = j; break;           //把第 2 个球的颜色赋给 pri
                 case 3:pri = k; break;           //把第 3 个球的颜色赋给 pri
                 default:break;
                }
             switch(pri)                          //根据球的颜色输出相应的文字信息
                {case red:printf(" % - 5s","红");break;
                 case yellow:printf(" % - 5s","黄");break;
                 case blue:printf(" % - 5s","蓝");break;
                 case white:printf(" % - 5s","白");break;
                 case black:printf(" % - 5s","黑");break;
                 default:break;
                }
            }
            printf("\n");                         //输出一组取法就换行
        }
    }
  printf("\n 一共有 % 3d 种取法。\n",n);          //最后输出取法的总数 n
  return 0;
}
```

部分运行结果:

```
1: 红黄蓝
2: 红黄白
3: 红黄黑
4: 红蓝黄
5: 红蓝白
6: 红蓝黑

55: 黑蓝红
56: 黑蓝黄
57: 黑蓝白
58: 黑白红
59: 黑白黄
60: 黑白蓝

一共有 60 种取法。
```

10.5 用 **typedef** 重定义数据类型名

在 C 语言中,信息被抽象为 int、float 和 double 等基本数据类型。从基本数据类型名称上,不能够看出其所代表的物理属性,并且 int、float 和 double 为系统关键字,不可以修改。为了解决用户自定义数据类型名称的需求,明确定义意义,增强可读性,增强移植性,C 语言

结构体、共用体和枚举类型

中引入类型重定义符 typedef。typedef 可以为数据类型定义新的类型名称,从而丰富数据类型所包含的属性信息。

10.5.1　typedef 概述

typedef 定义的一般形式如下:

typedef 原类型名　新类型名

其中,原类型名是 C 语言能识别的类型名,新类型名是一个合法的标识符,一般用大写表示,以便于区别。

例如,有整型量 a,b,其说明为"int a,b;",其中 int 是整型变量的类型说明符。int 的完整写法为 integer,为了增加程序的可读性,可把整型说明符用 typedef 定义为:

typedef int INTEGER;

在之后的程序中,凡是用整型数据的,就可用 INTEGER 来代替 int 作整型变量的类型说明。例如"INTEGER a,b;"等效于"int a,b;"。

在使用 typedef 时,应当注意如下问题:

(1) typedef 的目的是为已知数据类型增加一个新的名称,因此并没有引入新的数据类型。

(2) typedef 只适合类型名称定义,不适合变量的定义。

(3) typedef 与 ♯ define 具有相似之处,但是实质不同,它们的区别在 10.5.3 节详细介绍。

10.5.2　typedef 的典型用法

typedef 的主要应用有如下几种形式:

1. 为基本数据类型定义新的类型名

例如:

typedef unsigned int COUNT;
typedef double AREA;

此种应用的主要目的,首先是丰富数据类型中包含的属性信息,其次是为了系统移植的需要,稍后详细描述。

2. 简化数组定义的类型名称

例如,定义 4 个长度为 10 的整型数组,为"int a[10],b[10],c[10],d[10];",在 C 语言中,可以将长度为 10 的整型数组看作一个新的数据类型,再利用 typedef 为其重定义一个新的名称,这样更加简洁。用此种形式定义此种类型的变量,具体的处理方式如下:

typedef int INT_ARRAY_10[10];
typedef int INT_ARRAY_20[20];
INT_ARRAY_10 a,b,c,d;
INT_ARRAY_20 e;

其中,INT_ARRAY_10 和 INT_ARRAY_20 为新的类型名,10 和 20 为数组的长度。a、b、

c、d 均是长度为 10 的整型数组，e 是长度为 20 的整型数组。

3. 简化自定义数据类型名称

在定义结构体、共用体和枚举类型过程中，可以进行简化。例如，定义 3 个坐标值的结构体为：

```
struct Point                              //定义坐标值
{double x,y,z;};
struct Point oPoint1 = {100,100,0};
struct Point oPoint2;
```

其中，结构体 struct Point 为新的数据类型，在定义变量的时候均要有保留关键字 struct，而不能像整型和双精度型那样直接使用 Point 来定义变量。在此用 typedef 重新定义，进行如下修改：

```
typedef struct tagPoint
{double x,y,z;}POINT;
```

或者定义为：

```
typedef struct                            //不指定结构体名
{double x,y,z;}POINT;
```

定义相应变量的方法可以简化为：

```
POINT oPoint;                             //定义普通变量 oPoint
POINT * p;                                //定义结构体指针变量 p
POINT pp[10];                             //定义结构体数组 pp
```

4. 为指针定义新名称

（1）为数据指针定义新的名称。例如：

```
typedef char * STRING;
STRING csName = {"Jhon"};
```

（2）为函数指针定义新的名称。例如：

```
typedef int ( * MYFUN)(int a,int b);
MYFUN * pMyFun;
```

10.5.3 typedef 与 ♯define 的区别

在编写程序过程中，有时可用 ♯define 宏定义来代替 typedef 的功能。例如：

```
typedef int COUNT;
♯define COUNT int
```

这两种情况在定义 int 型变量时，都可用 COUNT 来代替，但是两者还是有区别的。区别归纳如下：

1. 执行时间不同

typedef 在编译阶段有效，由于是在编译阶段，因此 typedef 有类型检查的功能。
♯define 只是宏定义，发生在预处理阶段，它只是进行简单的字符串替换，而不进行任

何检查,不管是否正确照样替换,只有在编译已被展开的源程序时才会发现可能的错误并报错。例如:

```
#define PI 3.1415926
```

程序中的 area＝PI＊r＊r 会替换为 3.1415926＊r＊r。

如果把#define 语句中的数字 9 写成字母 g 预处理也照样替换。

2. 功能不同

typedef 用来定义类型的别名,如前面介绍的知识,另外,它还可以定义与机器无关的类型,例如,可以定义一个叫 REAL 的浮点类型:"typedef long double REAL;"。

#define 不只是可以为类型取别名,还可以定义常量、变量、编译开关等。

3. 作用域不同

#define 没有作用域的限制,只要是之前预定义过的宏,在之后的程序中都可以使用。而 typedef 有自己的作用域。例如:

```
void   fun()
  {  #define   A   int
  }
void   gun()
  {
    …//在 fun 函数预定义 A,这里也可以使用 A,因为宏替换没有作用域
    …//但如果把 fun 函数的#define 换成 typedef 去定义,那这里就不能用 A
  }
```

4. 对指针的操作不同

二者修饰指针类型时,作用不同。例如:

```
typedef int ＊ pint;
#define PINT int ＊
```

则

```
const pint p;     //p 不可更改,p 指向的内容可以更改,相当于"int ＊ const p;"
const PINT p;     //p 可以更改,p 指向的内容不能更改,相当于"const int ＊ p;"或"int const ＊ p;"
pint s1, s2;      //s1 和 s2 都是 int 型指针;
PINT s3, s4;      //相当于 int ＊ s3,s4;只有一个是指针
```

10.6　本章小结

本章介绍了结构体、共用体、枚举类型以及用 typedef 重定义类型的知识,具体包括如下方面:

(1)结构体名和结构体变量是两个不同的概念。结构体名只能表示一种数据类型的结构,编译系统并不对其分配内存空间。结构体变量的定义有 3 种方法:①间接定义——先定义结构体,再定义结构体变量;②在定义结构体的同时定义结构体变量;③直接定义结构体变量而不指定类型名。在程序中先定义结构体,再定义结构体变量。

(2)结构体变量的使用。主要是通过结构体变量成员的操作来实现的,主要有结构体

变量的引用、初始化、赋值、输入和输出及应用这些操作来解决现实中的复杂问题。对结构体变量的使用是通过对其成员的引用来实现的，一般使用运算符"."来访问成员，如果定义了指向结构体变量的指针，访问成员方法常用有两种：一种是"一>"运算符，另一种是"＊"运算符。

(3) 结构体数组。结构体数组的定义、结构体数组元素的引用与普通数组相似，只不过其每个元素的数据类型是结构体，对结构体数组的访问要访问到成员一级。

(4) 结构体指针。结构体指针是一个指针变量，用来指向一个结构体变量或结构体数组。当然，结构体成员也可以是指针类型的变量。

(5) 单链表的应用。单链表是一种重要的数据结构，它有数据域和指针域，特点是每个节点之间可以是不连续，节点之间的联系通过指针实现，操作主要有链表的建立、查找、插入、删除和输出。应用于管理和动态分配存储空间，特别是不确定目标的数量时应用更广。

(6) 共用体是把不同类型的变量放在同一存储区域内，其变量的长度等于占用最大存储空间的成员的字节数。

(7) 枚举类型就是把所有可能的取值列举出来，被声明为该枚举类型的变量取值不能超过定义的范围。

(8) 用 typedef 重新定义新的数据类型名称，而不是定义新的数据类型，其作用是增强程序的可读性。

习　题　10

一、单项选择题

1. 设有如下定义：

```
struct Date
{ int year;
  int month;
  int day;
};
struct Teacher
{  char name[20];
   char sex;
   struct Date birthday;
}person;
```

对结构体变量 person 的出生年份进行赋值时，下面的赋值语句正确的是（　　　）。

    A. year＝1975;　　　　　　　　　　B. birthday.year＝1975;

    C. person.birthday.year＝1975;　　　　D. person.year＝1975;

2. 若有下面的定义：

```
struct Test
{ int s1;
  float s2;
  char s3;
  union uu
```

```
  { char u1[10];
    int u2[2];
  }ua;
}stu;
```

则 sizeof(struct Test)的值是(　　)。

　　A. 19　　　　　　　　B. 17　　　　　　　　C. 14　　　　　　　　D. 27

3. 假设有如下定义：

```
struct Doctor
{ int age;
  float salary;
}data;
int * p;
```

若要使 p 指向 data 中的 a 成员,正确的赋值语句是(　　)。

　　A. p=&a;　　　　　　　　　　　　B. p=&data. a;

　　C. p=data. a;　　　　　　　　　　D. * p=data. a;

4. 正确的 k 值是(　　)。

```
enum {a,b = 8,c,d = 9,e} k;
```

　　A. 10　　　　　　　　B. 9　　　　　　　　C. 5　　　　　　　　D. 11

5. 以下各选项要说明一种新的类型名,其中正确的是(　　)。

　　A. typedef　int i1;　　　　　　　　B. typedef　int=i2;

　　C. typedef　i1　int　i3;　　　　　　D. typedef　i4;

二、写出以下程序的运行结果

1. 程序如下：

```
#include<stdio.h>
#include<string.h>
#include<stdlib.h>
struct Student
{ int no;
  char * name;
  int score;
};
int main()
{ struct Student st1 = {1,"Mary",90},st2;
  st2.no = 2;
  st2.name = (char * ) malloc(sizeof(10));
  strcpy(st2.name,"Mike");
  st2.score = 95;
  printf(" % s\n",(st1.score > st2.score?st1.name:st2.name));
  return 0;
}
```

2. 程序如下：

```
#include<stdio.h>
```

```
int main()
{
    struct Student
    {   char name[10];
        float score1,score2;
    }stu[2] = {{"zhang",95,90},{"wu",90,88}}, * p = stu;
    int i;
    printf("name: % 6s, total = % .2f\n",p->name,p->score1 + p->score2);
    printf("name: % 6s, total = % .2f\n",stu[1].name,stu[1].score1 + stu[1].score2);
    return 0;
}
```

三、程序设计题

1. 利用结构体类型编写一个程序,根据输入的日期(包括年、月、日),计算出该天在本年中是第几天。

2. 编写程序,在屏幕上模拟显示一个数字式电子时钟。

3. 编写程序,用于计算某个不同尺寸不同材料的长方体箱子的造价,要求输入其尺寸及其材料单位面积价格(如每平方米多少钱),计算该箱子造价并输出相关信息。要求用指针作为函数参数来完成。

4. 编写程序,计算某个班学生 C 语言课程的成绩并统计一些信息。为方便输入信息,假设有 3 个学生,小数位数字保留一位。具体实现功能如下:

① 学生数据包括学号(int)、姓名(char)、平时成绩(float)、实验成绩(float)、期末成绩(float)和总评(float)共 6 项,现输入 3 个学生前 5 项数据;

② 根据公式:总评=平时成绩 * 10%+实验成绩 * 30%+期末成绩 * 60%,计算学生的总评成绩;

③ 输出学生成绩;

④ 根据总评计算本课程的平均分(float),输出平均分及高于平均分的学生的信息;

⑤ 按各分数段统计相应人数并输出,分数段为:0~59.9、60~69.9、70~79.9、80~89.9、90 分以上。

5. 编写程序,用链表实现某个班学生成绩的管理,包括成绩表的建立、查找、插入、删除、输出 5 个基本操作。假设成绩表只含学号和成绩两项,当输入学号为"0"时,结束建立、查找、插入、删除各操作。各操作均用函数完成,内容要求如下:

① 建立单链表,完成成绩表的建立;

② 按学号查找该生信息;

③ 插入一个节点;

④ 删除一个节点;

⑤ 输出链表内容;

⑥ 在主函数中指定需要查找、插入和删除的学号。

其他扩展要求:①可在主函数中实现查找、插入、删除多个节点;②可在主函数中实现简易菜单操作。

6. 某服装厂的衣服清单如表 10.4 所示。若衣服是本厂生产的,则"衣服来源"用本厂生产车间代码(整型)表示;若衣服不是本厂生产的,则"衣服来源"用来源单位(字符数组)

结构体、共用体和枚举类型

填写。要求输入、输出衣服清单的数据（假设只有两类衣服）。

表 10.4　某服装厂的衣服清单

衣 服 编 号	衣 服 名 称	本 厂 生 产	衣 服 来 源
N001	CH-简竹	Y	5
N567	AU-flo	N	A-company

7. 定义一个枚举类型 cattle（牛），其有 3 个枚举值：bull（公牛）、cow（奶牛）、calf（牛犊），定义一个枚举变量，通过循环分别输出枚举值对应的是什么牛。

第11章　位　运　算

本章重点：各种位运算的灵活应用。

本章难点：各种位运算的灵活应用。

C语言之所以具有广泛的用途，就在于它具有高级语言的特点，又具有低级语言的功能，而C语言提供的位运算能完成对计算机的二进制位的运算，是C语言的重要特色，因此，与其他高级语言对比，它具有明显的优越性。

所谓位运算是指进行二进制位的运算。在系统软件中，常常需要处理二进制位的问题，如计算机检测和控制领域中的应用，所以读者在弄清字节、位、原码、反码和补码等基本概念的基础上，掌握各个运算符的运算规则，这样才能真正掌握和使用好C语言。

11.1　位运算概述

计算机系统的内存是由许多被称为字节的单元组成。每个字节都有一个地址，一个字节由8位二进制组成，其中最右边的称为最低有效位，最左边的称为最高有效位，每个二进制数的值是0或1。

计算机系统中数据编码有原码、反码和补码3种形式。

原码就是将最高位作为符号位，其余各位代表数值本身的绝对值。

正数的反码与原码相同；负数的反码符号位为1，其余各位是对原码取反。

补码的编码是：正数的补码和反码相同；负数的补码是保持最高位为1，其余各位是原码相应位取反，之后对整个数加1。

位运算不同于之前所学习的二进制数的逻辑运算，它是另一种类型的运算，要注意区别。

11.2　位　运　算　符

C语言提供了6种位操作运算符，如表11.1所示。

表11.1　位运算符及其含义

运　算　符	含　　义	优　先　级
～	取反	1
<<	左移	2
>>	右移	2(同级)
&	按位与	3
^	按位异或	4
|	按位或	5

位运算符的优先级中,取反运算符最高,它比算术运算符、关系运算符、逻辑运算符等都高。

位运算符结合"="运算符可以组成复合的赋值运算符,上述 6 种位运算符有 5 种扩展运算符,如表 11.2 所示。

表 11.2　复合赋值位运算符及其含义

运　算　符	表达式例子	等价的表达式例子
<<=	a<<=5	a=a<<5
>>=	b>>=n	b=b>>n
&=	a&=b	a=a&b
^=	a^=b	a=a^b
|=	a|=b	a=a|b

说明:

(1) 位运算符中除"~"外,均为双目运算符。

(2) 位运算符的操作数只能用于整型或字符型的数据,不能是浮点型数据。

(3) 除"~"外,其他位运算符的结合方向都是从左到右。

下面对各种位运算符分别介绍。

11.2.1　取反运算

取反运算"~"也称位非运算符,是位运算中唯一的单目运算符,运算操作数置于运算符的右边,其一般形式如下:

~操作数

功能:把运算操作数逐位取反,即每一位上的 0 变为 1,1 变为 0。

例如,表达式"~0X407",将十六进制 407 按位取反,运算时把数转换为二进制来计算。下面是该表达式的运算过程:

$$
\begin{array}{r}
00000100\ 00000111 \\
\sim \underline{\qquad\qquad\qquad} \\
11111011\ 11111000
\end{array}
$$

11.2.2　左移运算

左移运算"<<"是双目运算符。其一般形式如下:

操作数 1<<操作数 2

功能:是把"<<"左边的操作数 1 的二进制位全部左移操作数 2。在左移过程中,高位丢弃,低位补 0。

例如:

```
int a = 5,b;
b = a<<2;
```

表示将 a 左移 2 位。为简单描述，用 8 位二进制数表示十进制数 5（用 16 位或 32 位二进制数表示，结果是一样的），其运算过程如下：

$$a: \qquad 00000101(a=5)$$

$$a \ll 2: \underline{\qquad\qquad\qquad\qquad\qquad}$$

$$b: \qquad \underline{00}|000101\underline{00}(b=5*2^2=20)$$

$$\qquad\qquad\quad \uparrow \qquad\qquad \uparrow$$

$$\qquad\quad 溢出舍弃\quad 右补0$$

由上例可知，左移前 a＝5，a≪2 后，结果是 20，相当于原数乘以 4，也就是乘以 2^2。因此，进行≪运算时，若左移时高位舍弃中不包含 1 时，则每左移一位，相当于操作数 1 乘以 2，左移 n 位，相当于乘以 2^n。在某些情况下，可以用左移来代替乘法运算，以加快运算速度。但是，若左移时高位舍弃中包含 1 时，则这一特性不适用。例如：

```
int a = 65,b;
b = a << 2;
```

其运算过程如下：

$$a: \qquad 01000001(a=65)$$

$$a \ll 2: \underline{\qquad\qquad\qquad\qquad\qquad}$$

$$b: \qquad \underline{01}|000001\underline{00}(b=4)$$

$$\qquad\qquad\quad \uparrow \qquad\qquad \uparrow$$

$$\qquad\quad 溢出舍弃\quad 右补0$$

因为高位的 1 被移出去后进行舍弃，从而使 b 的值变为 4，但是 a 的值不变。

说明：

（1）左移运算时要注意溢出问题。

（2）操作数为带符号的数时，移动后可能使该数的符号位发生变化。

（3）左移比乘法运算快得多，有些 C 编译程序自动将乘 2 的运算用左移一位来实现，将乘 2^n 的幂运算处理为左移 n 位来实现。

11.2.3 右移运算

右移运算"≫"是双目运算符，其一般形式如下：

```
操作数 1>>操作数 2
```

功能：是把"≫"左边的操作数 1 的二进制位全部右移操作数 2。与左移不同的是，在右移过程中，低位丢弃，高位分两种情况：对于无符号整数和正整数，高位补 0；对于有符号的数，如果原来符号位为 0（说明该数为正数），则高位补 0，如果符号位为 1（说明该数为负数），则高位补 0 还是 1，要取决于所用的计算机系统，有的系统补 0，称为"逻辑右移"，即简单右移，不考虑数的符号问题，有的系统补 1，称为"算术右移"，保持原有的符号。

例如：

```
int a1 = 5,a2 = - 12,b1,b2;
b1 = a1 >> 2;
b2 = a2 >> 2;
```

表示将 a1、a2 左移 2 位,其运算过程如下:

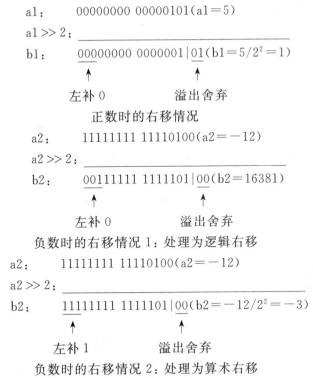

$$a1: \quad 00000000\ 00000101(a1=5)$$

$$a1 \gg 2:$$

$$b1: \quad 00000000\ 0000001|01(b1=5/2^2=1)$$

左补 0 　　　　　 溢出舍弃

正数时的右移情况

$$a2: \quad 11111111\ 11110100(a2=-12)$$

$$a2 \gg 2:$$

$$b2: \quad 00111111\ 1111101|00(b2=16381)$$

左补 0 　　　　　 溢出舍弃

负数时的右移情况 1:处理为逻辑右移

$$a2: \quad 11111111\ 11110100(a2=-12)$$

$$a2 \gg 2:$$

$$b2: \quad 11111111\ 1111101|00(b2=-12/2^2=-3)$$

左补 1 　　　　　 溢出舍弃

负数时的右移情况 2:处理为算术右移

Visual C++ 和其他一些 C 编译采用的是算术右移,即对有符号数右移时,如果高位符号位为 1,则高位还是 1。

由上例可知,右移前 $a=5$,$a \gg 2$ 后,结果是 1,相当于原数除以 4,也就是除以 2^2。因此,进行"$\gg$"运算时,若右移时高位舍弃中不包含 1 时,则每右移一位,相当于操作数 1 除以 2,右移 n 位,相当于除以 2^n。在某些情况下,可以用右移来代替除法运算,以加快运算速度。

说明:

(1) 右移运算时要注意溢出问题。

(2) 操作数为带符号的数时,要注意高位补 1 还是补 0。

(3) 右移比除法运算快得多,有些 C 编译程序自动将除 2 的运算用右移一位来实现,将除 2^n 处理为右移 n 位来实现。

11.2.4　按位与运算

按位与运算"&"是双目运算符,其一般形式如下:

操作数 1& 操作数 2

功能:参加运算的两个操作数,按二进制位进行"与"运算。如果两个相应的二进制位都为 1,则该位的结果值为 1;否则为 0。即 0&0=0,0&1=0,1&0=0,1&1=1。

例如:

```
int a = 9,b = 10,c;
```

```
c = a&b;
```

其运算过程如下：

$$a：\qquad 00001001（9 的二进制）$$
$$b：\qquad 00001010（10 的二进制）$$
$$c＝a\&b：00001000（二进制 1000 等于 8）$$

因此，c＝a&b＝9&10＝8。如果"&"运算的两个操作数是负数，如"－9&－10"，则以补码形式表示为二进制，然后按位进行"&"运算。

说明：要注意"&&"（逻辑与运算符）与"&"的区别，如 9&&10 的值为 1，因为非 0 的数值按"真"处理，所以结果是"真"，用 1 表示；而 9&10 是按位与，结果是 8。

按位与有以下 3 种用途：

（1）清零。若想对一个存储单元清零，即使其全部二进制位为 0，只要找一个二进制数，其中各个位符合以下条件：原来的数中为 1 的位，新数中相应位为 0；原来的数中为 0 的位，新数中相应位可为 0 或 1。然后使二者进行"&"运算，即可达到清零目的。

例如，要把 50（二进制为 00110010）这个数清零，另找一个符合条件的数，如设另一个数为 128，即二进制为 10000000，将两者按位与运算，其运算过程如下：

$$\begin{array}{r} 00110010 \\ \&\ 10000000 \\ \hline 00000000 \end{array}$$

（2）保留数中某个（些）指定位。若要保留一个数的某个或某些位，只需要找另一个数，把这些位的数置为 1，其余各位均为 0，然后使二者进行"&"运算。

例如，要保留 50（二进制为 00110010）这个数的第 5、6、7 位，则找一个数，第 5、6、7 位置为 1，其余各位均为 0，这个数为 112，即二进制为 01110000，将两者按位与运算，其运算过程如下：

$$\begin{array}{r} 00110010 \\ \&\ 01110000 \\ \hline 00110000 \end{array}$$

（3）取数中某些指定位。若要取一个数（为方便描述，以两个字节表示）的低字节位，只需将这个数与 255（二进制为 0000000011111111）进行"&"运算；若要取该数的高字节位，只需将这个数与 65280（二进制为 1111111100000000）进行"&"运算。

例如，要取 10407（二进制为 0010100010100111）这个数的低位，将其与 255 按位与运算，其运算过程如下：

$$\begin{array}{r} 00101000\ 10100111 \\ \&\ 00000000\ 11111111 \\ \hline 00000000\ 10100111 \end{array}$$

要取 10407（二进制为 0010100010100111）这个数的高位，将其与 65280 按位与运算，其运算过程如下：

$$\begin{array}{r} 00101000\ 10100111 \\ \&\ 11111111\ 00000000 \\ \hline 00101000\ 00000000 \end{array}$$

11.2.5 按位异或运算

按位异或运算"^"也称 XOR 运算符,是双目运算符,其一般形式如下:

操作数 1^操作数 2

功能:参加运算的两个操作数各对应的二进制位相异或。如果两个相应的二进制位相同,异或后的结果值为 0;否则为 1。即 $0\^0=0, 0\^1=1, 1\^0=1, 1\^1=0$。

例如:

```
int a = 9, b = 10, c;
c = a ^ b;
```

其运算过程如下:

```
a:        00001001(9 的二进制)
b:        00001010(10 的二进制)
c=a^b:00000011(二进制 0011 等于 3)
```

按位异或运算有以下 3 种用途:

(1) 使特定位翻转。要使某位的数翻转,只要使其和 1 进行异或处理。例如,设 a=100(二进制为 01100100),想使其低 4 位翻转,可以将它与 00001111 进行异或运算,其运算过程如下:

```
a:      01100100(100 的二进制)
^15:    00001111(15 的二进制)
a^15:01101011(二进制 01101011 等于 107)
```

运算结果的低 4 位正好是原数低 4 位的翻转。

(2) 与 0 相"异或",保留原值。要保留原数,只要使其和 0 进行异或处理。例如,设 a=100(二进制为 01100100),想保留 100 这个值,可以将它与 00000000 进行异或运算,其运算过程如下:

```
a:      01100100(100 的二进制)
^0:     00000000(0 的二进制)
a^0:01100100(二进制 01100100 等于 100)
```

综合(1)、(2),需要翻转哪些位数,只需将这些位数分别和 1 异或;需要保留哪些位数,只需将这些位数分别和 0 异或。例如,设 a=100(二进制为 01100100),欲把高 4 位翻转,保留低 4 位,可以将它与 11110000 进行异或运算,其运算过程如下:

```
a:      01100100(100 的二进制)
^240:   11110000(240 的二进制)
a^240:10010100(二进制 10010100 等于 148)
```

运算结果的高 4 位是原数的翻转,低 4 位不变。

(3) 用于交换两个数。例如,设 a=5,b=10,现要把 a 和 b 交换,可通过以下语句实现:

```
a = a ^ b;
b = b ^ a;
a = a ^ b;
```

其运算过程如下：

$$
\begin{array}{ll}
a\text{：} & 00000101\text{(5 的二进制)} \\
b\text{：} & 00001010\text{(10 的二进制)} \\
a＝a\,\hat{}\,b\text{：} & 00001111\text{(15 的二进制)} \\
b\text{：} & 00001010\text{(10 的二进制)} \\
b＝b\,\hat{}\,a\text{：} & 00000101\text{(5 的二进制)} \\
a\text{：} & 00001111\text{(15 的二进制)} \\
a＝a\,\hat{}\,b\text{：} & 00001010\text{(10 的二进制)}
\end{array}
$$

执行过程如下：

① 执行语句"a＝a^b;"和"b=b^a;",相当于 b=b^(a^b)=a^b^b=a^(b^b)=a^0=a,所以 b 的结果是 5。

② 执行第 3 个语句"a＝a^b;",赋值号右边的 a 和 b 分别为 a＝a^b,b=b^(a^b)=b^a^b,所以 a=(a^b)^(b^a^b)=a^b^b^a^b=a^a^b^b^b=b,最终 a 的结果是 10。

11.2.6　按位或运算

按位或运算"|"是双目运算符,其一般形式如下：

操作数 1|操作数 2

功能：参加运算的两个操作数,按二进制位进行"或"运算。两个相应的二进制位中只要有一个为 1,则该位的结果值为 1;否则为 0。即 0|0＝0,0|1＝1,1|0＝1,1|1＝1。

例如：

```
int a = 9, b = 10, c;
c = a | b;
```

其运算过程如下：

$$
\begin{array}{ll}
a\text{：} & 00001001\text{(9 的二进制)} \\
b\text{：} & 00001010\text{(10 的二进制)} \\
c＝a|b\text{：} & 00001011\text{(二进制 1011 等于 11)}
\end{array}
$$

利用按位或的特点,可以使一个数中的指定位置 1,其余位不变,即将要置 1 的位与 1进行或运算,保持不变的位与 0 进行或运算。例如,设 a 是一个整数,有表达式 a|255,则将低 8 位全置 1,高 8 位保留不变;若 a|15,则是置低 4 位为 1,其余位不变。

11.2.7　不同长度的数据进行位运算

如果参加运算的两个操作数的长度不同时,如 a 为 char 型,b 为 int 型,则编译器会将两个操作数按右端补齐 0 或 1。补齐的原则是：若 a 为正数,则会在左边补满 0;若 a 为负数,左边补满 1;若 a 为无符号整型,左边补满 0。

例如：程序段 1,a 为正数。

```
int main()
{ char a = 1;            //a 的二进制最低位为 1 个 1,其余为 0
   int b, c;
```

```
    b = 65535;              //b 的二进制为 16 个 1
    c = a&b;                //进行 & 运算时,a 的左边补全 0
    printf(" % d\n",c);     //结果是 1
    return 0;
}
```

程序段 2,a 为负数。

```
int main()
{ short int a = -1;         //a 的二进制为 16 个 1
  int b,c;
  b = 16777215;             //b 的二进制为 24 个 1
  c = a&b;                  //进行 & 运算时,a 的左边补全 1
  printf(" % d\n",c);       //结果是 16777215
  return 0;
}
```

程序段 3,a 为无符号整型。

```
int main()
{ unsigned short a = 1;     //a 的二进制最低位为 1 个 1,其余为 0
  int b,c;
  b = 16777215;             //b 的二进制为 24 个 1
  c = a&b;                  //进行 & 运算时,a 的左边补全 0
  printf(" % d\n",c);       //结果是 1
  return 0;
}
```

11.2.8 位运算举例

【例 11.1】 编写一个程序,实现下列功能:给出一个数的原码,得到该数的补码。要求用函数、位运算实现求补码。

解题思路:

根据补码的定义,一个正数的补码等于该数的原码,一个负数的补码等于该数的反码加1。现设一个数 a 为短整型(16 位),则步骤分为以下 3 步:

(1) 判断数 value 是正数还是负数。方法是:利用按位与运算的用途,保留最高位,使 $data = value \& -32\,768$。若 $data = 0$,则 a 为正数;否则,a 为负数。

(2) 若 value 为正数,则 $data = value$;若 value 为负数,则 $data = \sim value + 1 + (-32\,768)$。

(3) 返回 data。

编写程序:

```
# include < stdio. h>
short int complement(short int value)
{ short int data;
  data = value& - 32768;
  if(data == 0)
    data = value;                       //符号位为 0,则为正数
    else
      data = ~value + 1 + ( - 32768);   //符号位为非 0,则为负数,并且恢复符号位
```

```
        return data;
    }
int main()
{ short int a,b;
    printf("请输入一个正数: ");
    scanf(" % d",&a);
    printf("正数 % d 的补码是: % d\n",a,complement(a));
    printf("\n 请输入一个负数: ");
    scanf(" % d",&b);
    printf("负数 % d 的补码是: % d\n",b,complement(b));
    return 0;
}
```

运行结果:

```
请输入一个正数: 32767
正数 32767 的补码是: 32767

请输入一个负数: - 32767
负数 - 32767 的补码是: - 1
```

【例 11.2】 编写一个程序,实现下列功能: 给出一个数,判断该数的奇偶性。要求用函数、位运算实现判断。

解题思路:

根据奇偶数的二进制形式的特点,一个奇数的最低位是 1,一个偶数的最低位是 0,只要把该数与 1 进行按位与,若结果是 1,则为奇数,否则为偶数。

编写程序:

```
# include < stdio. h >
int parity(int value)
{
    if ((value&1) == 0) return 0;    //如果是 0,则为偶数,注意 & 的优先级比 == 低
    else   return 1;                 //如果是 1,则为奇数
}

int main()
{ int a;
    printf("请输入一个数: ");
    scanf(" % d",&a);
    printf("数 % d 是: % s\n",a,parity(a)?"奇数":"偶数");
    return 0;
}
```

运行结果:

```
请输入一个数: 100
数 100 是: 偶数
```

11.3 位 段

信息的存取一般以字节为单位。实际上,有时存储一个信息不必用一个或多个字节,例如,"真"或"假"用 0 或 1 表示,只需一位即可。在计算机用于过程控制、参数检测或数据通信领域时,控制信息往往只占一个字节中的一个或几个二进制位,常常在一个字节中放几个信息。

怎样向一个字节中的一个或几个二进制位赋值和改变它的值呢? 可以用以下两种方法:①可以人为地将一个整型变量分为几部分。但是用这种方法给一个字节中某几位赋值太麻烦。②位段。

C 语言的位段就是存储以上数据而提供的一种节省内存的方法。

1. 位段的概念和定义

在一个结构体中以"位"为单位来指定其成员所占内存长度,这种以"位"为单位的成员称为位段或称位域(bit field)。利用位段能够用较少的位数存储数据,或者说在一个字节中存放多个数据,例如逻辑变量。

位段结构体成员的一般形式如下:

数据类型成员名:整数

例如:

```
struct Student
{ int num;
  unsigned sex:1;
  unsigned age:7;
}stu;
```

结构体 Student 定义了 3 个成员,其中 sex 和 age 是位段成员,sex 占一个二进制位,它的值是 0 或 1,足以表示性别;age 占 7 个二进制位,它的取值范围是 0~127,表示年龄的变量也可以。两个成员一共占 8 位,只占一个字节,比两个成员各用 int 型节省空间。

2. 位段的引用

结构体变量的位段成员与其他类型的成员的引用是相同的,既可以通过结构体变量来引用,也可以通过指向结构体变量的指针来引用。

例如,前面定义的结构体类型变量 stu,对其位段成员的赋值语句可以为:

```
stu.sex = 1;
stu.age = 20;
```

要注意位段允许的最大值范围,如果把"stu.sex=1;"写成"stu.sex=2;"就错了,因为 stu.sex 只占一位,最大值为 1,赋值时超过了它的最大值范围,系统会自动取最低位数进行赋值。例如,2 的二进制数形式为 0010,而 stu.sex 只有 1 位,取 0010 的低 1 位,故 stu.sex 的值是 0。

说明:

(1) 位段成员的类型必须指定为 unsigned 或 int 类型,可以当作整数进行输入、输出和运算。

（2）可以定义无名位段，表示该空间不用。

（3）位段的长度不能大于存储单元的长度，也不能定义位段数组。

（4）位段只能作为结构体成员，不能作共用体的成员。

（5）位段没有地址，对位段不能进行取地址的"&"运算。

（6）位段可以在数值表达式中引用，它会被系统自动地转换成整型数。

（7）位段定义的第一个位段长度不能为0。

（8）若某一位段要从另一个字节开始存放，可用以下形式定义：

```
unsigned a: 2;
unsigned b: 3;                    //一个存储单元
unsigned: 0;
unsigned c: 3;                    //另一存储单元
```

a、b连续存放在一个存储单元中，由于c要从另一个字节开始存放，因此用了长度为0的位段，使c从下一个存储单元开始存放。

（9）一个位段必须存储在同一存储单元中，不能跨两个单元。如果第一个单元空间不能容纳下一个位段，则该空间不用，而从下一个单元起存放该位段。

11.4　本章小结

本章介绍了C语言中各种位运算符以及由这些运算符和相应操作构成的表达式的计算规则。位运算是进行二进制位的运算，在系统软件中常遇到要处理二进制位的问题，因此，熟练掌握各种位运算的功能、用途，对编写可读性强的程序有很大的帮助。不过，位运算只能用于整数类型的数据。

习　题　11

一、单项选择题

1. 若整型变量a的值为255，则表达式a&0的值是（　　）。

　　A. 510　　　　　　　B. 255　　　　　　　C. 1　　　　　　　D. 0

2. 在位运算中，操作数每右移一位，其结果相当于（　　）。

　　A. 操作数乘以2　　B. 操作数除以2　　C. 操作数除以4　　D. 操作数乘以4

3. 设有以下语句：

```
char x = 3, y = 6, z;
z = x ^ y << 2;
```

则z的二进制值是（　　）。

　　A. 00011011　　　　B. 00010100　　　　C. 00011100　　　　D. 00011000

4. 以下程序运行后的输出结果是（　　）。

```
int main()
```

```
{ unsigned char a,b;
  a = 10 ^ 3;
  b = ~7&3;
  printf("% d   % d\n",a,b);
  return 0;
}
```

    A. 103　　　　　　　　B. 73　　　　　　　　C. 90　　　　　　　　D. 93

5. 设有以下说明：

```
struct Packed
{ unsigned a:1;
  unsigned b:2;
  unsigned c:3;
  unsigned d:4;
}data;
```

则以下位段数据的引用中不能得到正确数值的是(　　　)。

    A. data. a＝4　　　B. data. b＝3　　　C. data. c＝2　　　D. data. d＝1

二、写出以下程序的运行结果

1. 程序如下：

```
# include < stdio. h>
int main()
{ short int a =- 1;
  a = a | 0377;
  printf("% d\n",a);
  return 0;
}
```

2. 程序如下：

```
# include < stdio. h>
int main()
{ unsigned char a,b,c;
  a = 0x2;
  b = a | 0x4;
  c = b >> 1;
  printf("% d, % d\n",b,c);
  return 0;
}
```

三、程序设计题

1. 编写程序，统计一个 32 位整数 n 的二进制形式中 1 的个数。

2. 编写程序，检查所用的计算机系统的 C 编译系统在执行右移时是按照逻辑右移的原则还是算术右移的原则。如果是逻辑右移，请编一函数实现算术右移；如果是算术右移，请编一函数实现逻辑右移。

3. 编写函数 getbits，其功能是：从一个 16 位的单元中取出以 n1 开始至 n2 结束的某几位，起始位和结束位都从左向右计算。同时编写主函数调用 getbits 进行验证。

第 12 章　文　件

本章重点：缓冲文件系统与非缓冲文件系统；文件类型指针；文件的打开与关闭；读写文件的 4 种方法；文件顺序读写和随机读写函数。

本章难点：结合文件，用结构体等数据类型解决实际问题。

在前面的章节学习中，程序中所处理的数据都是存放在计算机内部存储器中的，当程序运行结束之后，这些存放在计算机内部存储器中的数据就将被清除，那么，用什么方法把程序中所处理的数据永久地保存起来呢？下面将围绕这一问题，对数据的各种操作进行介绍。

12.1　文　件　概　述

文件是一组相关信息的有序集合，是计算机对信息进行管理的最小单位和基本形式，通常保存在计算机外部存储介质（一般指磁盘）上，它可以是一个程序、一段文字、一系列数据、一幅图像、一首音乐、一个动画等信息的集合。例如，在此之前学习过的源程序文件、目标文件、可执行文件及 C 语言头文件等。

为了使计算机能够区别不同的文件，每个文件都必须定义一个名字。文件一般由 3 部分组成：主文件名、分隔符（.）和扩展名。其书写格式如下：

<主文件名><分隔符>[扩展名]

其中：

（1）主文件名是文件的名字，由用户自己确定，取名时要遵循命名规则。如在 Windows 系统中对文件命名时，就应遵循下面的规则：

① 主文件名最多不能超过 255 个字符（包括空格）。

② 主文件名中不能包含以下字符：\，/，:，*，?，"，<，>，|。

③ 主文件名不区分英文字母大小写。

④ 文件名要简洁，并与文件内容有关联。

（2）扩展名表示文件类型，由系统确定，最多可以有 3 个字符。一个文件可以有或没有扩展名，从扩展名可以看出文件的格式和用途。

在 C 语言程序设计中，用来存储程序和数据的文件是一个字符或字节系列，文件的存取以字符或字节为单位。因此，C 语言文件按照数据的存储方式可分为文本（ASCII）文件和二进制文件。文本文件中存放的是字符的 ASCII 码，即每一个字节存放一个 ASCII 码。二进制文件中存放的是二进制形式数据，即数据按内存中的存储形式存放。在对文件进行输入输出操作时，由于文本文件中保存的是 ASCII 码，内存中存放的是二进制形式数据，因此,需进行二进制与 ASCII 码间的转换,效率较低,而二进制文件不存在转换问题,所以,文件存取速度快,效率也高。

目前,C 语言对文件的处理方法有两种:一种是缓冲文件系统,另一种是非缓冲文件系统。缓冲文件系统的特点是:系统自动在内存区为每一个正在使用的文件开辟一个内存缓冲区,用于暂时存放待处理的数据。如果要将数据从内存输出(写)到磁盘文件上时,必须先将数据写入输出文件缓冲区,待输出文件缓冲区装满数据后再输出(写)到磁盘文件。如果要将磁盘文件中的数据输入(读)到内存中时,必须先将磁盘文件中的数据输入(读)到输入文件缓冲区,待输入文件缓冲区装满后再依次输入(读)到接收的变量。使用缓冲文件系统的文件输入/输出操作过程如图 12.1 所示。非缓冲文件系统的特点是系统不会自动开辟缓冲区,而是由用户自己根据需要来设置。

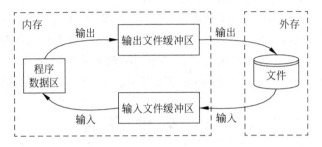

图 12.1　使用缓冲文件系统的文件输入/输出操作过程

12.2　文件类型指针

1. 文件类型

C 语言缓冲文件系统对文件进行读/写操作时,系统除了自动为文件开辟内存缓冲区外,还为每个被操作的文件在内存中开辟一个存储区,用来存放文件操作所需的相关信息,这些文件信息(如文件名、文件读写状态、文件缓冲区大小和位置、当前读写位置等)被编译系统预定义在一个结构体中,该结构体被命名为 FILE(使用大写,因 C 系统区分大小写字母),称它为文件类型,即 FILE 类型。

FILE 类型与 C 语言系统有关,即该结构体定义的成员可能因不同的系统而有所不同。Turbo C 系统在 stdio.h 文件中的文件类型定义如下:

```
typedef struct
{   short            level;          /* 缓冲区"满"或"空"的程序 */
    unsigned         flags;          /* 文件状态标志 */
    char             fd;             /* 文件描述符 */
    unsigned char hold;              /* 若无缓冲区,则不读取字符 */
    short            bsize;          /* 缓冲区的大小 */
    unsigned char * buffer;          /* 缓冲区的位置 */
    unsigned char * curp;            /* 指针的当前指向 */
    unsigned         istemp;         /* 临时文件指示器 */
    short            token;          /* 用于有效性检查 */
}FILE;
```

2. 文件类型指针变量

声明了 FILE 类型后,就可以用它来定义文件类型指针,该指针是一个指向 FILE 类型的结构体变量,该变量中存放着当前处理文件的相关信息,通过文件指针变量能够找到与它相关联的文件。

文件类型指针变量的定义格式为:

```
FILE * 文件指针变量;
```

例如:

```
FILE * fp;
```

表示定义了一个指向 FILE 类型的文件指针变量 fp,通过 fp 就可访问到与它相关的文件。

12.3　文件的打开和关闭

C 语言规定,文件进行读/写操作之前必须现打开,读/写操作结束之后必须关闭。文件的打开与关闭是通过调用 fopen 函数和 fclose 函数来实现的。

12.3.1　打开文件函数 fopen

打开文件实际上就是系统为文件在内存中开辟文件缓冲区,建立用户程序与文件的联系,即系统建立文件的各种有关信息,并使文件指针指向该文件,以便进行读写等操作。

打开文件使用 fopen 函数,一般的调用形式如下:

```
fp = fopen(文件名,文件使用方式);
```

功能:按"文件使用方式"规定的方式,打开由"文件名"指定的文件。若找不到指定的"文件名",则按以下方式之一处理:

(1) 如果"文件使用方式"规定按写方式打开文件,就按"文件名"建立一个新文件。

(2) 如果"文件使用方式"规定按读方式打开文件,就会产生一个错误。

返回值:如果文件被成功打开,则返回一个指向文件的指针;否则,返回一个空指针值 NULL。

说明:

(1) fp 是被说明为 FILE 类型的文件指针变量。

(2) 文件名是被打开的文件名字。如果打开的文件不在当前目录下,则需加上文件的目录路径。

(3) 使用文件方式是被打开文件的类型和操作方式。

例如:

```
FILE * fp;
fp = fopen("test1.dat","r");
```

表示以"只读"的方式打开当前目录下的 test1.dat 文件。

又例如：

```
FILE * fp;
Fp = fopen("d:\\example\\test2.dat","w");
```

表示以"只写"的方式打开 d:\example 目录下的 test2.dat 文件。注意，这里的两个反斜线"\\"中的第一个表示转义字符，第二个表示目录路径。

上述两例中出现的文件使用方式共有 12 种，其符号及含义如表 12.1 所示。

表 12.1 文件使用方式及含义

文件使用方式	含 义
"r"	"只读"方式打开一个文本文件
"w"	"只写"方式打开或建立一个文本文件
"a"	"追加"方式打开一个文本文件，并在文件末尾追加数据
"rb"	"只读"方式打开一个二进制文件
"wb"	"只写"方式打开或建立一个二进制文件
"ab"	"追加"方式打开一个二进制文件，并在文件末尾追加数据
"r+"	"读/写"方式打开一个文本文件
"w+"	"读/写"方式打开或建立一个文本文件
"a+"	"读/写"方式打开一个文本文件，允许读或在文件末追加数据
"rb+"	"读/写"方式打开一个二进制文件
"wb+"	"读/写"方式打开或建立一个二进制文件
"ab+"	"读/写"打开一个二进制文件，允许读或在文件末追加数据

对于文件使用方式须注意以下几个方面：

（1）若用"r"方式打开一个文件时，该文件必须已经存在，且只能从该文件读出数据，并送到输入文件缓冲区。

（2）若用"w"方式打开一个文件时，只能向该文件写入数据。若打开的文件已经存在，系统将该文件删除，然后重新建立一个新文件。

（3）若用"a"方式打开一个文件时，该文件必须是存在的，且追加的新信息放在原文件末尾。如果文件不存在，将会出现错误信息。

（4）用"r+、w+、a+"方式打开的文件，既可以从该文件读出数据，也可以向该文件写入数据。

（5）如果不能成功打开一个文件，fopen 函数将返回一个空指针值 NULL。因此，在程序中可以用这一信息来判断是否成功地打开了文件，并做相应的处理。常用下面的程序段来判断打开文件是否成功：

```
if ((fp = fopen("d:\\example\\test.dat","rb")) == NULL)
    {
        printf("文件打开错误!\n");
        exit(0);
    }
```

这段程序的含义是：如果返回的指针为空，表示不能成功打开 d 盘 example 目录下的 test.dat 文件，则在终端上提示"文件打开错误!"信息。

exit 函数是系统提供的函数,执行该函数将释放程序的全部资源,终止程序的执行。一般地,exit(1)表示程序正常退出,exit(0)表示程序非正常退出。使用 exit 函数需要引入 stdlib.h 头文件。

(6) 把文本文件读入内存时,系统将 ASCII 码转换成二进制码,而把数据以文本方式写入磁盘文件时,系统把二进制码转换成 ASCII 码。因此,文本文件的读写需要花费较多的转换时间,而二进制文件的读写不存在这种转换。

12.3.2 关闭文件函数 fclose

文件读写完之后要关闭,否则可能造成文件数据的丢失。如前所述,在文件写磁盘操作中,系统将程序数据写入文件缓冲区后,只有在文件缓冲区装满后才将数据写到磁盘文件中,若文件缓冲区中的数据未装满,此时结束程序运行,那么数据就无法写到磁盘文件,造成数据不完整,文件缓冲区也无法释放。因此,在使用完文件之后,要及时关闭该文件。

关闭文件使用 fclose 函数,其一般的调用形式如下:

fclose(fp);

功能:断开用户程序与文件的联系,关闭文件指针所指向的文件,释放分配给文件的内存缓冲区。

返回值:若成功关闭指定的文件,则返回 0 值;否则,返回非 0 值。

说明:fp 是被说明为 FILE 类型的文件指针变量,其值是在执行 fopen 函数时定义的,指向被打开的文件。

【例 12.1】 编写一个程序,先打开 test.dat 文件,输出该文件后将其关闭。

解题思路:

(1) 使用 fopen 函数打开 test.dat 文件,然后对其进行操作。

(2) 使用 fclose 函数将 test.dat 文件关闭。

编写程序:

```
# include < stdio.h >
# include < stdlib.h >
int main()
{ char ch
  FILE * fp;
    if ((fp = fopen("d:\\example\\test.dat","rb")) == NULL)
      {
        printf("文件打开错误!\n");
        exit(0);                    /* 关闭所有文件,终止程序运行 */
      }
    printf("从磁盘文件 testc.txt 中读取字符是:\n");
  while(!feof(fp))
    putchar(fgetc(fp));
  putchar('\n');
  fclose(fp);                       /* 关闭 fp 所指向的文件 test.dat */
  return 0;
}
```

程序段由 fopen 函数以读方式打开 d 盘 example 目录下的 test. dat 文件,并把返回值赋给 fp 指针。若 fp 为 NULL,则文件打开失败,终止程序运行;否则,对文件进行相应操作,操作完成后,再由 fclose 函数关闭文件。

12.4　文件的读写

C 语言提供了许多方便于文件读写操作的函数。常用的文件读写函数主要有:

(1) 字符读写函数 fputc 和 fgetc。

(2) 字符串读写函数 fputs 和 fgets。

(3) 数据块读写函数 fwrite 和 fread。

(4) 格式化读写函数 fprintf 和 fscanf。

以上函数均包含在头文件 stdio. h 中。下面对这些函数做简要介绍。

12.4.1　字符读写函数 fputc 和 fgetc

1. fputc 函数

将一个字符写到磁盘文件可使用 fputc 函数,其一般调用形式如下:

```
fputc(ch,fp);
```

功能:将 ch 中的字符写到 fp 所指向的磁盘文件的当前位置。

返回值:若写入操作成功,返回值为写入的字符;若写入失败,返回值为 EOF。EOF 是在 stdio. h 头文件中定义的符号常量,其值为 -1。

说明:

(1) ch 是写到磁盘文件中的字符,可以是字符常量,也可以是字符变量。

(2) fp 是被说明为 FILE 类型的文件指针变量,其值是在执行 fopen 函数时定义的,指向被打开的文件。

【例 12.2】　从键盘输入若干个字符,并写入 testc. txt 文件中。

解题思路:

(1) 使用 fopen 函数打开 testc. txt 文件。

(2) 使用 getchar 函数输入字符。

(3) 使用 fputc 函数将字符写入 testc. txt 文件。

(4) 使用 fclose 函数将 testc. txt 文件关闭。

编写程序:

```c
#include <stdio.h>
#include <stdlib.h>
int main()
{
    char ch;
    FILE * fp;
    if ((fp = fopen("d:\\example\\testc.txt","w")) == NULL)
        {
            printf("文件打开错误!\n");
```

```
        exit(0);                          /* 关闭所有文件,终止程序运行 */
    }
    while ((ch = getchar())!= '\n')
    /* 把键盘输入的字符赋给 ch 变量。若 ch 值不是换行符,执行循环体;否则,结束循环 */
    fputc(ch,fp);                          /* 将 ch 值写入 fp 所指文件 testc.txt 中 */
    printf("从键盘输入的字符已成功写入文件!\n");
    fclose(fp);                            /* 关闭 fp 所指向的文件 testc.txt */
    return 0;
}
```

运行结果：

```
ThisisaCprogram.(从键盘输入字符)
从键盘输入的字符已成功写入文件!
```

上面程序使用 while 循环语句来实现若干个字符的重复输入,直到按换行键才结束。字符输入函数 getchar 每次从键盘输入一个字符,然后,由 fputc 函数写入 fp 指针所指向的 testc.txt 文件。

将字符输出到磁盘文件还可用 putc 函数来实现,其作用及使用形式与 fputc 函数相同,调用形式如下：

```
putc(ch,fp);
```

2. fgetc 函数

从文件中读取一个字符可使用 fgetc 函数,其一般调用形式如下：

```
ch = fgetc(fp);
```

功能：从 fp 所指向的磁盘文件的当前位置读取一个字符赋值给 ch 变量。

返回值：成功读取文件,返回值为读取的字符。

说明：ch 为字符变量,fp 是 FILE 类型的文件指针变量,其值在执行 fopen 函数时定义,并指向被打开的文件。

一个重要的问题就是在文件读取过程中怎样判断文件中的数据已经读完了。对于文本文件(也称 ASCII 文件),它是一个字符序列,每个字符的 ASCII 码值范围为 0~255,即字符值不会是 -1。因此,fgetc 函数读取字符时若遇到文件结束符,就返回一个文件结束标志 EOF(在 stdio.h 中 EOF 被定义为 -1)。

【例 12.3】 从磁盘文件 testc.txt 中读取字符,并输出到显示屏幕上。

解题思路：

(1) 使用 fopen 函数打开 testc.txt 文件。

(2) 使用 fgetc 函数从 testc.txt 文件读出字符。

(3) 使用 putchar 函数将字符输出到显示屏幕。

(4) 使用 fclose 函数将 testc.txt 文件关闭。

编写程序：

```
# include < stdio. h >
# include < stdlib. h >
```

```
int main()
{   char ch;
    FILE * fp;
    if ((fp = fopen("d:\\example\\testc.txt","r")) == NULL)
     {
        printf("文件打开错误!\n");
        exit(0);                        /* 关闭所有文件,终止程序运行 */
     }
    printf("从磁盘文件 testc.txt 中读取字符是:\n");
    while((ch = fgetc(fp))!= EOF)       /* 从 fp 所指文件读取字符赋值给 ch 变量 */
      putchar(ch);                      /* 把 ch 变量中的内容输出到显示屏幕上 */
    fclose(fp);                         /* 关闭 fp 所指向的文件 testc.txt */
    return 0;
}
```

运行结果:

从磁盘文件 testc.txt 中读取字符是:
ThisisaCprogram.

以上程序使用 fgetc 函数从 testc.txt 中读入一个字符赋值给 ch 变量,并判断该字符是否是文件结束符 EOF。如果读入的字符不是文件结束符 EOF,则输出到显示器上;否则,结束读操作,关闭文件。

从文件中读取一个字符还可使用 getc 函数来实现,其作用及使用形式与 fgetc 函数相同,调用形式如下:

```
ch = getc(fp);
```

需要注意的是,fgetc 函数读取二进制文件的时候,是按字节序列一个一个进行读取的,很可能读取的某个字节的二进制数据的值为 -1,这恰好是文件结束标志 EOF 的值。如果在二进制文件中读取数据时,仍然使用 EOF 作为读文件结束的判断标志,显然是不恰当的。为了解决这一问题,可以使用 ANSI C 提供的一个判断文件是否结束的 feof 函数,该函数的一般调用形式如下:

```
feof(fp);
```

功能:检测文件是否结束。

返回值:如果文件结束,则返回非 0 值(真);否则返回 0 值(假)。

说明:fp 是指向文件的指针变量。

【例 12.4】 用 feof 函数改写例 12.3。

解题思路:

(1) 使用 fopen 函数打开 testc.txt 文件。

(2) 使用 feof 函数判断 fgetc()函数是否读完 testc.txt 文件中的字符。

(3) 使用 putchar 函数将字符输出到显示屏幕。

(4) 使用 fclose 函数将 testc.txt 文件关闭。

编写程序：

```
# include < stdio.h >
# include < stdlib.h >
int main()
{   char ch;
    FILE * fp;
    if((fp = fopen("d:\\example\\testc.txt","r")) == NULL)
      {
        printf("文件打开错误!\n");
        exit(0);                    /* 关闭所有文件,终止程序运行 */
      }
    printf("从磁盘文件 testc.txt 中读取字符是:\n");
    while(!feof(fp))                /* 使用 feof()函数检测文件是否结束 */
     { ch = fgetc(fp);             /* 从 fp 所指文件读取字符赋值给 ch 变量 */
       putchar(ch);                /* 把 ch 变量中的内容输出到显示器上 */
     }
    fclose(fp);
    return 0;
}
```

运行结果：

从磁盘文件 testc.txt 中读取字符是:
ThisisaCprogram.

上面程序使用 feof 函数来检测文件结束，可避免因使用 EOF 值误判文件结束的情况。在 ANSI C 中，feof 函数既可用于检测二进制文件，也可用来检测文本文件。

12.4.2 字符串读写函数 fputs 和 fgets

1. fputs 函数

将一个字符串写到磁盘文件可使用 fputs 函数，其一般调用形式如下：

```
fputs(str,fp);
```

功能：将 str 指向一个字符串写入 fp 指定的磁盘文件，文件的位置指针自动后移。注意，不写入字符串结束标记符'\0'。

返回值：写入成功，则返回写入文件的字符个数，即字符串的长度；否则，返回 EOF 值（EOF 是符号常量，其值为 -1）。

说明：str 是字符类型指针，可以是字符串常量，存放字符串的数组首地址，也可以是指向字符串的指针变量。fp 是文件类型指针变量，指向待写入的文件，通过 fopen 函数获得指向值。

【例 12.5】 从键盘输入两个字符串，将其写到磁盘文件 tests.txt 中。

解题思路：

(1) 使用 fopen 函数打开 tests.txt 文件。

(2) 使用 gets 函数从键盘输入字符串。

（3）使用 fputs 函数将字符串写到 tests. txt 文件。

（4）使用 fclose 函数将 tests. txt 文件关闭。

编写程序：

```
# include < stdio. h >
# include < stdlib. h >
int main()
{
  int i;
  FILE * fp;
  char ch,st[80];
  if ((fp = fopen("d:\\example\\tests.txt","w")) == NULL)
   {
     printf("文件打开错误!\n");
     exit(0);
   }
  for (i = 1;i < = 2;i++)
   {
     printf("从键盘输入字符串%d:\n",i);
     gets(st);
     fputs(st,fp);
     fputs("\n",fp);
   }
  printf("从键盘输入的字符串已成功写入磁盘文件!\n");
  fclose(fp);
  return 0;
}
```

运行结果：

```
从键盘输入字符串 1:
Clanguage.
从键盘输入字符串 2:
Cprogramminglanguage.
从键盘输入的字符串已成功写入磁盘文件!
```

上面的程序使用 gets 函数从键盘输入字符串，然后用 fputs 函数把字符串写入磁盘文件。fputs("\n",fp)的作用是写入一个换行符。

2. fgets 函数

从磁盘文件读取一个字符串可使用 fgets 函数，其一般调用形式如下：

fgets(str,n,fp);

功能：从 fp 所指磁盘文件的当前位置中连续读入 n-1 个字符，加上字符串结束标志（'\0'）后存放到 str 为起始地址的存储空间。如果在读入字符过程中读取的数据未达到 n-1 个，就遇到了一个换行符或一个文件结束标志（EOF），则读操作结束，在读入的字符串后面加上字符串结束标志（'\0'）后存放到 str 指定的存储空间中。

返回值：读入字符串成功，则返回 str 对应的地址；读入字符串失败，则返回 NULL。

说明：

（1）str 是字符型指针，其值是存放字符串的存储区域的起始地址。

（2）n 为整型常量、变量或表达式，表示读入的字符个数。

（3）fp 是文件类型指针，指向已打开的磁盘文件。

【例 12.6】 从磁盘文件 tests.txt 中读出一个包含 11 个字符的字符串，并显示在屏幕上。

解题思路：

（1）使用 fopen 函数打开 tests.txt 文件。

（2）使用 fgets 函数从 tests.txt 文件读出字符串。

（3）使用 puts 函数将字符串输出到显示屏幕上。

（4）使用 fclose 函数将 tests.txt 文件关闭。

编写程序：

```
#include<stdio.h>
#include<stdlib.h>
int main()
{
  int n = 60;
  FILE * fp;
  char st[80];
  if ((fp = fopen("d:\\example\\tests.txt","r")) == NULL)
   {
     printf("文件打开错误!\n");
     exit(0);
   }
  fgets(st,n,fp);
  printf("从文件 tests.txt 中读出的字符串是:\n");
  puts(st);
  fclose(fp);
  return 0;
}
```

运行结果：

从文件 tests.txt 中读出的字符串是：
Clanguage.

上面的程序使用 fgets 函数从磁盘文件 tests.txt 中读入包含 60 个字符的字符串。在读入"C language."后遇到了一个换行符，读入操作结束，尽管其后还有多个字符，也不再读取。

12.4.3 数据块读写函数 fwrite 和 fread

若要对磁盘文件进行多字节的数据读写，用前面介绍的字符或字符串读写函数显然不太方便，且效率也低。为解决这一问题，ANSI C 提供了 fwrite 和 fread 函数，用以实现数据块（多字节的数据）的读写操作。

1. fwrite 函数

将数据块写入磁盘文件可使用 fwrite 函数,其一般调用形式如下:

```
fwrite(buffer,size,count,fp);
```

功能:把 buffer 指定的输出文件缓冲区中的 count 个 size 字节的数据块写到 fp 指向的磁盘文件中。

返回值:写入数据块成功,返回实际写入的 count 值;否则,返回 NULL 值。

说明:

(1) buffer 是一个指针变量,指向存放数据块的输出文件缓冲区。

(2) size 是一个数据块的大小,即数据块所占的字节数。

(3) count 是写数据块的数目,即写几个 size 到 fp 指定的磁盘文件。

(4) fp 是文件指针,指向要写入的磁盘文件。

【例 12.7】 从键盘输入 3 个学生 4 门课程的成绩,并将其写到磁盘文件 testsc.dat 中。

解题思路:

(1) 使用 fopen 函数打开 testsc.dat 文件。

(2) 使用 scanf 函数从键盘输入学生成绩。

(3) 使用 fwrite 函数将学生成绩写到 testsc.dat 文件。

(4) 使用 fclose 函数将 testsc.dat 文件关闭。

编写程序:

```c
#include<stdio.h>
#include<stdlib.h>
#define N 3
#define M 4
struct Student                              /* 定义结构体数据类型 */
{   int num;
    char name[10];
    int score[M];
}stu[N];                                    /* 定义结构体变量 */
int main()
{
  int i,j;
  FILE *fp;
  if ((fp = fopen("d:\\example\\testsc.dat","wb")) == NULL)
    {
       printf("文件打开错误!\n");
       exit(0);
    }
    printf("从键盘输入 3 个学生 4 门课程的成绩:\n");
    for (i = 0;i < N;i++)
    {
      scanf("%d%s",&stu[i].num,stu[i].name);     /* 从键盘读入数据 */
      for (j = 0;j < M;j++)
      scanf("%d",&stu[i].score[j]);
      fwrite(&stu[i],sizeof(struct Student),1,fp);
    }
```

```
        printf("从键盘输入的 3 个学生 4 门课程的成绩已写入磁盘文件!\n");
        fclose(fp);
        return 0;
}
```

运行结果：

> 从键盘输入 3 个学生 4 门课程的成绩：
> 120161 zhangmin 65 87 72 68
> 120162 wangfang 75 85 68 73
> 120163 zhoutuao 87 75 89 76
> 从键盘输入的 3 个学生 4 门课程的成绩已写入磁盘文件!

上面程序把每个学生 4 门课程的成绩作为一个数据块，利用 fwrite 函数写入磁盘文件 testsc.dat 中。由于数据块是以字节数计算的，因此，fwrite 函数主要用于写二进制文件。

2. fread 函数

从磁盘文件中读出数据块可使用 fread 函数，其一般调用形式如下：

```
fread(buffer,size,count,fp);
```

功能：把 count 个 size 字节的数据块从 fp 所指向的磁盘文件中读出，并存放到 buffer 指定的输入文件缓冲区中。

返回值：读出数据块成功，返回实际读出的 count 值；否则，返回 NULL 值。

说明：

(1) buffer 是一个指针变量，指向存放数据块的输入文件缓冲区。

(2) size 是一个数据块的大小，即数据块所占的字节数。

(3) count 是读数据块的数目，即从 fp 指定的磁盘文件中读几个 size。

(4) fp 是文件指针，指向要读出的磁盘文件。

【例 12.8】 从磁盘文件 testsc.dat 中读出 3 个学生 4 门课程的成绩，并将其显示在屏幕上。

解题思路：

(1) 使用 fopen 函数打开 testsc.dat 文件。

(2) 使用 fread 函数从 testsc.dat 文件读出学生成绩。

(3) 使用 printf 函数将学生成绩输出到显示屏幕上。

(4) 使用 fclose 函数将 testsc.dat 文件关闭。

编写程序：

```
# include < stdio.h >
# include < stdlib.h >
# define N 3
# define M 4
struct Student                          /* 定义结构体数据类型 */
{   int num;
    char name[10];
    int score[M];
}stu[N];                                /* 定义结构体变量 */
```

```
int main()
{
  int i,j;
  FILE * fp;
  if ((fp = fopen("d:\\example\\testsc.dat","rb")) == NULL)
    {
      printf("文件打开错误!\n");
      exit(0);
    }
  printf("从磁盘文件中读出的 3 个学生 4 门课程的成绩如下:\n");
  for (i = 0;i < N;i++)
    {                                      /* 从磁盘文件中读出的数据存放到数组 stu 中 */
      fread(&stu[i],sizeof(struct Student),1,fp);
      printf("%d %s ",stu[i].num,stu[i].name);
      for (j = 0;j < M;j++)
        printf("%d ",stu[i].score[j]);     /* 显示每个学生 4 门课程的成绩 */
      printf("\n");
    }
  fclose(fp);
  return 0;
}
```

运行结果：

```
从磁盘文件中读出的 3 个学生 4 门课程的成绩如下:
120161 zhangmin 65 87 72 68
120162 wangfang 75 85 68 73
120163 zhoutuao 87 75 89 76
```

上面的程序使用 fread 函数从磁盘文件 testsc.dat 中每次读出一个学生的数据(即一个数据块)存放到 stu 数组中，然后，再由 printf 函数显示在屏幕上。fread 函数也是主要用于读二进制文件。

12.4.4　格式化读写函数 fprintf 和 fscanf

前面使用过的 printf 和 scanf 函数就是格式化读写函数，它们的操作对象是输入/输出终端设备(如常用的键盘和显示器)。对于磁盘文件的格式化读写操作，ANSI C 提供了 fprintf 和 fscanf 两个函数。

1. fprintf 函数

将数据按指定的格式写入磁盘文件可使用 fprintf 函数，其一般调用形式如下：

```
fprintf(文件指针,格式字符串,输出表列);
```

功能：按"格式字符串"指定的格式，把"输出表列"的输出项，写入文件指针指向的磁盘文件。

返回值：数据成功写入磁盘文件，返回实际写入数据的数目；否则，返回 EOF 值。

说明：

(1) 文件指针指向已打开的进行写入操作的磁盘文件。

（2）格式字符串与 printf 函数的格式字符串相同，可参考 printf 函数。

（3）输出表列是写入磁盘文件的数据项，可以是变量，也可以是常量。

【例 12.9】 输入某单位 3 名职工信息（包括工号、姓名、性别、年龄、工资等），并将其存放到磁盘文件 testem. dat 中。

解题思路：

（1）使用 fopen 函数打开 testem. dat 文件。

（2）使用 scanf 函数从键盘输入职工信息。

（3）使用 fprintf 函数将职工信息写到 testem. dat 文件。

（4）使用 fclose 函数将 testem. dat 文件关闭。

编写程序：

```c
# include < stdio. h >
# include < stdlib. h >
# define N 3
struct Employee                        /* 定义结构体数据类型 */
{
  int num;
  char name[10];
  char sex;
  int age;
  float salary;
};
void writefile(struct Employee * ep)
{
    int i;
    FILE  * fp;
    if ((fp = fopen("d:\\example\\testemp.dat","wb")) == NULL)
      {                                /* 以 wb 方式打开 testemp.dat 文件 */
         printf("文件打开错误!\n");
         exit(0);
      }
    printf("请输入职工信息：[工号姓名性别年龄工资]\n");
    for (i = 1;i < = N;i++,ep++)
      {
         printf("第 % d 位:",i);
         scanf("% d % s % c % d % f",&ep->num,ep->name,&ep->sex,&ep->age,&ep->salary);
         fprintf(fp,"% d % s % c % d % f",ep->num,ep->name,ep->sex,ep->age,ep->salary);
      }
  printf("职工信息已成功写入磁盘文件 testem.dat 中!\n");
    fclose(fp);
}
int main()
{  struct Employee emp[N];             /* 定义职工数组 */
   writefile(emp);                     /* 调用写磁盘文件函数 */
   return 0;
}
```

运行结果:

> 请输入职工信息:[工号姓名性别年龄工资]
> [第 1 位] 20621 wangweim 28 3687.89
> [第 2 位] 20622 zhangdem 32 4738.36
> [第 3 位] 20623 yangpinf 39 6321.39
> 职工信息已成功写入磁盘文件 testem.dat 中!

上面的程序通过调用 writefile 函数来实现写磁盘文件数据的操作。在 writefile 函数中定义了一个指向结构体数组变量的 ep 指针,scanf 函数将键盘输入的职工信息(工号,姓名,性别,年龄,工资)赋值给结构体数组变量,然后,由 fprintf 函数把存放在结构体数组变量中的职工信息写入 testem.dat 文件中。需要注意的是,scanf 和 fprintf 函数的格式字符串"%d%s%c%d%f"中的每个格式符间均使用了一个空格来间隔数据。

2. fscanf 函数

从磁盘文件中按指定的格式读出数据可使用 fscanf 函数,其一般调用形式如下:

fscanf(文件指针,格式字符串,输出表列);

功能:按"格式字符串"指定的格式,从文件指针指向的磁盘文件中读出数据,分别赋给"输出表列"指定的输出项。

返回值:成功读出磁盘文件数据,返回实际读出数据的数目;否则,返回 EOF 值。

说明:

(1) 文件指针指向已打开的进行读出操作的磁盘文件。

(2) 格式字符串与 scanf 函数的格式字符串相同,可参考 scanf 函数。

(3) 输出表列是一个变量序列,用来存放从磁盘文件中读出的数据。

【例 12.10】 从磁盘文件 testemp.dat 中读出职工信息,并将其显示在屏幕上。

解题思路:

(1) 使用 fopen 函数打开 testem.dat 文件。

(2) 使用 fscanf 函数从 testem.dat 文件读出职工信息。

(3) 使用 printf 函数将职工信息输出到显示屏幕上。

(4) 使用 fclose 函数将 testem.dat 文件关闭。

编写程序:

```c
#include <stdio.h>
#include <stdlib.h>
#define N 3
struct Employee                          /* 定义结构体数据类型 */
{
  int num;
  char name[10];
  char sex;
  int age;
  float salary;
};                                       /* 定义结构体变量 */
void readfile(struct Employee * ep)
{
```

```
    int i;
    FILE * fp;
    if ((fp = fopen("d:\\example\\testemp.dat","rb")) == NULL)
     {                                        /* 以"rb"方式打开 testemp.dat 文件 */
        printf("文件打开错误!\n");
        exit(0);
     }
    printf("从 testemp.dat 中读出的职工信息:[工号姓名性别年龄工资]\n");
    for (i = 1;i <= N;i++,ep++)               /* 从磁盘文件 testemp.dat 中读入数据 */
     {
        fscanf(fp,"%d %s %c %d %f ",&ep->num,ep->name,&ep->sex,&ep->age,
                                                            &ep->salary);
        printf("第 %d 位:",i);
        printf("%d %s %c %d %.2f\n",ep->num,ep->name,ep->sex,ep->age,ep->salary);
     }
    fclose(fp);
}
int main()
{ struct Employee emp[N];                     /* 定义职工数组 */
    readfile(emp);                            /* 调用写磁盘文件函数 */
    return 0;
}
```

运行结果：

> 从 testemp.dat 中读出的职工信息:[工号姓名性别年龄工资]
> [第 1 位] 20621 wangweim 28 3687.89
> [第 2 位] 20622 zhangdem 32 4738.36
> [第 3 位] 20623 yangpinf 39 6321.39

上面的程序通过调用 readfile 函数来实现读磁盘文件数据的操作。在 readfile 函数中使用了 fscanf 函数来读出磁盘文件数据,并赋值给相应的结构体变量,再由 printf 函数显示在屏幕上。注意,fscanf 函数的格式字符串与 fprintf 函数的格式字符串必须相同。

12.5　文件的定位

对文件进行读写操作时,系统将在文件内部建立一个位置指针,指向文件当前的读写位置,实现文件的读写操作。一般情况下,对文件的操作主要采用顺序方式(读写操作从文件头部开始到文件尾部结束),如前面所介绍的例子。但在实际应用中,常常也需要按某一指定的位置读写文件,实现文件的随机读写。

下面介绍几个与文件定位操作有关的函数。

12.5.1　文件位置指针定位函数 fseek

把文件内部的位置指针移到指定的位置,实现对文件的随机读写操作,可使用 fseek 函数,其一般调用形式如下:

fseek(文件指针,位移量,起始点);

功能：将文件指针指向的文件的位置指针，从起始点位置移到位移量所指定的位置。

返回值：位置指针移动成功，返回 0 值；否则，则返回非 0 值。

说明：

（1）文件指针指向已打开的进行读写操作的磁盘文件。

（2）位移量是相对于起始点的移动字节数，ANSI C 用 long 型数据来表示。当位移量取正数时，位置指针向文件尾部方向移动；当位移量取 0 时，位置指针不移动；当位移量取负数时，位置指针向文件头部方向移动。

（3）起始点表示当前位置指针所处的位置，常用数字 0、1、2 表示，也可用 ANSI C 指定的名字来表示，表 12.2 所示为文件位置指针的起始点。

表 12.2　文件位置指针的起始点

起　始　点	名　字　表　示	数　字　表　示
文件开始	SEEK_SET	0
文件当前位置	SEEK_CUR	1
文件末尾	SEEK_END	2

例如：

```
fseek(fp,50L,0);
```

表示将位置指针从文件头向文件末尾方向前移 50B。

```
fseek(fp,50L,SEEK_CUR);
```

表示将位置指针从当前位置向文件末尾方向前移 50B。

```
fseek(fp,-50L,SEEK_END);
```

表示将位置指针从文件末尾向文件头方向后退 50B。

ANSI C 规定，若位移量是常数，必须在其后加"L"或"l"字符；若位移量是表达式，则用"(long)（表达式）"强制类型转换。

fseek 函数一般用于二制进文件。对文本文件进行定位，由于需要把字符及回车换行符转换成二进制表示的字节数，造成数据位置难以准确计算，使用时须特别注意。

【**例 12.11**】　从例 12.7 建立的磁盘文件 testsc.dat 中读出第 1、3 个学生的成绩，并将其显示在屏幕上。

解题思路：

（1）使用 fopen 函数打开 testsc.dat 文件。

（2）使用 fread 函数从 testsc.dat 文件读出学生成绩，并使用 fseek()函数进行定位读。

（3）使用 printf 函数将读出的学生成绩显示在屏幕上。

（4）使用 fclose 函数将 testsc.dat 文件关闭。

编写程序：

```
#include<stdio.h>
#include<stdlib.h>
#define M 4
```

```
struct Student                          /* 定义结构体数据类型 */
{ int num;
  char name[10];
  int score[M];
};                                      /* 定义结构体变量 */
void print(struct Student * sp)
{
  int i;
  printf("%d %s ",sp->num,sp->name);
  for (i = 0;i < M;i++)
    printf("%d ",sp->score[i]);
  printf("\n");
}
int main()
{
  int size;
  FILE * fp;
  struct Student stu;
  size = sizeof(struct Student);
  if ((fp = fopen("d:\\example\\testsc.dat","rb")) == NULL)
  {
      printf("文件打开错误!\n");
      exit(0);
  }
  printf("从磁盘文件中读出的第 1、3 个学生成绩如下:\n");
  fread(&stu,size,1,fp);              /* 从磁盘文件中读出第 1 个学生成绩 */
  print(&stu);
  fseek(fp,2 * size,0);              /* 将文件位置指针定位到第 3 个学生的开始位置 */
  fread(&stu,size,1,fp);            /* 从磁盘文件中读出第 3 个学生成绩 */
  print(&stu);
  fclose(fp);
  return 0;
}
```

运行结果：

```
从磁盘文件中读出的第 1、3 个学生成绩如下:
120161 zhangmin 65 87 72 68
120163 zhoutuao 87 75 89 76
```

当 testsc. dat 文件以读方式打开时，文件位置指针指向第 1 个学生，即可用 fread 函数读出其成绩。为了读出第 3 个学生成绩，程序中使用了一个 fseek 函数，将文件位置指针定位到第 3 个学生，再用 fread 函数读出其成绩。程序中的 print 函数是学生成绩显示函数。

12.5.2 文件位置指针复位函数 rewind

在文件操作过程中，如果希望重新对文件进行操作，可使用 rewind 函数，其一般调用形式如下：

```
rewind(fp);
```

功能：将 fp 指向的文件的位置指针返回到文件头处。

返回值：函数调用成功,返回 0 值;否则,返回非 0 值。

说明：fp 是文件类型指针,指向已打开的文件。

【**例 12.12**】 从磁盘文件 testc.txt 中读出字符,先将其显示在屏幕上,然后再将其复制到另一个文件 testcp.txt 中。

解题思路：

（1）使用 fopen 函数打开 testc.txt 文件。

（2）使用前面的方法从 testc.txt 文件读出字符,并将其显示在屏幕上。

（3）使用 rewind 函数将位置指针移到文件头处。

（4）使用前面的方法从 testc.txt 文件再读出字符,并将其写到 testcp.txt 文件中。

（5）使用 fclose 函数将 testcp.txt 和 testc.txt 文件关闭。

编写程序：

```c
#include <stdio.h>
#include <stdlib.h>
int main()
{   char ch;
    FILE *fp1, *fp2;
    if ((fp1 = fopen("d:\\example\\testc.txt","r")) == NULL)
      {
        printf("文件 testc.txt 打开错误!\n");
        exit(0);
      }
    if ((fp2 = fopen("d:\\example\\testcp.txt","w+")) == NULL)
      {
        printf("文件 testcp.txt 打开错误!\n");
        exit(0);
      }
    printf("testc.txt 文件中的字符是:");
    while (!feof(fp1))
      putchar(fgetc(fp1));              /* 显示 testc.txt 文件字符 */
    printf("\n");
    rewind(fp1);
    while (!feof(fp1))
      fputc(fgetc(fp1),fp2);           /* 复制字符 */
    printf("testcp.txt 文件中的字符是:");
    rewind(fp2);
    while (!feof(fp2))
      putchar(fgetc(fp2));             /* 显示 testcp.txt 文件字符 */
    printf("\n");
    fclose(fp2);
    fclose(fp1);
    return 0;
}
```

运行结果：

```
testc.txt 文件中的字符是:thisisaCprogram.
testcp.txt 文件中的字符是:thisisaCprogram.
```

程序中每执行一次 fgetc 函数和 fputc 函数调用,文件位置指针就要移动一个字符位置。当 testc. txt 文件显示完时,文件位置指针已处于文件结束位置,因此,需调用一次 rewind(fp1)函数,使用文件位置指针复位到 testc. txt 文件开始位置,把 testc. txt 文件中的字符复制到 testcp. txt 文件中(先读出后写入)。当 testcp. txt 文件复制完时,其文件位置指针也处于文件结束位置,要显示其内容,须把文件位置指针重新移到文件开始位置,因而再次调用 rewind(fp2)函数。需要注意的是,文件 testcp. txt 应以可读可写的方式打开,即"w+"方式。

12.5.3 文件位置指针查询函数 ftell

在文件随机读写操作过程中,由于文件位置指针的移动没有规律性,文件当前的读写位置不易确定。为解决这一问题,可先使用 fseek 函数把文件的位置指针移到指定的位置,然后,再调用 ftell 函数就能非常容易地确定文件当前的读写位置。

ftell 函数的一般调用形式如下:

ftell(fp);

功能:获得文件位置指针当前位置相对于文件头的位移字节数。

返回值:函数调用失败,返回-1L 值。L 表示 long 型。

说明:fp 是文件类型指针,指向已打开的文件。

利用 fseek 函数和 ftell 函数能够方便地获得一个文件的长度。

【例 12.13】 从键盘输入一个文件及其打开方式,然后显示该文件的长度。

解题思路:

(1) 使用 fopen 函数打开文件。

(2) 使用 fseek 函数将文件的位置指针移到文件尾。

(3) 使用 ftell 函数获取文件长度。

(4) 使用 fclose 函数将打开的文件关闭。

编写程序:

```
#include<stdio.h>
#include<stdlib.h>
int main()
{
  FILE * fp;
  char filename[80],mode[10];
  long length;
  printf("请输入文件名:");
  gets(filename);
  printf("请输入打开文件方式:");
  gets(mode);
  if((fp = fopen(filename,mode)) == NULL)
  {
    printf("%s 文件打开错误!\n",filename);
    exit(0);
  }
  else
  {
    fseek(fp,0L,SEEK_END);              /* 把文件的位置指针移到文件尾 */
```

```
        length = ftell(fp);                    /* 获取文件长度 */;
        printf("该文件的长度为 %1d字节.\n",length);
        fclose(fp);
        return 0;
    }
}
```

运行结果：

请输入文件名:d:\\example\\testemp.dat
请输入打开文件方式:rb
该文件的长度为93字节.

程序使用 gets 函数输入文件名及其打开方式，文件成功打开后，利用 fseek 函数将文件的位置指针移到文件的末尾处，然后，再调用 ftell 函数获得当前位置指针相对于文件头的位移字节数，即文件长度。

12.6   文件检测函数

在文件操作过程中，若想知道文件的读写操作是否结束，以及文件的读写操作是否出现错误等情况，可使用下面介绍的 feof 和 ferror 等函数。

12.6.1   文件结束检测函数 feof

判断文件在操作过程中文件位置指针是否处于文件的结束位置，可用 feof 检测函数，其一般调用形式如下：

```
feof(fp);
```

功能：检测文件当前操作是否处于文件结束位置。
返回值：如果文件结束，返回非 0 值；否则，返回 0 值。
说明：fp 是文件类型指针，指向已打开的文件。

12.6.2   文件出错检测函数 ferror

输入输出函数在对文件进行读写操作时，文件就会产生一个标志信息，通过 ferror 函数对这个标志信息的检测，便可知道文件读写是否有错。ferror 函数的一般调用形式如下：

```
ferror(fp);
```

功能：检测文件在读写操作过程中是否出现错误。
返回值：若未出现错误，返回 0 值；否则，返回非 0 值。
说明：fp 是文件类型指针，指向已打开的文件。

12.6.3   文件出错标志和文件结束标志置 0 函数 clearerr

文件在读写操作时出错，就会产生错误标志，此时 ferror 函数值为非 0；文件读到尾部，也会产生文件结束标志，此时 feof 函数值为非 0。若要把这些标志清为 0，则可使用 clearerr

函数,其一般调用形式如下:

```
clearerr(fp);
```

功能:将出错标志和文件结束标志置为 0 值。

返回值:无返回值。

说明:fp 是文件类型指针,指向已打开的文件。

12.6.4 应用举例

【例 12.14】 改写例 12.3,使用错误处理函数来判断读文件操作中是否发生错误。

解题思路:

(1) 使用 fopen 函数打开 testc. txt 文件。

(2) 使用 fgetc 函数从 testc. txt 文件读出字符。

(3) 使用 ferror 函数判断读文件操作中是否发生错误。若发生错误,使用 clearerr 函数将出错标志和文件结束标志置为 0;否则,使用 putchar 函数将读出的字符显示在屏幕上。

(4) 使用 fclose 函数将 testc. txt 文件关闭。

编写程序:

```c
#include<stdio.h>
#include<stdlib.h>
int main()
{
  char ch;
  FILE *fp;
  if((fp=fopen("d:\\example\\testc.txt","r"))==NULL)
  {
    printf("文件打开错误!\n");
    exit(0);
  }
  while(!feof(fp))
  {
    ch=fgetc(fp);
    if(ferror(fp))
    {
      printf("读文件错误!\n");
      clearerr(fp);
    }
      else
      putchar(ch);
  }
  printf("\n");
  fclose(fp);
  return 0;
}
```

运行结果:

```
thisisaCprogram.
```

程序分析：

（1）在程序中使用了 feof 函数来检测文件在读操作过程中文件是否结束，如果文件还未结束，则执行循环体。

（2）在循环体中每次从文件读出一个字符，都使用 ferror 函数来检测文件读出操作是否出错。如果出错，提示"读文件错误！"信息，然后使用 clearerr 函数清除出错标志（置 0）；否则，显示读出的字符。

12.7　本　章　小　结

文件是计算机领域中一个非常重要的概念，是人们管理计算机信息的重要方式。在高级语言程序设计中，程序处理的数据只有以文件的形式存放才能长期保存。

本章介绍的内容主要有如下几个方面：

（1）C 语言文件从数据的存储方式分为文本（ASCII）文件和二进制文件。

（2）文件类型结构及文件指针的定义。

（3）在 C 语言中，文件操作由库函数来完成的。

（4）文件在读写操作之前要先打开，读写操作结束之后要关闭。

（5）文件可按只读、只写、读写、追加 4 种方式操作。

（6）文件指针指定读写的文件，文件位置指针指示当前读写的位置。

（7）常用的文件读写操作函数如表 12.3 所示。

表 12.3　常用的文件读写操作函数

分　类	函数名	功　　能	返　回　值
打开文件	fopen	按使用方式打开指定的文件	成功：返回文件指针。失败：返回空指针 NULL 值
关闭文件	fclose	关闭文件指针所指向的文件	成功：返回 0 值；失败：返回非 0 值
文件操作	fgetc	从指定的磁盘文件中读出一个字符	成功：返回读出的字符。失败：返回 EOF 值
	fputc	将一个字符写入指定的磁盘文件中	成功：返回写入的字符；失败：返回 EOF 值
	fgets	从指定的磁盘文件中读出一个字符串	成功：返回存放字符串的首地址；失败：返回 NULL 值
	fputs	将一个字符串写入指定的磁盘文件中	成功：返回写入的字符数；失败：返回 EOF 值
	fread	从指定的磁盘文件中读出若干个数据块	成功：返回实际读出的数据块数；失败：返回 NULL 值
	fwrite	将若干个数据块写入指定的磁盘文件中	成功：返回实际写入的数据块数；失败：返回 NULL 值
	fscanf	按指定的格式从磁盘文件中读出若干个数据项	成功：返回实际读出的数据项数；失败：返回 EOF 值
	fprintf	按指定的格式把若干个数据项写入磁盘文件中	成功：返回实际写入的数据项数；失败：返回 EOF 值

分　类	函数名	功　　能	返　回　值
文件定位	fseek	将文件位置指针移到指定的位置	成功：返回0值；失败：返回非0值
	rewind	将文件位置指针返回到文件头处	成功：返回0值；失败：返回非0值
	ftell	获取文件位置指针的当前位置	成功：返回文件读写位置；失败：返回-1L值
文件检测	feof	检测文件是否结束	成功：返回非0值；失败：返回0值
	ferror	检测文件读写操作是否出错	无错：返回0值；有错：返回非0值
	clearerr	将出错标志和文件结束标志置为0值	无返回值

习　题　12

一、单项选择题

1. 以下叙述中错误的是(　　)。

　　A. 二进制文件打开后可以先读文件的末尾，而顺序文件不可以

　　B. 在程序结束时，应当用 fclose 函数关闭已打开的文件

　　C. 在利用 fread 函数从二进制文件中读数据时，可用数组名给数组中所有元素读入数据

　　D. 不可以用 FILE 定义指向二进制文件的文件指针

2. 在 C 程序中，可把整型数以二进制形式存放到文件中的函数是(　　)。

　　A. fprintf 函数　　　　B. fread 函数　　　　C. fwrite 函数　　　　D. fputc 函数

3. 下面的变量表示文件指针变量的是(　　)。

　　A. FILE * fp　　　　B. FILEfp　　　　C. FILER * fp　　　　D. file * fp

4. 以下与函数 fseek(fp,0L,SEEK_SET)有相同作用的是(　　)。

　　A. feof(fp)　　　　B. ftell(fp)　　　　C. fgetc(fp)　　　　D. rewind(fp)

5. 若要打开 A 盘上 user 子目录下名为 abc. txt 的文本文件进行读、写操作，下面符合此要求的函数调用是(　　)。

　　A. fopen("A:\user\abc. txt","r")

　　B. fopen("A:\\user\\abc. txt","r+")

　　C. fopen("A:\user\abc. txt","rb")

　　D. fopen("A:\\user\\abc. txt","w")

6. 若 fp 是指向某文件的指针，且已读到文件末尾，则库函数 feof(fp)的返回值是(　　)。

　　A. EOF　　　　B. -1　　　　C. 非零值　　　　D. NULL

7. 标准函数 fgets(s,n,f)的功能是(　　)。

　　A. 从文件 f 中读取长度为 n 的字符串存入指针 s 所指的内存

　　B. 从文件 f 中读取长度不超过 n-1 的字符串存入指针 s 所指的内存

　　C. 从文件 f 中读取 n 个字符串存入指针 s 所指的内存

　　D. 从文件 f 中读取长度为 n-1 的字符串存入指针 s 所指的内存

8. 执行如下程序段：

```
#include<stdio.h>
FILE * fp;
fp = fopen("file","w");
```

则磁盘上生成的文件的全名是(　　　)。

A. file　　　　　　　　B. file.c　　　　　　C. file.dat　　　　　D. file.txt

二、填空题

1. 以下程序段打开文件后，先利用 fseek 函数将文件位置指针定位在文件末尾，然后调用 ftell 函数返回当前文件位置指针的具体位置，从而确定文件长度，请填空。

```
FILE * myf;
long f1;
myf = _____("test.t","rb");
fseek(myf,0,SEEK_END);
f1 = ftell(myf);
fclose(myf);
printf("%d\n",f1);
```

2. 以下程序功能将磁盘中的一个文件复制到另一个文件中，两个文件名在命令行中给出。

```
#include<stdio.h>
int main(int argc, char * argv)
{
  FILE * f1, * f2;   char ch;
  if(argc<_____)
   { printf("Parameters missing!\n");   exit(0); }
  if(((f1 = fopen(argv[1],"r")) == NULL)||((f2 = fopen(argv[2],"w")) == NULL))
   { printf("Can not open file!\n"); exit(0);}
  while(_____)fputc(fgetc(f1),f2);
  fclose(f1);
  fclose(f2);
  return 0;
}
```

3. 下面程序把从终端读入的 10 个整数以二进制方式写到一个名为 data.dat 的新文件中，请填空。

```
#include<stdio.h>
FILE * fp;
int main()
{
  int i,j;
  if((fp = fopen(_____,"wb")) == NULL)
     exit(0);
  for(i = 0;i<10;i++)
   {  scanf("%d",&j);
      fwrite(&j,sizeof(int),1,_____);
```

```
    }
  fclose(fp);
  return 0;
}
```

4. 下面程序把从终端读入的文本(用@作为文本结束标志)输出到一个名为 data. txt 的新文件中,请填空。

```
# include < stdio. h>
FILE * fp;
int main()
{
  char ch;
  if((fp = fopen(_____)) == NULL)exit(0);
  while ((ch = getchar())!= '@') fputc(ch,fp);
  _____
  return 0;
}
```

5. 以下程序由终端输入一个文件名,然后把从终端键盘输入的字符依次存放到该文件中,用#作为结束输入的标志。请填空。

```
# include < stdio. h>
int main()
{ FILE * fp;
  char ch,fname[10];
  printf("Input the name of file\n");
  gets(fname);
  if((fp = _____) == NULL)
  {
    printf("Cannotopen\n");
    exit(0);
  }
  printf("Enterdata\n");
  while((ch = getchar())!= '#') fputc(_____,fp);
  fclose(fp);
  return 0;
}
```

6. 下面的程序用来统计文件中字符的个数,请填空。

```
# include < stdio. h>
int main()
{FILE * fp;
  long num = 0;
  if((fp = fopen("fname. dat","r")) == NULL)
  {
    printf("Can't open file! \n");
    exit(0);
  }
  while (_____)
  {
```

```
        fgetc(fp);
        num++;
    }
    printf("num = % d\n", num);
    fclose(fp);
    return 0;
}
```

三、程序设计题

1. 编程序，统计一个文本文件的行数。

2. 在一个已建立的 string.txt 文件末尾追加一个字符串。

3. 编程序，查找指定的文本文件中某个单词出现的行号及该行的内容。

4. 从键盘上输入一个字符串，把该字符串中的小写字母转换为大写字母，输出到文件 test.txt 中，然后从该文件读出字符串并显示出来。

5. 从键盘输入一个文件名，然后输入一串字符（用♯结束输入）存放到此文件中形成文本文件，并将字符的个数写到文件尾部。

6. 编程序，将两个文本文件 testc.tx 和 tests.txt 连接成一个 testcat.txt 文件。

7. 从键盘输入一个班的学生数据（包括学号、姓名和总分），写到磁盘文件 student.dat 中，然后从该文件中读出所有的数据。

8. 假设磁盘文件 s1.dat 中有 10 个整型数，编写程序把它按升序排序，并将结果输出到屏幕和 s2.dat 文件中。

9. 假设计教师文件 teacher.txt 记录了教师的姓名和课程名称，课程文件 course.txt 记录了课程名称和学分。编程序对比两个文件，将同一个教师的姓名、课程名称和学分输出到第 3 个文件 tcourse.txt 中。

10. 统计一篇文章中大写字母的个数和文章中的句子数（句子的结束标志是句号后跟一个或多个空格）。设该程序的文件名为 sum.c。

附录 A 常用字符与 ASCII 码对照表

ASCII 值	字符	ASCII 值	字符	ASCII 值	字符	ASCII 值	字符
000	NUT	032	（space）	064	@	096	、
001	SOH	033	!	065	A	097	a
002	STX	034	”	066	B	098	b
003	ETX	035	♯	067	C	099	c
004	EOT	036	$	068	D	100	d
005	END	037	%	069	E	101	e
006	ACK	038	&.	070	F	102	f
007	BEL	039	,	071	G	103	g
008	BS	040	(	072	H	104	h
009	HT	041	)	073	I	105	i
010	LF	042	*	074	J	106	j
011	VT	043	+	075	K	107	k
012	FF	044	,	076	L	108	l
013	CR	045	—	077	M	109	m
014	SO	046	.	078	N	110	n
015	SI	047	/	079	O	111	o
016	DLE	048	0	080	P	112	p
017	DC1	049	1	081	Q	113	q
018	DC2	050	2	082	R	114	r
019	DC3	051	3	083	X	115	s
020	DC4	052	4	084	T	116	t
021	NAK	053	5	085	U	117	u
022	SYN	054	6	086	V	118	v
023	ETB	055	7	087	W	119	w
024	CAN	056	8	088	X	120	x
025	EM	057	9	089	Y	121	y
026	SUB	058	:	090	Z	122	z
027	ESC	059	;	091	[	123	{
028	FS	060	<	092	\	124	|
029	GS	061	=	093	]	125	}
030	RS	062	>	094	^	126	~
031	US	063	?	095	—	127	DEL

附录 B C 语言中的关键字

auto	do	goto	signed	unsigned
break	double	if	sizeof	void
case	else	int	static	volatile
char	enum	long	struct	while
const	extern	register	switch	inline
continue	float	return	typedef	restrict
default	for	short	union	_bool
_complex	_imaginary	_alignas	_alignof	_atomic
_Static_assert	_noreturn	_thread_local	_generic	

附录C 运算符和结合性

优先级	运 算 符	含 义	运算数	结合方向
1	（ ）	圆括号		自左至右
	[ ]	下标运算符		
	—>	指向结构体成员运算符		
	·	结构体成员运算符		
2	!	逻辑非运算符	1	自右至左
	~	按位取反运算符		
	++	自增运算符		
	——	自减运算符		
	—	负号运算符		
	（类型）	类型转换运算符		
	*	指针运算符		
	&	取地址运算符		
	sizeof	长度运算符		
3	*	乘法运算符	2	自左至右
	/	除法运算符		
	%	求余运算符		
4	+	加法运算符	2	自左至右
	—	减法运算符		
5	<<	左移运算符	2	自左至右
	>>	右移运算符		
6	<<= >>=	关系运算符	2	自左至右
7	==	等于运算符	2	自左至右
	!=	不等于运算符		
8	&	按位与运算符	2	自左至右
9	∧	按位异或运算符	2	自左至右
10	|	按位或运算符	2	自左至右
11	&&	逻辑与运算符	2	自左至右
12	||	逻辑或运算符	2	自左至右
13	?:	条件运算符	3	自右至左
14	= += —= *= /= %= >>= <<= &= ∧= |=	赋值运算符	2	自右至左
15	,	逗号运算符（顺序求值运算符）		自左至右

附录 D ┃ C 语言常用语法

1. 赋值语句

格式:

```
<变量名>=<表达式>;
```

2. 控制语句

(1) 条件判断语句。

格式 1:

```
if(表达式)
   语句;
```

格式 2:

```
if(表达式)
   语句 1;
else
   语句 2;
```

格式 3:

```
switch(表达式)
  {
    case 常量表达式 1:语句 1;
    case 常量表达式 2:语句 2;
    …
    case 常量表达式 n:语句 n;
    default: 语句 n + 1;
  }
```

(2) 循环语句。

格式 1:

```
while(表达式)
   语句;
```

格式 2:

```
do
   语句;
while(表达式)
```

格式 3：

```
for(表达式 1;表达式 2;表达式 3)
   语句;
```

（3）转向语句。

格式 1：

```
break;
```

格式 2：

```
continue:
```

格式 3：

```
goto<标识符>;
```

格式 4：

```
return (表达式);
```

3. 预处理指令

格式 1：

```
#define 宏名 字符串
```

格式 2：

```
#define 宏名(参数表) 字符串
```

格式 3：

```
#undef 宏名
```

格式 4：

```
#include"文件名"(或<文件名>)
```

格式 5：

```
#ifdef 标识符
程序段 1
#else
程序段 2
#endif
```

格式 6：

```
#ifndef 标识符
程序段 1
#else
程序段 2
#endif
```

格式 7：

```
#if 表达式
程序段 1
        #else
程序段 2
        #endif
```

4. 函数调用语句

格式：

```
函数名(实际参数表);
```

5. 复合语句

格式：

```
{
  语句 1;
  语句 2;
    …
  语句 n;
}
```

6. 空语句

格式：

```
;
```

附录 E ANSI C 常用库函数

1. 数学函数
使用数学函数时应包含头文件 math. h。

函 数 原 型	功 能	返 回 值
int abs(int x);	求整数 x 的绝对值	计算结果的双精度值
double acos(double x);	求 x 的反余弦值	计算结果的双精度值
double asin(double x);	求 x 的反正弦值	计算结果的双精度值
double atan(double x);	求 x 的反正切值	计算结果的双精度值
double atan2(double x,double y);	求 x/y 的反正切值	计算结果的双精度值
double cos(double x);	求 x 的余弦值	计算结果的双精度值
double cosh(double x);	计算 x 的双曲余弦值	计算结果的双精度值
double exp(double x);	求 e^x 的值	计算结果的双精度值
double fabs(double x);	求 x 的绝对值	计算结果的双精度值
double floor(double x);	求不大于 x 的最大整数	该整数的双精度实数
double fmod(double x,double y);	计算 x 对 y 的模,即整除 x/y 的余数	返回余数的双精度数
double frexp(double val, int * eptr);	把双精度数 val 分解为数字部分(尾数)x 和以 2 为底的指数 n,即 val=$x*2^n$,其中 n 存放在 eptr 指向的变量中	返回尾数部分 x 的双精度值,且 $0.5 \leqslant x < 1$
double log(double x);	求以 e 为底的 x 对数,即 lnx	计算结果的双精度值
double log10(double x);	求以 10 为底的 x 对数	计算结果的双精度值
double modf(double val,int * iptr);	把双精度数 val 分解为整数部分和小数部分,把整数部分存在 iptr 指向的单元	val 的小数部分的双精度值
double pow(double x,double y);	计算 x 的 y 次方,即 x^y 的值	计算结果的双精度值
int rand(void);	产生 −90 到 32 767 间的随机整数	产生的随机整数
double sin(double x);	计算 x 的正弦值	计算结果的双精度值
double sinh(double x);	计算 x 的双曲正弦值	计算结果的双精度值
double sqrt(double x);	计算 x 的算术平方根,即 $\sqrt{x}$	计算结果的双精度值
double tan(double x);	计算 x 的正切值	计算结果的双精度值
double tanh(double x);	计算 x 的双曲正切值	计算结果的双精度值

2. 字符函数和字符串函数
使用字符函数时应包含头文件 ctype. h,使用字符串函数时应包含头文件 string. h。

函 数 原 型	功　　能	返　回　值
int isalnum(int ch);	检查 ch 是否是字母或数字	是字母或数字返回 1；否则返回 0
int isalpha(int ch);	检查 ch 是否是字母	是,返回 1；否则,返回 0
int iscntrl(int ch);	检查 ch 是否是控制字符(其 ASCII 码在 0 和 0x1F 之间)	是,返回 1；否则,返回 0
int isdigit(int ch);	检查 ch 是否是数字(0~9)	是,返回 1；否则,返回 0
int isgraph(int ch);	检查 ch 是否是可打印字符(其 ASCII 码在 0x21 到 0x7E 之间),不包括空格	是,返回 1；否则,返回 0
int islower(int ch);	检查 ch 是否是小写字母	是,返回 1；否则,返回 0
int isprint(int ch);	检查 ch 是否是可打印字符(包括空格),其 ASCII 码在 0x20 到 0x7E 之间	是,返回 1；否则,返回 0
int ispunct(int ch);	检查 ch 是否是标点字符,即除字母、数字和空格以外的所有可打印字符	是,返回 1；否则,返回 0
int isspace(int ch);	检查 ch 是否是空格、制表符或换行符	是,返回 1；否则,返回 0
int isupper(int ch);	检查 ch 是否是大写字母	是,返回 1；否则,返回 0
int isxdigit(int ch);	检查 ch 是否十六进制数字字符(即 0~9,或 A 到 F,或 a~f)	是,返回非零值；否则,返回 0 值
char * strcat(char * str1, char * str2);	把字符串 str2 接到 str1 后面,str1 最后面的'\0'被取消	指向字符串 str1 的指针
char * strchr(char * str,int ch);	找出 str 指向的字符串中第一次出现字符 ch 的位置	返回指向该位置的指针,如找不到,则返回空指针
int strcmp(char * str1,char * str2);	比较两个字符串 str1,str2 的大小	若 str1<str2,返回负数；若 str1=str2,返回 0；若 str1>str2,返回正数
int strcpy(char * str1,char * str2);	把 str2 指向的字符串复制到 str1 中去	返回指向字符串 str1 的指针
unsigned int strlen(char * str);	统计字符串 str 中字符的个数(不包括终止符'\0')	返回字符个数
int strstr(char * str1, char * str2);	在字符串 str1 中查找第一次出现字符串 str2 的位置	返回该位置的指针,如找不到,返回空指针
int tolower(int ch);	将 ch 字符转换为小写字母	若 ch 是大写字母,返回对应的小写字母；否则,返回原来的值
int toupper(int ch);	将 ch 字符转换成大写字母	若 ch 是小写字母,返回对应的大写字母；否则,返回原来的值

3. 输入输出函数

使用输入输出函数时应包含头文件 stdio.h。

函 数 原 型	功 能	返 回 值
void clearerr(FILE * fp);	使 fp 所指文件的错误标志和文件结束标志置 0	无
int fclose(FILE * fp);	关闭 fp 所指的文件,释放文件缓冲区	成功返回 0;否则返回非 0
int feof(FILE * fp);	检测文件是否结束	遇文件结束符返回非 0;否则返回 0
int fgetc(FILE * fp);	从 fp 所指定的文件中读取一个字符	返回读取的字符,若出错,返回 EOF
char * fgets(char * buf, int n, FILE * fp);	从 fp 指向的文件读取一个长度为(n−1)的字符串,存入起始地址为 buf 的缓冲区	返回地址 buf,若遇文件结束或出错,返回 NULL
FILE * fopen(char * filename, char * mode);	以 mode 指定的方式打开名为 filename 的文件	成功,返回一个文件指针;否则返回 0
int fprintf(FILE * fp, char * format[,argument,…]);	把 argument 的值以 format 指定的格式输出到 fp 所指定的文件中	返回实际输出的字符数;否则返回一个负数
int fputc(char ch, FILE * fp);	将字符 ch 输出到 fp 指向的文件中	成功,则返回该字符;否则返回非 0
int fputs(char * str, FILE * fp);	将 str 指向的字符串输出到 fp 所指定的文件	成功返回 0;否则返回非 0
int fread(char * buf, int size, int count, FILE * fp);	从 fp 指向的文件中读取长度为 size 的 count 个数据项,并存到 buf 指定的缓冲区中	返回所读的数据项个数,若遇文件结束或出错返回 0
int fscanf(FILE * fp, char * format[,argument,…]);	从 fp 所指向的文件按 format 给定的格式读取数据到 argument 所指向的内存单元	返回已读取的数据个数。若错误或文件结束返回 EOF
int fseek(FILE * fp, long offset, int base);	将 fp 指向的文件的位置指针移向以 base 为基准,以 offset 为偏移量的位置	成功返回 0,否则返回非 0
long ftell(FILE * fp);	获取 fp 所指向文件的读写位置	返回文件的读写位置指针,若出错,返回−1L
int fwrite(char * buf, int size, int count, FILE * fp);	将 buf 所指向的 count * size 个字节的数据输出到文件指针 fp 所指向的文件中	返回实际写入文件数据项个数
int getc(FILE * fp);	从 fp 所指向的文件中读取一个字符	返回读取的字符,若文件结束或出错,返回 EOF
int getchar(void);	从标准输入文件 stdin(键盘)中读取一个字符	返回所读的字符,若文件结束或出错返回−1
int getw(FILE * fp);	从 fp 所指向的文件读取一个字(整数)	返回输入的整数。若文件结束或者出错返回−1
int printf(char * format[,argument,…]);	按 format 指向的格式字符串所规定的格式,将输出表列 argument 的值输出到标准输出设备	输出字符的个数,若出错则返回一个负数
int putc(int ch, FILE * fp);	将字符 ch 输出到 fp 所指的文件中	返回输出的字符 ch,若出错则返回 EOF
int putchar(char ch);	将字符 ch 输出到标准输出设备	返回输出的字符 ch,若出错则返回 EOF

函 数 原 型	功　　能	返 回 值
int puts(char * str);	把 str 指向的字符串输出到标准输出设备	成功，返回换行符；否则返回 EOF
int putw(int w, FILE * fp);	将一个字（整数 w）输出到 fp 指向的文件中	返回输出的整数，若出错则返回 EOF
int rename(char * oldname,char * newname);	将由 oldname 所指的文件名改为由 newname 所指的文件名	成功返回 0；否则返回—1
void rewind(FILE * fp);	将 fp 指向的文件中的位置指针置于文件开头位置，并清除文件结束标志和错误标志	无返回值
int scanf(char * format [,argument,…]);	从标准输入设备（键盘）按 format 指定的格式字符串所规定的格式，将数据输入到 argument 所指定的内存单元	成功，返回输入的字符个数；否则，遇到结束符返回 EOF，出错返回 0

4. 动态存储分配函数

使用动态存储分配函数时应包含头文件"stdlib. h"或"malloc. h"。

函 数 原 型	功　　能	返 回 值
void * calloc(unsigned n, unsigned size);	在内存的动态存储区中分配 n 个长度为 size 的连续空间	分配成功，返回指向分配的内存区的指针；否则，返回 NULL
void free(void * p);	释放指针 p 所指向的内存区	无返回值
void * malloc(unsigned size);	动态分配长度为 size 字节的存储空间	分配成功，返回指向分配的内存区的指针；否则，返回 NULL
void * realloc(void * p,unsigned size);	将指针 p 所指向的已分配的存储区重新设定成 size 字节的大小区域	分配成功，返回指向新分配内存区的指针；否则，返回 NULL

5. 程序终止函数

使用程序终止函数时应包含头文件 stdlib. h。

函 数 原 型	功　　能	返 回 值
void abort(void)	异常终止程序执行	无返回值
void exit(int status)	正常终止程序执行。参数 status 一般用 0 表示正常退出，非 0 表示发生错误	无返回值

参 考 文 献

[1] 谭浩强.C程序设计[M].4版.北京:清华大学出版社,2010.

[2] 张磊.C语言程序设计[M].3版.北京:清华大学出版社,2013.

[3] 覃俊.C语言程序设计教程[M].北京:清华大学出版社,2008.

[4] 邱希春,周建中,陈莲君.C语言程序设计教程[M].北京:清华大学出版社,北京交通大学出版社,2007.

[5] 马靖善,秦玉平.C语言程序设计[M].2版.北京:清华大学出版社,2011.

[6] 张树粹,孟佳娜.C/C++程序设计[M].2版.北京:清华大学出版社,2012.

[7] 朱春鹤.C语言程序设计基础[M].北京:电子工业出版社,2011.

[8] 李健.C语言程序设计[M].成都:电子科技大学出版社,2006.

[9] 张基温.新概念C程序设计大学教程[M].C99版.北京:清华大学出版社,2015.

[10] 袁蒲佳,唐谦,韩国娟.C语言程序设计[M].武汉:华中科技大学出版社,2008.

[11] 张富,王晓军.C及C++程序设计[M].4版.北京:人民邮电出版社,2013.

[12] 刘振安,刘燕君.C程序设计教程[M].北京:北京邮电大学出版社,2012.

[13] 朱鸣华,刘旭麟,杨微.C语言程序设计教程[M].3版.北京:机械工业出版社,2014.

[14] 姚合生.C语言程序设计[M].北京:清华大学出版社,2008.

[15] 王珊珊,张志航.程序设计语言:C[M].北京:清华大学出版社,2007.

[16] 张莉.C/C++程序设计教程[M].2版.北京:清华大学出版社,2008.

图书资源支持

感谢您一直以来对清华版图书的支持和爱护。为了配合本书的使用，本书提供配套的素材，有需求的用户请到清华大学出版社主页（http://www.tup.com.cn）上查询和下载，也可以拨打电话或发送电子邮件咨询。

如果您在使用本书的过程中遇到了什么问题，或者有相关图书出版计划，也请您发邮件告诉我们，以便我们更好地为您服务。

我们的联系方式：

地　　址：北京海淀区双清路学研大厦 A 座 707

邮　　编：100084

电　　话：010－62770175－4604

资源下载：http://www.tup.com.cn

电子邮件：weijj@tup.tsinghua.edu.cn

QQ：883604（请写明您的单位和姓名）

扫一扫
资源下载、样书申请
新书推荐、技术交流

用微信扫一扫右边的二维码，即可关注清华大学出版社公众号"书圈"。